“十三五”国家重点图书出版规划项目

排序与调度丛书（二期）

同类制造资源网络共享与调度

李凯 周陶 著

清華大學出版社
北 京

内 容 简 介

本书提出了同类制造资源网络共享与调度框架，并重点针对网络制造资源的外部性、在线性和异址性三个方面的新特点开展了较为系统的研究工作。针对网络制造资源的外部性，考虑了网络共享制造资源数量及其可用时间区间提前预知的情形，构建了具有不可用时段的平行机调度模型，设计了优化方法；针对网络制造资源选择时带来的机器租用成本和机器数量变化，结合现实中机器租用成本的常见定价方式，分别研究了仅考虑固定成本、仅考虑可变成本，以及同时考虑固定成本和可变成本约束的平行机调度问题；针对网络制造资源的异址性，研究了直接配送方式下设置或者不设置配送中心两种情形对生产配送协同调度的影响，以及考虑成本约束的异址机器生产配送协同调度问题。

本书可作为排序与调度、运营管理、决策理论与方法、系统工程等相关课程的教学参考书，也可供各类制造资源优化调度领域的从业者、研究者学习参考。

图书在版编目(CIP)数据

同类制造资源网络共享与调度/李凯, 周陶著.—北京：清华大学出版社，2023.6(2024.6重印)
(排序与调度丛书. 二期)
ISBN 978-7-302-62051-8

Ⅰ. ①同…　Ⅱ. ①李…　②周…　Ⅲ. ①智能制造系统－研究　Ⅳ. ①TH166

中国版本图书馆 CIP 数据核字(2022)第 193725 号

责任编辑： 佟丽霞
封面设计： 常雪影
责任校对： 王淑云
责任印制： 杨　艳

出版发行： 清华大学出版社
　　网　　址： https://www.tup.com.cn, https://www.wqxuetang.com
　　地　　址： 北京清华大学学研大厦 A 座　　**邮　　编：** 100084
　　社 总 机： 010-83470000　　**邮　　购：** 010-62786544
　　投稿与读者服务： 010-62776969, c-service@tup.tsinghua.edu.cn
　　质量反馈： 010-62772015, zhiliang@tup.tsinghua.edu.cn
印 装 者： 三河市龙大印装有限公司
经　　销： 全国新华书店
开　　本： 170mm×240mm　　**印　张：** 14.75　　**字　数：** 280 千字
版　　次： 2023 年 6 月第 1 版　　**印　次：** 2024 年 6 月第 2 次印刷
定　　价： 99.00 元

产品编号：084536-01

《排序与调度丛书》编辑委员会

丛书序言

我知道排序问题是从 20 世纪 50 年代出版的一本名为*Operations Research*（《运筹学》，可能是 1957 年出版）的书开始的。书中讲到了 S. M. 约翰逊（S. M. Johnson）的同顺序两台机器的排序问题并给出了解法。约翰逊的这一结果给我留下了深刻的印象。第一，这个问题是从实际生活中来的。第二，这个问题有一定的难度，约翰逊给出了完整的解答。第三，这个问题显然包含着许多可能的推广，因此蕴含了广阔的前景。在 1960 年左右，我在《英国运筹学》（季刊）（当时这是一份带有科普性质的刊物）上看到一篇文章，内容谈到三台机器的排序问题，但只涉及四个工件如何排序。这篇文章虽然很简单，但我也从中受到一些启发。我写了一篇讲稿，在中国科学院数学研究所里做了一次通俗报告。之后我就到安徽参加“四清”工作，不意所里将这份报告打印出来并寄了几份给我，我寄了一份给华罗庚教授，他对这方面的研究给予很大的支持。这是 20 世纪 60 年代前期的事，接下来便开始了“文化大革命”，倏忽十年。20 世纪 70 年代初我从“五七”干校回京，发现国外学者在排序问题方面已做了不少工作，并曾在 1966 年开了一次国际排序问题会议，出版了一本论文集*Theory of Scheduling*（《排序理论》）。我与韩继业教授做了一些工作，也算得上是排序问题在我国的一个开始。想不到在秦裕瑗、林诒勋、唐国春以及许多教授的努力下，跟随着国际的潮流，排序问题的理论和应用在我国得到了如此蓬勃的发展，真是可喜可贺！

众所周知，在计算机如此普及的今天，一门数学分支的发展必须与生产实际相结合，才称得上走上了健康的道路。一种复杂的工具从设计到生产，一项巨大复杂的工程从开始施工到完工后的处理，无不牵涉排序问题。因此，我认为排序理论的发展是没有止境的。我很少看小说，但近来我对一本名叫《约翰·克里斯托夫》的作品很感兴趣。这是罗曼·罗兰写的一本名著，实际上它是以贝多芬为背景的一本传记体小说。这里面提到贝多芬的祖父和父亲都是宫廷乐队指挥，当贝多芬的父亲发现他在音乐方面是个天才的时候，便想将他培养成一名优秀的钢琴师，让他到各地去表演，可以名利双收，所以强迫他勤学苦练。但贝多芬非常反感，他认为这样的作品显示不出人的气质。由于贝多芬有如此的感受，他才能谱出如《英雄交响曲》《第九交响曲》等深具人性的伟大乐章。我想数学也是一样，只有在人类生产中体现它的威力的时候，才能显示出数学这门学科的光辉，也才能显示出作为一名数学家的骄傲。

任何一门学科，尤其是一门与生产实际有密切联系的学科，在其发展初期那些引发它成长的问题必然是相互分离的，甚至是互不相干的。但只要研究继续向前发展，一些问题便会综合趋于统一，处理问题的方法也会与日俱增、深入细致，可谓根深叶茂，蔚然成林。我们这套丛书已有数册正在撰写之中，主题纷呈，蔚为壮观。相信在不久以后会有不少新的著作出现，使我们的学科呈现一片欣欣向荣、繁花似锦的局面，则是鄙人所厚望于诸君者矣。

越民义
中国科学院数学与系统科学研究院
2019 年 4 月

前　言

制造业是指对采掘的自然物质资源和工农生产的原材料进行加工和再加工，为国民经济其他部门提供生产资料，为社会提供消费品的社会生产制造部门。制造业是国民经济的主体，是立国之本、兴国之器、强国之基。新一代信息技术的飞速发展使得互联网功能愈加强大，构建了一个以互联网为核心的人-机-物互联大系统，为制造资源网络共享提供了信息基础，成为制造模式创新的重要驱动力量，引发了“互联网 +”环境下的制造变革。

本书立足于新一代信息技术与制造业深度融合的“互联网 +”环境背景，研究网络共享的同类制造资源调度方法，以期对网络共享同类制造资源的高效利用提供理论与方法支撑。从调度理论的角度来看，网络共享制造资源具有外部性、在线性和异址性的特点，与传统制造资源的调度有明显区别。我们把通过网络共享的制造资源这种以租代买的特性定义为网络制造资源的“外部性”。与传统运作方式下制造资源购置发生在生产制造之前，企业生产调度往往不考虑制造资源使用成本的调度情境不同,“互联网 +”环境下通过网络共享的外部制造资源以租用方式使用，因此考虑网络共享制造资源外部性的调度问题应平衡网络制造资源租用成本与生产效率的矛盾。我们把网络共享制造资源因分属不同企业而在生产周期内加入或退出生产系统，以及由此造成的调度周期内可用状态变化的现象定义为网络制造资源的“在线性”。与传统运作方式假定平行机的个数预知且固定的情境不同，网络共享制造资源的外部性进一步导致了机器的在线性，即调度周期内机器数量发生变化，因此考虑网络制造资源在线性的调度问题应重视制造资源数量变化对调度目标的影响与优化。我们把网络虚拟空间零距离联结而在现实物理空间存在较大位置差异的现象定义为网络制造资源的“异址性”。网络制造资源的异址性使得机器选择对生产之后的配送环节产生巨大影响，因此考虑网络制造资源异址性的调度问题应综合优化生产配送整体效率。

作者所在的科研团队紧密结合合肥工业大学的工科大学特色，长期围绕制造企业运营管理中的优化理论与方法开展研究工作，密切关注“互联网 +”环境下的制造变革及其带来的管理问题，并且得到了国家自然科学基金及省、部级课题的大力支持。在同类制造资源网络共享与调度方面，团队在前人研究工作的基础上，提出了一个同类制造资源网络共享与调度框架，并重点针对网络制造资源的外部性、在线性和异址性三个方面的新特点开展了较为系统的研究工作。针对网络制造资源的外部性，考虑了网络共享制造资源数量及其可用时间区间提前预知的情形，构建了具有不可用时段的平行机调度模型，设计了相应的优化方法。针对网络制造资源选择时带来的机器租用成本和机器数量变化，结合现实中机器租用成本的常见定价方式，分别研究了仅考虑固定成本、仅考虑可变成本，以及同时考虑固定成本和可变成本约束的平行机调度问题。针对网络制造资源的异址性，研究了直接配送方式下设置和不设置配送中心两种情形对生产配送协同调度的影响，以及考虑成本约束的异址机器生产配送协同调度问题。

本书是基于团队近十年来在同类制造资源网络共享与调度方法方面的科研工作整理而成的。李凯教授主持了本书相关课题的研究工作，提出了本书的主要思想和学术观点，制定了本书的详细框架，组织了本书的整理过程，对全书进行了统稿和最终定稿。周陶博士协助李凯教授参加了相关课题的研究工作和书稿整理工作，对本书进行了认真审查。参加相关课题研究和书稿整理工作的还有徐淑玲、肖巍、陈健福、刘静、张丽敏、夏露露、张晗、张勋、石梅、李会、张惠娟、解超、潘雨倩、邢松、杨阳、关银银、张博、李思源、邵子明、黄梦雨、吴文雅、李艳等。团队在研究过程中参考了大量的国内外相关研究成果。

衷心感谢国家自然科学基金（项目号：71521001、72271070、71871076、71471052、71690235、72201112），以及安徽省自然科学基金杰青项目 2208085J07 的支持！衷心感谢团队所在的“过程优化与智能决策”教育部重点实验室为团队创造了良好的科研环境和学术氛围！衷心感谢唐国春教授对包括本书在内的“排序与调度丛书”所做的大量工作！衷心感谢沈吟东教授、王军强教授和中国运筹学会排序专委会的其他老师对本书认真细致的审稿和修改建议！衷心感谢所有参考文献的作者！衷心感谢清华大学出版社为本书的出版做了大量精心细致的工作！

“互联网 +”环境下的网络制造资源共享与调度是一个理论研究与管理实践的前沿领域，团队仅针对同类制造资源，探索网络共享与调度的特点和优化方法，研究工作只是此领域的冰山一角，加上作者水平有限，定有疏漏之处，恳请读者批评指正。

作　者

2023 年 2 月 10 日于合肥

目　录

第 1 章　绪　论

制造业是国民经济的主体，制造模式是制造企业为实现生产目标而采取的生产要素组织方式。随着科学技术及经济社会发展，制造模式不断演化与发展，以实现对制造资源集成的不断优化。特别是新一代信息技术的飞速发展及其与制造业的深度融合，催生了网络协同制造、云制造、社会制造等先进制造模式，极大地提高了资源配置效率和生产效率。本章首先简要回顾典型制造模式演化与发展历程，进而概述“互联网 +”环境下催生的先进制造模式，然后分析“互联网 +”环境下制造资源网络共享与调度的特点，最后简单介绍本书的主要内容结构。

1.1　典型制造模式演化与发展

制造业是指对采掘的自然物质资源和工农生产的原材料进行加工和再加工，为国民经济其他部门提供生产资料，为社会提供消费品的社会生产制造部门。制造业是经济社会和科技进步发展的原动力，具有不可替代的基础性作用。制造业是国民经济的主体，是立国之本、兴国之器、强国之基 [1]。

制造模式是制造企业为实现生产目标而采取的生产要素组织方式。先进制造模式应当以获取生产有效性为首要目标，以制造资源集成为基本原则，以组织的创新和人因的发挥 [2] 为工作重点。关于制造资源的充分利用和有效组织，杨善林等 [3] 认为可以采用工程管理的思想来实现，并指出了制造工程管理是一类十分复杂的系统工程，任务目标多样、任务规模庞大、任务结构复杂，且具有随机性。解决制造工程管理问题的思路：可以先将复杂的大系统分解为若干相对简单的子系统，以便实现对子系统的正确控制，再根据大系统的总任务和总目标制定各子系统之间的协调策略，从而实现全局最优化。

人类早期的生产制造模式以工匠和手工作坊为主，制造能力相对低下，生产任务主要由一个人或者若干具有亲戚朋友关系的人完成，因此管理主要靠感情或威信维系。18 世纪蒸汽机的发明，带动了现代化制造工厂的出现，生产管理的重要性也得以凸显。在此阶段，泰勒[4]、甘特、吉尔布雷斯夫妇等一批科学家致力于探索提高生产效率的科学管理理论，奠定了管理科学的基础。

20 世纪初，亨利・福特创造了人类历史上第一条汽车流水生产线，开启了 20 世纪以来的大规模生产方式。流水生产是指加工对象按照一定的工艺路线和一定的节拍，从前道工序“流”到后道工序，连续完成作业的生产过程。由于设备以生产线方式组合，生产组织过程中制造对象像水一样依次“流”过这些设备，因此将该方式称为流水生产线方式。流水线生产的主要特点是高度分工，生产率高，产品质量稳定。生产过程中，流水线生产具有明显的节奏性和较高的连续性，生产线上各个工作站、全体员工必须按同一节拍工作。流水线生产方式的出现，标志着作坊式的单件生产模式演变为以高效的自动化专用设备和流水线生产为特征的大规模生产方式，为人类创造了巨额物质财富。

第二次世界大战以后，日本经济的腾飞引起了美国的关注。1985 年美国麻省理工学院筹资 500 万美元，确定了一个名为“国际汽车计划”的研究项目。该项目组从 1984 年到 1989 年，用了 5 年时间对 14 个国家的近 90 个汽车装配厂进行实地考察，并于 1990 年著出了《改变世界的机器》一书，把日本丰田的生产方式定名为精益生产（lean production）。精益生产是一种将思想理念、市场需求、管理体系、工具方法和组织架构等作为改进对象，使企业的生产系统能够灵活应对不停变化的用户需求，并将生产环节中的所有多余、无用的东西精简化，最终使包括市场供销在内的生产各方面均呈现出最好结果的一种生产管理方式。精益生产的特点是以简化组织和强调人的能动性为核心，以高质量为基本前提，力求低消耗、高效率、零库存，杜绝一切浪费，力争做到准时（just in time, JIT）。

随着物质财富的积聚，当人们的基本物质需求得以满足后，随之而来的个性化需求对消费者而言越发重要，也越来越受到企业重视，并由此提出了柔性生产。柔性生产的思想是通过系统结构、人员组织、运作方式和市场营销等方面的改革，使生产系统能对市场需求变化做出快速的适应，同时消除冗余无用的损耗，实现多品种、小批量，力求使企业获得更大的效益。柔性生产是在成本效益的基础上，以“及时”作为反馈结果，快速适应产品品种变化的生产方式。相较于传统生产制造成本居高不下、生产过程存在极大浪费等现象，柔性生产所具备的切线时间短、小批量、多品种等生产特点，既弥补了传统生产方式的劣势，又保持了传统生产自动化流水线的基本特性。

随着计算机技术的发展与应用，出现了物料需求计划（Material Requirement Planning, MRP）、闭环 MRP、制造资源计划（Manufacturing Resources Planning, MRP-II）、企业资源计划（Enterprise Resource Planning, ERP）等软件，为企业生产制造管理乃至企业整体的管理提供支撑。MRP 的目标是根据企业生产计划和物料清单（bill of materials, BOM）规定的零部件相关需求，在尽量控制库存的前提下实现有效采购，保证企业生产的正常进行。由于 MRP 没有考虑到生产企业现有的生产能力和采购等有关条件的约束，闭环 MRP 将生产能力计划、车间作业计划和采购作业计划纳入 MRP，形成闭环系统，从而在计划执行过程中，车间、供应商根据反馈信息进行计划调整与平衡，形成“计划—执行—反馈”的闭环系统。MRP-II 进一步丰富发展了闭环 MRP 的功能，将对资金流的控制考虑进来，实现了物流资金流合一、企业内各部门数据共享、模拟预见功能、计划的一致性与可行性、管理的系统性和协同性、动态应变性等。ERP 进一步突破了 MRP-II 的局限性，可满足集团化多工厂协同工作统一管理的要求，实现了企业之间的信息共享和交流，促进了企业整体资源的集成管理。

随着经济全球化发展，市场竞争日趋激烈，同时信息技术的发展为整合制造企业的上下游利益相关方提供了便利，为此产生了供应链管理的思想。供应链是围绕核心企业，通过对信息流、物流、资金流的控制，从采购原材料、制成中间产品及最终产品，最后由销售网络把产品送到消费者手中的将供应商、制造商、分销商、零售商，直到最终用户连成一个整体的功能网链结构[5]。供应链管理是一组方法，它用于有效地集成供应商、制造商、中间商和最终顾客，以便以准确的数量、正确的地点和恰当的时间生产和分发商品，从而在满足服务水平需求的同时最小化整个供应链系统范围内的成本[6]。从制造企业角度来看，供应链管理的思想是将企业生产管理的约束条件和目标从企业内部拓展到供应链整体，企业生产不仅要关注自身的制造能力和获利水平，同时也要兼顾供应链上下游利益相关方的利益水平，以期实现企业自身的可持续良性发展。

为赢得市场，制造企业必须增强自身的产品开发能力。传统的串行开发模式是一个由设计、加工、测试、修改组成的循环过程，在产品设计过程中不能及早考虑制造过程及质量等问题，势必造成设计与制造脱节，从而导致产品开发周期长且成本高。并行工程（concurrent engineering）是一种对产品及其相关过程（包括制造过程和支持过程）进行并行、集成化处理的系统方法和综合技术。这种生产模式的应用使得产品的设计过程和制造过程统一起来，将原来分别进行的工作实现时间和空间上的交叉和重叠，大大缩短了产品开发周期；同时，并行工程在设计时考虑的是产品整个生命周期的全过程，因此减少了许多不必要的工作，从而有效提高了企业的竞争力。

虚拟制造（virtual manufacturing）是在社会高度信息化、计算机技术广泛发展与应用及柔性市场需求推动下产生的新思想、新概念。虚拟制造的概念最早由美国人提出，是以并行工程为基础发展而来的。虚拟制造是利用虚拟现实技术，在计算机上完成制造过程的技术。采用此技术，在实际制造之前，可以对产品的功能和制造性、经济性等方面的潜在问题进行分析和预测，实现产品设计、工艺规划、加工制造、性能分析、质量检测及企业各级的管理控制等，增强制造过程中各级的决策和控制能力。虚拟制造技术在产品的设计阶段对产品的整个生命周期进行建模、仿真和优化，从而更加高效、经济、灵活地组织生产，达到缩短产品研发周期、降低研发成本、优化产品质量和提高生产效率的目的。

计算机技术应用于制造企业管理，出现了各种自动化子系统（设计、制造、装配、质量保证和物料传送等）。计算机集成制造系统（computer integrated manufacturing system, CIMS）是在自动化技术、信息处理技术与现代制造技术的基础上，通过计算机网络及软件将产品设计制造过程中各种孤立的自动化子系统有机集成，形成具有高效率、高柔性且适用于多品种、小批量生产的集成化和智能化制造系统。CIMS 集成了精益生产和并行工程等技术，将市场分析、预测、经营决策、产品设计、工艺设计和加工制造等企业的生产经营活动有机结合起来，形成一个良性的循环管理系统，提高企业对市场的应变能力和抗风险能力。

计算机网络技术与制造业深度融合，为制造企业共享资源提供了思路。1994 年，美国通用汽车公司、里海大学等在美国国防部的资助下形成了《21 世纪制造企业战略》报告，提出了敏捷制造（agile manufacturing, AM）的思想，即基于当时的全美工业网络，为制造企业建立智能 Agent 与互联网的联接，一旦客户需求出现，智能 Agent 通过互联网协商与协作，通过构建面向客户订单任务的虚拟企业，从而快速配置技术、管理和人员等各种资源，以有效和协调的方式响应用户需求，以实现制造的敏捷性。

计算机网络技术的飞速发展和信息物理系统（cyber-physical systems, CPS）的构建，为物理世界与信息世界的交互与融合提供了物质基础。数字孪生（digital twin）是一种集成多物理、多尺度、多学科属性，具有实时同步、忠实映射、高保真度特性，能够实现物理世界与信息世界交互与融合的技术手段[7]。美国国防部最早提出数字孪生技术，并将它用于航空航天飞行器的健康维护与保障。德国西门子公司将数字孪生技术用于构建和整合制造流程的生产系统模型，支持企业进行全要素、全流程、全业务和全价值链的集成[8]。通过物理世界与信息世界的实时通信与反馈，数字孪生将成为“互联网 +”环境下实现智能制造和智慧生产与服务的重要手段。

随着社会生产方式的不断改变，大规模定制（mass customization, MS）的优点日益凸显，并成为企业强有力的竞争优势之一。大规模定制是一种集企业、客户、供应商、员工和环境于一体，在标准技术、现代设计方法、信息技术和先进制造技术的支持下，以大批量生产的低成本、高质量和高效率为客户提供产品和服务，以满足客户个性化需求的一种生产方式。大规模定制这一生产方式融合了精益生产、低成本和时间竞争等管理思想，同时也得到了生产、组织、信息等技术平台的支持，为企业的良好发展注入了新的活力。

1.2 “互联网 +”环境下的先进制造模式

新一代信息技术的飞速发展使得互联网功能愈加强大，形成现代先进制造发展的新环境。以射频识别（radio frequency identification, RFID）技术为典型代表的智能感知技术与识别技术打通了世界万物与互联网终端的信息交互；IPv6 将 IP 地址数从 IPv4 的 $2^{32}-1$ 个拓展到 $2^{128}-1$ 个，打破了互联网对联网终端数量的限制，推动形成了物联网。移动通信技术和宽带技术的飞速发展，一方面减少了人对桌面计算机的依赖；另一方面有效地缩短了网络延迟，形成了移动互联网，实现了人-机-物互联。随着人们生产生活对互联网依赖性的提升，包含海量结构化、半结构化和非结构化数据的大数据蕴含了大量珍贵信息，被誉为“未来的石油”。超大规模的云计算中心和互联网边缘节点计算能力的有效衔接与整合，以及具有低延时和位置感知特点的雾计算的出现，提高了对大数据的处理能力。信息物理系统综合了计算、网络和物理环境，通过 3C（computer, communication, control）技术的有机融合与深度协作，在万物互联的基础上实现了基于互联网的反向远程控制。区块链利用非对称密钥实现去中心化的分布式安全，为互联网上交易的信任和安全问题提供了解决方案。随着人、机、物交流互动愈加频繁，新一代人工智能也在全新的信息环境和海量数据基础上持续演进。上述新一代信息技术构建了一个以互联网为核心的人-机-物互联大系统，成为制造模式创新的重要推动力量，引发了“互联网 +”环境下的制造变革。

世界各国政府密切关注新一代信息技术引发的工业革命，以期在“互联网 +”环境下塑造更加强大的制造业。美国自 2009 年发布《重振美国制造业框架》以来，先后推出“先进制造业合作伙伴”计划、“先进制造业国家战略”计划，以推动美国的“再工业化”战略。美国的“再工业化”实质是以高新技术为依托，发展高附加值的制造业，从而重新拥有强大竞争力的新工业体系。2018 年 10 月 5 日，美国先进制造技术委员会发布了《先进制造业美国领导力战略》报告，再次强调先进制造是美国经济实力的引擎和国家安全的支柱。2019 年 2 月 7 日，美国白宫发布了未来工业发展规划，重点关注人工智能、先进制造技术、量子信息科学和 5G 技术，确保美国未来工业在全球的主导地位。在美国的这些战略中，融合新一代信息技术的先进制造始终处于核心位置。

德国政府于 2010 年 7 月发布了《德国 2020 高技术战略》报告，并在 2013 年 4 月的汉诺威工业博览会上正式推出了“工业 4.0”战略，希望利用信息物理系统将生产中的供应、制造、销售信息数据化、智慧化，最后达到快速、有效、个性化的产品供应。2019 年 2 月 5 日，德国经济和能源部发布了《国家工业战略 2030》，旨在进一步有针对性地扶持重点工业领域，提高工业产值，保证德国工业在欧洲乃至全球的竞争力。

为改变我国制造业“大而不强”的局面，国务院于 2015 年 5 月 19 日正式印发了《中国制造 2025》，对我国新一代信息环境下的制造业发展予以布局。同年，《国务院关于积极推进“互联网 +”行动的指导意见》进一步提出推动互联网与制造业融合，提升制造业数字化、网络化、智能化水平，加强产业链协作，发展基于互联网的协同制造新模式。2017 年 10 月 18 日，党的十九大报告强调“建设现代化经济体系，必须把发展经济的着力点放在实体经济上，把提高供给体系质量作为主攻方向，显著增强我国经济质量优势。加快建设制造强国，加快发展先进制造业，推动互联网、大数据、人工智能和实体经济深度融合，在中高端消费、创新引领、绿色低碳、共享经济、现代供应链、人力资本服务等领域培育新增长点、形成新动能”。2017 年 11 月 27 日，国务院正式发布了《关于深化“互联网 + 先进制造业”发展工业互联网的指导意见》。2019 年 1 月 18 日，工信部印发了《工业互联网网络建设及推广指南》，大力推动工业互联网建设，以期形成相对完善的工业互联网顶层设计。“互联网 +”环境对制造业的深刻影响已经受到举世瞩目。

“互联网 +”环境下，新一代信息技术与制造技术相结合，突破了空间地域对企业生产制造范围和制造方式的约束，实现了企业间的协同和社会资源的共享与集成，更加高效、高质量、低成本地为消费者提供各种产品和服务。“互联网 +”以强大动力推动着制造业生产方式、组织形式、商业模式、管理理念不断创新，催生了新的先进制造模式。例如：

（1）网络协同制造（networked collaborative manufacturing）。随着新一代信息技术的飞速发展，通过互联网实现上下游供应商、合作伙伴和客户的实时连通，有效利用供应链内及供应链间信息，将串行工作变为并行工程，实现供应链内及跨供应链的企业间产品设计、制造、管理和商务等过程合作的生产模式，极大提高供应链的反应速度和资源利用效率，从而产生了网络协同制造模式。网络协同制造强调通过互联网深化企业之间的资源共享与协作，使生产过程管理从传统的企业内部拓展到企业之间。

（2）云制造（cloud manufacturing）。云制造的概念最早由我国李伯虎院士团队[9] 提出。云制造是一种融合了先进制造技术及云计算、物联网、面向服务、高性能计算和智能科学技术等信息技术的先进制造模式，它将各类制造资源和制造能力虚拟化、服务化，构成虚拟化制造资源和制造能力池，并进行统一、集中的智能化管理和经营，实现多方共赢、普适化和高效的共享和协同。同时，通过网络和云制造服务平台，能够为用户提供可随时获取的、按需使用的、安全可靠的、优质廉价的制造全生命周期服务。云制造进一步发展为智慧云制造模式[10]，将形成一种基于泛在网络及其组合的、人-机-物-环境-信息深度融合的、提供智慧制造资源与智慧能力随时随地按需服务的智慧制造服务互联系统。

（3）社会制造（social manufacturing）。“互联网 +”环境下，消费者与企业通过网络世界能够随时随地参加到生产流程之中，社会需求与社会生产能力将实时有效地结合在一起。社会制造就是利用 3D 打印、网络技术和社会媒体，通过众包等方式让社会民众充分参与产品的全生命制造过程，实现个性化、实时化、经济化的生产和消费模式。社会制造最大的特色就是消费者可将需求直接转化为产品，即“从想法到产品”，并使得任何人都可通过社会媒体和众包等形式参与其设计、改进、宣传、推广、营销等过程，并可以分享其产品的利润。社会制造理念为社会化制造资源的高效组织与利用、制造企业的服务化转型与新业态形成、制造业整体利益水平的改善等提供了新思路[11]。

（4）智能制造（intelligent manufacturing）。智能制造是新一代信息技术、新一代人工智能与先进制造技术相结合的产物，是一个非常宽泛的概念，具有丰富的内涵，上述“互联网 +”环境下的先进制造模式均可以视为推动和实现智能制造的一些技术或理念。不同国家、地区、企业及科研人员对智能制造的理解也不尽相同。美国的“工业互联网”强调智能设备、智能系统和智能决策，德国的“工业 4.0”强调智能生产和智能工厂，“中国制造 2025”把智能制造作为两化深度融合的主攻方向。李培根和邵新宇[12]定义智能制造是面向产品的全生命周期，以新一代信息技术为基础，以制造系统为载体的制造模式，在其关键环节或过程具有一定自主性的感知、学习、分析、决策、通信与协调控制能力，能动态地适应制造环境的变化，从而实现某些优化目标。周济[13]认为智能制造是一个大系统工程，要从产品、生产、模式、基础四个维度系统推进，其中智能产品是主体，智能生产是主线，以用户为中心的产业模式变革是主题，以 CPS 和工业互联网为基础。

新一代信息技术的飞速发展，正在逐步形成一个人-机-物泛在互联的“互联网 +”环境。在此环境中，企业的机器设备等制造资源、人类的智慧资源、智能互联产品功能和性能状态变化的信息资源等互联互通，为各类资源的充分共享和有效利用提供了信息基础。尽管各类资源在互联网的信息世界中零距离互联，然而制造过程的协作最终须落实在现实世界中，由此带来了在线、分布式异址资源有效利用的优化调度问题。本书拟针对“互联网 +”环境下制造资源共享和调度特点进行探索，重点研究同类网络制造资源共享与调度方法，为“互联网 +”环境下先进制造模式中的制造资源优化调度提供参考。

1.3 制造资源网络共享与调度新特征

"互联网 +"环境下，网络协同制造、云制造、社会制造、数字孪生、智能制造等先进制造模式实质上均是旨在通过互联网实现制造资源有效整合，及时响应客户需求，为客户提供高质量低成本的产品或服务。互联网为制造企业提供了全新的商业服务模式和服务支撑平台。通过互联网云平台，制造型企业可以将各类制造资源虚拟化并实时发布制造资源利用状态，实现空置资源使用权的线上交易；通过对虚拟的制造资源进行智能化管理，实现制造资源的高度共享和协同，最终实现多方共赢。制造资源网络共享不仅能够促进制造型企业共赢，对国家和整个社会来说，它还能够将巨大的社会制造资源池连接在一起，实现制造资源与服务的开放协作、高度共享，降低制造资源的浪费，这对促进我国制造业由大做强和供给侧改革有重要意义。

对于制造企业而言，"互联网 +"环境下的制造资源共享延伸了企业生产运作的边界，企业生产制造从企业内部拓展到企业外部，从而充分利用整个社会资源。以海尔智能互联工厂为例，海尔利用 COSMOPlat（卡奥斯工业互联网平台）将用户需求和整个智能制造体系连接起来，在用户需求的驱动下，通过开放性平台汇集设备商、模块商、机器人公司、企业内部互联工厂等一流制造资源。此类新型制造模式对制造企业生产运作管理产生了巨大影响，带来了新的管理问题，如"互联网 +"环境下制造资源的虚拟化和网络发布与发现问题、网络制造资源使用的安全问题、网络制造资源所属企业的交互与协作问题、网络共享制造资源成本与利润分配问题、网络云平台本身的运营成本优化问题等。

本书研究网络共享的同类制造资源调度方法，以期为同类网络制造资源的高效利用提供理论与方法支撑。其中，同类制造资源表示为网络共享环境下的同类机或同型机。从调度理论的角度来看，网络共享的制造资源与传统制造资源的调度有明显区别，主要体现在：

（1）外部性。我们把通过网络共享的制造资源这种以租代买的特性定义为网络制造资源的外部性。在传统运作方式下，制造企业运营过程经历了厂址选择、设施布置，再到生产需求预测、生产计划、生产调度等环节，制造资源购置发生在生产制造之前，企业生产调度往往不考虑制造资源的使用成本。然而，在"互联网 +"环境下，通过网络共享的外部制造资源以租用方式使用，即使制造能力与生产效率完全相同的制造资源，也会因所在地理位置、当地经济状况、能源消耗成本等各方面区别而可能存在租用价格的巨大差异。考虑网络制造资源外部性的调度问题应考虑网络制造租用成本与生产效率的协调。

（2）在线性。我们把网络共享制造资源因分属不同企业而在生产周期内加入或退出生产系统，以及由此造成的调度周期内可用状态变化的现象定义为网络制造资源的在线性。在传统运作方式下，生产调度往往假定制造企业预先购置的制造资源在调度周期内一直可用，因此假定平行机的个数是预知且固定的。然而，在“互联网 +”环境下，通过网络租用的制造资源其使用权的权重一般低于该制造资源所属企业自身的使用权，由此带来调度周期内机器数量变化，颠覆了传统平行机调度问题的基本假设。因此，考虑网络制造资源在线性的调度问题应考虑制造资源数量变化对调度目标的影响与优化。

（3）异址性。我们把网络虚拟空间零距离联结而在现实物理空间存在较大位置差异的现象定义为网络制造资源的异址性。“互联网 +”构建了一个制造资源实时互联互通的环境，然而制造资源共享是一个典型的 O2O（online to offline）模式，即线上引发合作，线下执行制造过程。由于通过网络共享的制造资源在现实中可能存在巨大的空间位置差异，从而对生产环节后的配送环节产生巨大影响。因此，考虑网络制造资源异址性的调度问题应考虑异址制造资源的生产配送协同优化。

1.4　主要内容结构

新一代信息技术的飞速发展及它与制造业的深入融合，为制造资源提供了一个泛在互联的“互联网 +”环境，为制造资源网络共享提供了极大便利。与传统制造资源调度相比，网络共享制造资源的调度问题具有新的特点。本书在现有研究工作的基础上，较系统地研究了同类制造资源网络共享与调度问题，重点针对网络共享的同类制造资源的外部性、在线性和异址性进行了深入研究，探索这些调度问题的优化方法。

本书的结构框架如图 1.1 所示。本书章节安排如下：

第 1 章为绪论。该章简要介绍了典型制造模式演化与发展的背景知识，尤其是近年来新一代信息技术飞速发展所构建的“互联网 +”环境下的一些先进制造模式，说明制造资源网络共享的应用前景，进而简单分析了网络共享制造资源的外部性、在线性和异址性的新特点，最后介绍了本书的主要内容及结构安排。

第 2 章为同类制造资源网络共享调度理论新挑战。该章在回顾制造资源网络共享相关文献的基础上，提出一个同类制造资源网络共享框架，并对考虑网络共享制造资源的外部性、在线性和异址性三个特点的调度问题涉及的有关研究工作进行综述，提出同类制造资源网络共享为调度理论与方法带来的机遇与挑战。

网络制造资源共享的外部性影响到机器租用成本和机器数量变化。针对机器

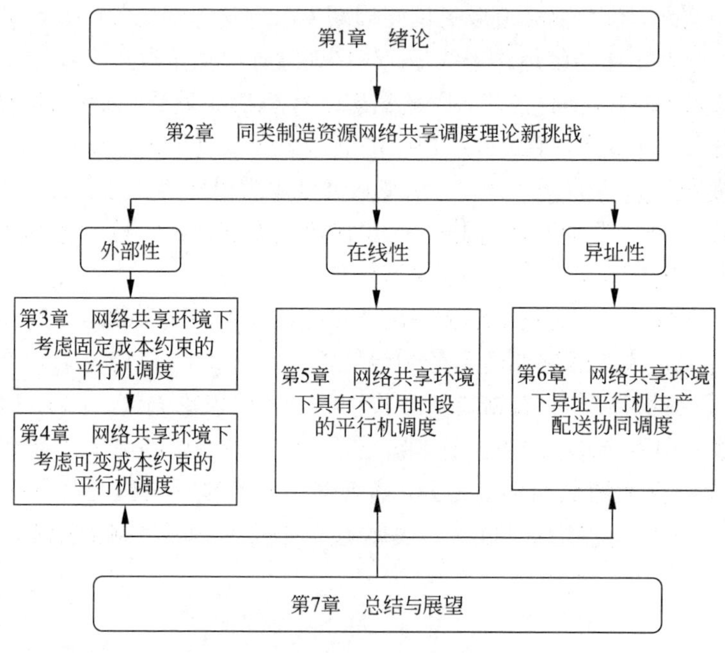

图 1.1 本书的结构框架图

租用成本的定价方式不同，第 3 章和第 4 章分别研究了考虑固定成本和可变成本的平行机调度。第 4 章也研究了同时考虑固定成本与可变成本约束的平行机调度。

第 3 章为网络共享环境下考虑固定成本约束的平行机调度。该章假定机器使用成本固定且提前预知，首先研究了加工时间相同的标准作业通过网络共享的平行机加工如何使得 Makespan（制造跨度）最小化的问题，进而拓展到加工时间不同的问题情形；然后研究了考虑固定成本约束下的最小化最大延迟时间的平行机调度问题；最后研究了一类考虑固定成本约束的、目标为最小化 Makespan 与机器租用成本加权和的平行机调度问题。

第 4 章为网络共享环境下考虑可变成本约束的平行机调度。该章考虑了通过网络共享的机器租用采用按使用的单位时长定价的方式，机器的使用费用根据使用时长来确定。由于通过网络平台获取的制造资源分属不同企业，因此单位时长的使用成本可能存在差异。首先，从作业可中断情形出发，构建问题最优解决方案；其次，基于可中断问题的最优解，分别为最小化最大完工时间、最小化总完工时间、最小化最大延迟时间的平行机调度问题设计算法；最后，假定机器使用成本包括固定成本和可变成本两部分，研究了两台同类机的最小化总延迟时间平行机调度问题。

第 5 章为网络共享环境下具有不可用时段的平行机调度。假定在一个生产计划周期内，通过互联网平台获得的网络制造资源数量、具体空间位置、制造能力及可用制造时段等制造资源参数信息均是预知的。由于此时制造资源数量是固定的，因此可以将此类考虑在线性的机器调度问题抽象为确定型的具有不可用时段的平行机调度问题加以解决。该章首先对具有不可用时段的平行机调度问题的背景及国内外研究现状进行综述；其次仅考虑不可用时段对平行机调度的影响，研究了具有不可用时段的一般平行机调度问题；最后针对一些特殊生产环境，研究了一类考虑原材料变质的具有不可用时段的平行机调度问题。

第 6 章为网络共享环境下异址平行机生产配送协同调度。在直接配送模式下，传统的考虑尾时间的平行机调度问题因机器处于同一地理位置，所以不同订单的配送时间或配送距离是一维向量；而在异址的平行机调度系统中，同一订单的配送时间或配送距离因机器空间位置差异而不同，因此是一个二维矩阵。该章考虑了直接配送模式下的异址机器生产配送协同调度，针对设置一个配送中心或不设配送中心两种情形，调度目标是服务跨度最小化。该章还考虑了采用第三方物流配送，且单位体积的配送费用也不同的情形，研究了在不超过成本总预算的前提下，最小化最大完工时间及最小化总完工时间的异址机器生产配送协同调度问题。

第 7 章为总结与展望。该章对全书工作进行了总结，并对“互联网 +”环境下制造资源共享与调度的研究方向做了展望。

参考文献

[1] 国务院. 中国制造 2025[R].2015-05-19. http://www.gov.cn/zhengce/content/2015-05/19/content_9784.htm.

[2] 汪应洛, 孙林岩, 黄映辉. 先进制造生产模式与管理的研究 [J]. 中国机械工程, 1997, 8(2): 63-73.

[3] 杨善林, 周永务, 李凯, 等. 制造工程管理中的优化理论与方法 [M]. 北京: 科学出版社, 2012.

[4] TAYLOR F. The principles of scientific management[M]. London: Routledge/Thoemmes Press, 1911.

[5] 马士华, 林勇. 供应链管理 [M]. 3 版. 北京: 高等教育出版社, 2011.

[6] SIMCHI-LEVI D, KAMINSKY P, SIMCHI-LEVI E. Designing and managing the supply chain: concepts, strategies, and case studies[M]. 3rd ed. New York: The McGraw-Hill Companies, 2008.

[7] 陶飞, 刘蔚然, 刘检华, 等. 数字孪生及其应用探索 [J]. 计算机集成制造系统,2018, 24(1): 1-18.

[8] 向峰, 黄圆圆, 张智, 等. 基于数字孪生的产品生命周期绿色制造新模式 [J]. 计算机集成制造系统,2019, 25(6): 1505-1514.

[9] 李伯虎, 张霖, 王时龙, 等. 云制造——面向服务的网络化制造新模式 [J]. 计算机集成制造系统,2010, 16(1): 1-7, 16.

[10] 李伯虎, 柴旭东, 张霖, 等. 云制造——一种智能制造的模式与手段 [M]//国家制造强国建设战略咨询委员会, 中国工程院战略咨询中心. 智能制造. 北京: 电子工业出版社, 2016: 129-181.

[11] 江平宇, 冷杰武, 丁凯. 社群化制造模式的边界效应分析与界定 [J]. 计算机集成制造系统,2018, 24(4): 829-837.

[12] 李培根, 邵新宇. 智能制造的内涵和特征 [M]//国家制造强国建设战略咨询委员会, 中国工程院战略咨询中心. 智能制造. 北京: 电子工业出版社, 2016: 39-71.

[13] 周济. 智能制造——"中国制造 2025"的主攻方向 [J]. 中国机械工程, 2015, 26(17): 2273-2284.

第 2 章　同类制造资源网络共享调度理论新挑战

“互联网 +”环境下，制造企业可以将各类制造资源虚拟化并实时发布其使用状态，实现闲置资源使用权的线上交易。通过对虚拟制造资源的智能化管理，实现制造资源的高度共享和协同，最终促进多方共赢。从网络制造资源交易过程来看，这是一种 O2O 的业务处理模式。从互联网角度来看，网络制造资源共享是网络众包模式在制造业中的应用，是一种具有广泛应用前景的新型制造模式。本章首先在简要综述制造资源网络共享方式的基础上，构建一个基于 Agent（代理）的同类制造资源网络共享系统模型，并对系统运作流程进行分析；接着从同类网络制造资源的外部性、在线性和异址性三个特点展开相关文献综述并提出同类制造资源网络共享调度的研究机遇与挑战。

2.1　同类制造资源网络共享框架

2.1.1　国内外研究现状

物联网、云计算和大数据等新一代信息技术的发展，不仅促进了新兴的电子信息装备制造业的迅速发展，还通过渗透和辐射，使传统制造业也发生了明显的变革。信息化在提高制造企业管理水平、转换经营机制、建立现代企业制度、改善原有制造模式、有效降低成本、加快技术更新、增强市场竞争力、提高经济效益和企业竞争力等方面均有着现实和深远的意义。O’Rourke[1] 认为新兴信息技术有力地推动了“快时尚”和“精益制造”的发展，使得制造型企业能够提供给客户最想要的产品。以网络为中心的生产方式推动整个制造业价值链的进步，使生产过程中的每一个元素变得“智能”，从而实现从资源到产品整个生命周期的优化[2]。

通过网络实现制造资源共享，使得企业资源的优化利用范围从企业内部拓展到企业外部，乃至整个社会甚至全球，能够更大限度地促进制造资源整合与优化利用，是云制造、网络协同制造、社会制造等“互联网 +”环境下制造新模式的核心思想，制造资源网络共享已经成为一种较为普遍的现象。通过图 2.1 可以看出，制造资源网络共享与电子商务相比，二者的区别仅仅在于前者销售的是具体产品，而后者销售的是制造资源的使用权。

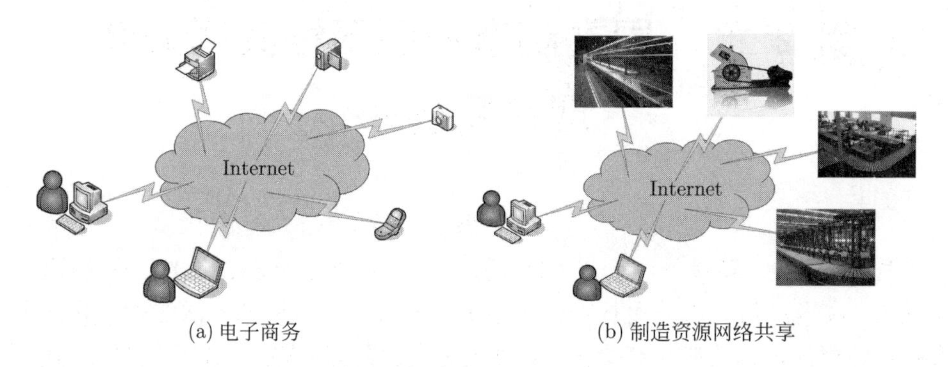

(a) 电子商务　　(b) 制造资源网络共享

图 2.1 制造资源网络共享与电子商务对比

“互联网 +”环境下，制造新模式实质上是通过利用新一代信息技术促进制造资源网络共享。以云制造为例，云制造是云计算的思想应用在制造业所产生的一种新型制造模式，基于互联网的相关服务的发现、使用和交付模式，通过网络以按需、易扩展的方式获得所需资源，而这些资源必须是虚拟化的资源。云是网络、互联网的一种比喻说法。随着云计算模式受到人们的认可和在各种行业中的推广应用，实体制造资源通过虚拟化，可以通过网络发布其使用状态，并提供给互联网上的远端企业、客户或第三方平台使用，从而实现了线上使用权交易、线下生产制造，催生了云制造模式的出现。通过对一些中小型企业制造资源的整合，云制造平台能够形成大型甚至超大型的虚拟企业，完成单个中小型企业完成不了的生产任务。另外，区域云制造平台通过整合区域内闲置制造资源，能够实现现有制造资源的充分利用，这对于我国这样的制造大国具有至关重要的现实意义。

目前，制造资源网络共享引发的先进制造模式受到了国内外研究学者的关注。1999 年，Montreuil 等 [3] 首先提出了网络制造的概念，强调了互联网环境下，企业信息整合对处于制造网络中的企业的巨大影响。Panetto 和 Molina[4] 认为，企业的信息和资源应该是开放和共享的，对于新环境下的制造行业来说，资源的互操作性和企业的整合是关键。在企业信息充分整合与共享环境下，Kishore 等 [5] 提出了基于多代理架构的业务信息系统的理念和框架。Valilai 和 Houshmand[6] 提出了一种面向服务的方法，以建立分布式制造代理商集成和协作的云制造平台。Argoneto 和 Renna[7] 提出了一个基于 Gale-Shapley 模型的合作博弈算法和模糊引擎匹配技术的框架。Subashini 和 Kavitha[8] 也强调了云计算技术的重要性，认为在这种基于云计算的制造模式中，不同企业资源共享过程中的信息安全问题成为制约网络共享制造模式发展的重要因素。

我国学者开展了大量关于云制造模式的研究工作。Wang 和 Xu[9] 研究了一种以标准化数据模型描述云服务及相关特性并面向个人用户和企业用户、可交互操作的云制造系统。Xu[10] 阐述了云计算技术在现代制造业中的巨大作用，并构建了云平台以促进以互联网为基础的新型制造模式的发展。在这种制造模式下，各种制造资源都得到了有效的整合。Jiang 等 [11] 研究了一种基于云代理的云制造集成服务模式，以控制和协调云制造终端节点效率。Tao 等 [12] 研究了云制造的四种典型服务平台，即公共、私人、社区和混合服务平台，以及实现云制造模式的关键技术。Kang 等 [13] 提出了能力成熟度模型集成（capability maturity model integration, CMMI）安全模型来防止云制造系统遭受匿名攻击。Wang 等 [14]拓展了云制造的概念，考虑到在云制造过程中重用废旧电器和电子设备的问题，提出了“云再制造”的概念。Cao 等 [15] 研究了处理资源集成的方法，并设计了针对资源选择的工作过程优先级（working procedure priority-based algorithm, WPPBA）算法，证明了其可行性。张霖等 [16] 阐述了云制造系统中“制造云”的构建过程，设计了一个面向设计仿真的云服务平台原型。李伯虎院士等 [17] 对我国实施云制造的思路和发展提出了建议。李京生等 [18] 探讨了云制造平台下动态制造资源能力服务化的分布式协同生产调度技术。

表 2.1 列出了近期一些关于制造资源网络共享框架方面的文献。上述关于制造资源网络共享的研究仍处于概念与框架层面，同类制造资源网络共享从理论框架到实际应用，再到考虑网络共享的同类制造资源优化调度，无论是管理理论还是管理实践，均有很多工作亟待研究。

表 2.1　制造资源网络共享框架研究成果

分类	文献	说　明
系统原型 (框架)	[3]	网络制造的概念
	[5]	综合业务信息系统框架
	[6]	分布式制造代理的集成协作
	[14]	基于云制造过程中的设备使用，提出云再制造
系统平台实现技术	[7]	基于模糊引擎匹配技术和基于 Gale-Shapley 模型的合作博弈算法
	[8]	服务交付模型中的安全技术
	[9]	标准化数据模型的云服务平台
	[11]	云制造集成服务模型
	[12]	四个典型的服务平台和关键技术
	[13]	CMMI 安全模型

2.1.2 基于 Agent 的同类制造资源网络共享系统模型

图 2.2 描述了同类制造资源网络共享框架。资源拥有者在云平台上进行注册，并将这些闲置资源的详细信息实时发布和更新；云平台对这些资源进行分配和集中式管理；有制造需求的用户根据资源的相关描述进行选择和使用，最后对云平台和闲置资源拥有者提供的服务进行反馈和评估。

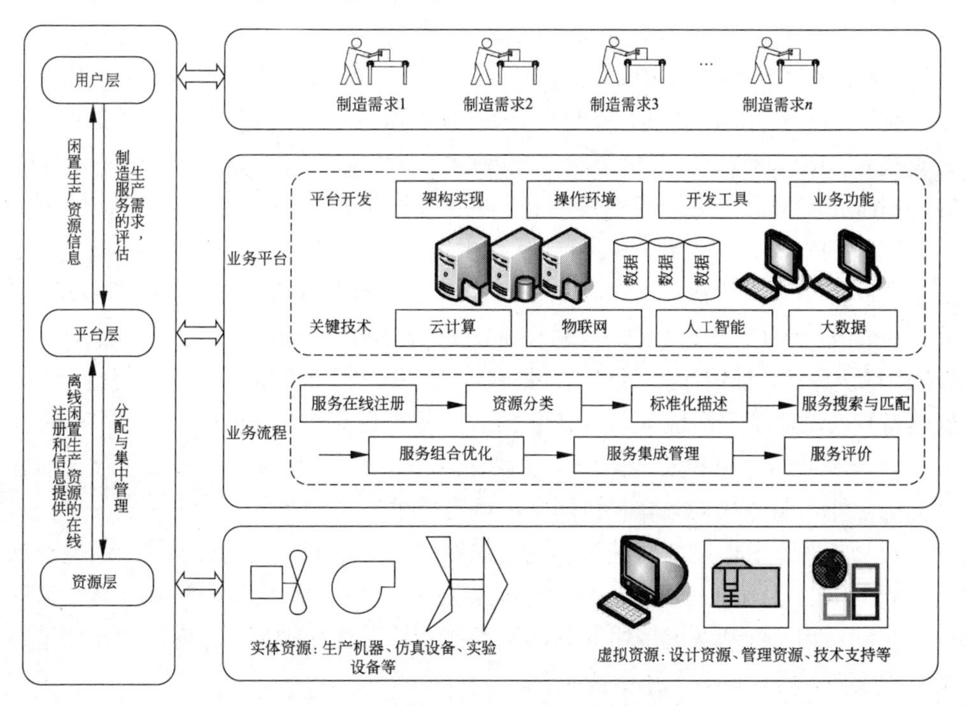

图 2.2 同类制造资源网络共享制造框架

基于 Agent 的同类制造资源网络共享流程：

step 1 客户 (Job-Agent) 通过互联网提交订单信息给网络云平台 Agent (Platform-Agent)。

step 2 网络云平台 Agent 通过互联网与制造资源 Agent(Machine-Agent) 交互，收集空闲资源 (机器) 信息，构建网络共享制造系统 (System-Agent)。

step 3 网络云平台 Agent 进行资源 (机器) 与订单 (作业) 的优化配置。

step 4 制造资源 Agent 按照一定加工次序完成分配的订单任务。

step 5 配送 Agent(Delivery-Agent) 按照一定配送方式，将已完工的订单产品配送至客户。

step 6　客户向网络云平台 Agent 提供服务评价信息；

step 7　网络云平台根据评价信息对制造资源 Agent 进行评估，用于下一次同类制造资源网络共享系统构建。

2.1.3　基于 Agent 的同类制造资源网络共享调度流程分析

本小节通过对基于 Agent 的同类制造资源网络共享调度流程进行分析，得到同类制造资源网络共享调度的特点。

（1）在 Step 1 中，Job-Agent 将客户的制造需求提交给 Platform-Agent，同时提交这些订单的具体信息（加工时间、到达时间、交付期等经典调度参数）。从 Job-Agent 的角度来看，旨在提高客户满意度，如缩短服务跨度和减少作业延误。

（2）在 Step 2 中，Platform-Agent 向 Machine-Agent 收集空闲机器的信息，并把这些信息提供给 Job-Agent。从而，客户可以全面了解这些闲置机器的相关信息，包括机器所在地理位置、收费标准、机器的特点（单机、平行机、混合机）等。

（3）在 Step 3 和 Step 4 中，应在充分考虑机器状态的情况下完成订单的分配和加工。优化配置模式（主要包括集中式配置和分布式配置）。Machine-Agent 的目的是提高生产效率，如减少最大完工时间与总完工时间。

（4）在 Step 5 中，选择合适的配送模式可以有效地减少配送过程的成本和时间，如即时配送（每个订单在完成处理后立即单独发货）、含有路径优化的批量配送（需要配送给不同客户的订单可以在同一批货物中一起配送）和可拆分交货（允许拆分订单并分批配送），同时还涉及有无集中配送中心、是否采用第三方物流（third-party logistics, 3PL）方式等。

（5）在 Step 6 和 Step 7 中，Job-Agent 评估 Machine-Agent 提供的服务。Platform-Agent 建立公平客观的评估机制，从不同方面评估 Job-Agent 和 Machine-Agent 的效率。此外，Platform-Agent 的目标是寻求充足的客户资源和闲置机器资源，以最大化自身利润。

（6）对于制造资源网络共享系统而言，系统的稳定性和效率在降低运营成本方面起着重要作用。

通过对上述基于网络云平台的制造资源共享流程进行分析，从调度理论角度来看，制造资源网络共享调度与传统的生产调度问题有很大区别。其一，制造资源的所有权属于企业外部，资源的使用权需要通过平台租赁获得，因此与传统假设机器属于企业内部不同，在调度模型中需要考虑机器成本对调度目标的影响；

其二，由于制造资源通过云平台搜索获得，因此在一个制造周期内，调度系统面临的制造资源数量是动态变化的，这与经典调度问题中假定机器数量固定有本质区别；其三，由于云平台上获得的同类制造资源的实际空间位置差异较大，因此制造资源与订单任务的匹配对生产之后的配送环节有巨大影响。在生产配送协同调度过程中，不仅要考虑制造资源的制造能力，同时也要兼顾其空间位置，有效降低配送成本。本书将制造资源抽象为具有加工能力的“机器”，并重点研究网络共享环境下的同类机及特殊情形同型机这两类平行机调度问题，及其对应的生产配送协同调度问题。

2.2 考虑机器成本的调度研究现状综述

1.3 节分析了同类制造资源网络共享的三个特征，共享制造模式与传统调度模式之间的第一个显著差异是是否考虑机器成本。在共享制造模式中，通过云平台获得每台闲置机器的使用权，不同工厂的机器成本（租赁成本和生产成本）差异很大。因此，除了传统的调度目标外，还应考虑机器成本的影响。表 2.2 列举了考虑机器成本的相关调度文献。

表 2.2 考虑机器成本的调度文献

假设	文献	研究问题	研究方法
1	[19]	$P_m\|\text{online}\|C_{\max}$	近似算法
		$P_m\|\text{online}, r_j\|C_{\max}$	近似算法
	[20]	$P_m\|\text{pmtn}, \text{non}-\text{pmtn}\|C_{\max}+\text{cost}$	近似算法
	[21]	$P_m\|\|C_{\max}+\text{cost}$	近似算法
	[22]	$P_m\|\text{online}\|\gamma\cdot H+W$	近似算法
	[23]	$P_m\|\text{rej}, \text{online}\|C_{\max}+\text{cost}+\text{penalty}$	近似算法
	[24]	$P_m\|\text{online}, \text{rej}\|C_{\max}+\text{cost}+\text{penalty}$	近似算法
k	[25]	$P_m\|\text{TC}\leqslant U\|C_{\max}$	近似算法
	[26]	$P_m\|\text{pmtn}, \text{non}-\text{pmtn}\|C_{\max}$	近似算法
		$P_m\|\text{pmtn}, \text{non}-\text{pmtn}\|\sum C_j$	近似算法
c_{ij}	[31]	$R_m\|\text{rma}, \text{cpt}\|TC$	多项式时间算法
	[32]	$P_m\|\text{pmtn}, \text{non}-\text{pmtn}\|C_{\max}+\text{cost}$	线性规划模型
		$P_m\|\text{pmtn}, \text{non}-\text{pmtn}\|\sum C_j+\text{cost}$	线性规划模型
	[33]	$P_m\|\|(\sum C_j, \text{MMC})$	近似算法
		$P_m\|\|(\sum C_j, \text{TMC})$	近似算法
		$P_m\|\|(C_{\max}, \text{MMC})$	近似算法
		$P_m\|\|(C_{\max}, \text{TMC})$	近似算法

续表

假设	文献	研究问题	研究方法
其他	[27]	$Q_m\|\text{online}, r_j\|C_{\max} + \text{cost}$	近似算法
	[28]	$P_m\|\|\text{cost} + \sum W_jT_j$	禁忌搜索算法
	[29]	$Q_m\|\text{pmtn}, \text{non} - \text{pmtn}, \hat{U}\|C_{\max}$	近似算法
	[30]	$P_m\|\text{online}, \text{pmtn}, \text{non} - \text{pmtn}\| \sum C_j + \text{cost}$	近似算法
	[34]	$1\|\text{pmtn}, r_j\| \sum W_j g(f_j)$	近似算法
	[35]	$1\|\text{pmtn}, r_j\| \sum f(c_j)$	近似算法
		$P_m\|\text{TC} \leqslant U\| \sum C_j$	启发式算法
	[36]	$1\|\|w_j f(c_j)$	Smith's 规则
	[40]	$Q_m\|\| \sum p_j c_k t_{ijk}$	混合整数规划模型

2.2.1 考虑机器固定成本的调度

Imreh 和 Noga[19] 首次将机器成本的概念引入生产调度问题中，他们假设购买机器的成本是 1，证明了 LS（list scheduling）算法在解决最小化完工时间及机器成本之和的在线调度问题时的最坏误差界为 1.618。如果在不同时间释放作业，最坏误差界是 $(6+\sqrt{205})/12$。对于同样的问题，Dosa 和 He[20] 提出了一个更好的在线算法，得到的最坏误差界为 1.5798。之后，Dosa 和 Tan[21] 进一步改进，提出了一种最坏误差界为 1.5486 的新算法。考虑机器成本的在线/半在线调度问题也被广泛研究，一些学者在这些调度模型中增加了不同的约束 [22–24]。当给出成本上限时，Li 等 [25] 设计了一些有效的算法来解决最小化最大完工时间与总完工时间的问题。Rustogi 和 Strusevich[26] 假设每台机器的成本是 K，研究了添加新机器对最大完工时间与总完工时间的影响。

一些研究认为，不同机器的成本取决于它们的速度。一般而言，机器速度越快，价格越高。出于成本限制的考虑，工厂经常使用更便宜的机器，然而，为了满足订单要求，有时也必须使用速度快的机器 [27–29]。Jiang 等 [30] 假设机器成本是购买数量的凹函数，在处理最小化最大完工时间与机器成本之和的问题时，他们发现在可中断和不可中断情形下，最坏误差界至少为 1.5。

2.2.2 考虑机器可变成本的调度

除考虑购买或租赁机器所需要花费的固定成本外，还需要考虑机器可变成本。例如，Yang 等 [31] 假设可以通过分配更多资源来压缩作业的实际处理时间。Leung 等 [32] 和 Lee 等 [33] 假设作业的加工成本依赖于机器，即作业 J_j 在机器 M_i 上加工将产生 c_{ij} 的成本。Im 等 [34] 考虑了非递减成本函数 $g(F_j)$，其中成本与作业的释放时间和完工时间相关，设计了最高密度优先算法，并证明了该算法是最优的。而 Mestre 和 Verschae[35] 假设机器成本函数 $f_j(C_j)$ 仅取决于作业的完工时间。Höhn 和 Jacobs[36] 研究发现，对于单调和分段线性成本函数，单机最小化加权总成本问题是强 NP-难的。他们分析了 Smith's 规则，该规则可以应用于任意凸或凹成本函数。目前，人们对“绿色”制造的关注度越来越高，能源消耗作为“绿色制造”中的一个关键研究点，也受到了关注。在调度问题中，基于能源消耗的机器成本假设已经被广泛接受[37−42]。

2.2.3 研究机遇与挑战

机器外部性为调度理论带来了新的机遇与挑战：①在共享制造模型中，机器的所有权属于外部工厂。客户通过云平台搜索闲置机器，并租用其制造能力，需要考虑租用成本。由于对机器成本假设的研究很少，可以试图从机器租赁成本和使用成本两个角度进行扩展。②除了机器成本之外，通常还需要考虑其他的调度目标，因此考虑机器成本的多目标优化也是重要的研究内容。

1. 关于机器成本假设的研究

据我们所知，目前大多数研究者只考虑了机器的购买成本，因此他们都假设机器成本是恒定的；少数学者扩展了这一假设，他们将机器成本与机器速度、能耗及其他因素联系起来。为了使机器成本的假设更有意义，可以作进一步讨论。

（1）机器成本依赖于生产质量。对于异质性客户，他们有不同的生产质量要求，因此需要更多地关注客户之间和机器之间的差异（特别是机器老化程度和产品质量水平）。在共享制造模式中，客户可以根据云平台上提供的信息选择满足质量要求的机器。一般而言，如果对产品有严格的质量要求（如生产精密仪器），则会选择质量更高的机器。这类研究有助于帮助客户找到更合适的机器，增加了机器选择的灵活性，而且能有效降低制造成本。

（2）机器成本依赖于作业和机器的组合。在实践中，将作业安排在不同机器上加工会带来不同的生产成本和效率。此时，通过把作业分配给最合适的机器，可以极大地满足客户的需求。此外，客户和工厂还可以建立长期合作关系，即形成一个稳定的作业-机器组合。

（3）机器租赁价格依赖于租赁机器的数量。购买大量产品的消费者通常会获得相应的价格折扣；同样地，当工厂为某一顾客提供制造服务时，他们可以根据客户租赁机器的数量或机器的使用总量给予一定的折扣，即需求越大，折扣越高。例如，给出下面的机器成本函数：

$$S_i = \begin{cases} a, & i \leqslant l \\ a - ki, & l < i \leqslant h\,; \quad i = 1, 2, \cdots, m \\ b, & h < i \end{cases} \tag{2.1}$$

式中，a、b、k、l、h 都为正数，满足 $a > b$、$h > l$。S_i 为机器 i 的租赁成本。显然，单位机器成本是一个非增函数。m 表示可用机器的数量（$m > h$）。以问题 $P_m|U \leqslant \hat{U}|\sum T_j$ 为例，构造以下混合整数规划（mixed integer programming, MIP）模型：

$$\text{Minimize} \quad \sum_{i=1}^{m}\sum_{k=1}^{n} T_{ik} \tag{2.2}$$

$$\text{s.t.} \quad \sum_{i=1}^{m}\sum_{k=1}^{n} x_{ikj} = 1; \quad j = 1, 2, \cdots, n \tag{2.3}$$

$$\sum_{j=1}^{n} x_{ikj} \leqslant 1; \quad i = 1, 2, \cdots, m; \ k = 1, 2, \cdots, n \tag{2.4}$$

$$d_{ik} = \sum_{j=1}^{n} x_{ikj} d_j; \quad i = 1, 2, \cdots, m; \ k = 1, 2, \cdots, n \tag{2.5}$$

$$c_{ik} = c_{i,k-1} + \sum_{j=1}^{n} x_{ikj} p_j; \quad i = 1, 2, \cdots, m; \ k = 1, 2, \cdots, n \tag{2.6}$$

$$T_{ik} = \max\{0, c_{ik} - d_{ik}\}; \quad i = 1, 2, \cdots, m; \ k = 1, 2, \cdots, n \tag{2.7}$$

$$y_i = \sum_{j=1}^{n} x_{i1j}; \quad i = 1, 2, \cdots, m \tag{2.8}$$

$$\sum_{i=1}^{l} a y_i + \sum_{i=l+1}^{h} (a - ki) y_i + \sum_{i=h+1}^{m} b y_i \leqslant \hat{U}; \tag{2.9}$$

$$x_{ikj} \in \{0, 1\}; \quad i = 1, 2, \cdots, m; \ j, k = 1, 2, \cdots, n \tag{2.10}$$

式 (2.2) 表示调度目标是最小化所有作业的总延误。式 (2.3) 确保每个作业只能被分派到一台机器的一个位置，式 (2.4) 确保机器上的任何位置最多只可以加工一个作业，式 (2.5) ~ 式 (2.7) 分别表示机器 i 上第 k 个位置的作业的交付期，完成时间和延误时间，式 (2.8) 确定是否使用机器 i，式 (2.9) 保证机器总成本不大于给定的阈值 $\hat{U}$，约束 (2.10) 表明 x_{ikj} 是 0-1 变量。

2. 关于多目标优化的研究

正如前面所提到的，在同类制造资源网络共享模式中使用的机器是通过云平台租赁的，因此必须考虑机器成本，同时其他的调度目标（如 $C_{\max}$、$\sum C_j$、$\sum T_j$ 等）也不可忽略。然而，这些目标通常是矛盾的，因此需要权衡这些目标，寻找最优的帕累托前沿。对于多目标优化问题，可以通过以下方法进行求解：

（1）目标赋权法。通过目标的线性组合，可以将多目标优化问题转换为单目标优化问题，从而采用在单目标问题中使用的优化方法解决多目标优化问题。显然，确定每个目标权重的方式起着重要作用。同时，这些目标可以根据其重要性进行分层。例如，如果客户有严格的成本预算，则应该优先考虑总机器成本。除目标赋权法，可选的其他方法还有切比雪夫聚合方法、边界交叉聚合方法等。

（2）主要目标法。例如，设置机器成本的阈值，将它作为约束，然后优化其他调度目标，如完工时间、总完成时间、最大延迟等。该方法的本质还是将多目标问题转化为单目标问题，不同之处在于将一些目标转化成了约束。

（3）基于帕累托最优的多目标优化方法。通过精确算法获得多目标调度问题的最优解是很困难的，因此大多数研究采用智能算法处理多目标问题，如带精英策略的非支配排序遗传算法、差分进化算法和粒子群优化算法等。以往的研究表明，这些智能算法在多目标优化方面具有很大的优势。随着机器学习和人工智能技术的发展，可以考虑将这些方法嵌入亚启发式算法中，如进行参数的自学习。

2.3 在线调度研究现状综述

在线环境下，客户和闲置机器提供方通过云平台实现机器使用权的交易。与传统调度环境下机器始终可用的假设不同，在线环境下机器的数量和可用性随时间而变化，因此很难获得或预测下一时刻机器的状态信息。近年来，学者们已经广泛研究了具有一个或多个维护活动的机器调度问题，这种问题类似于在线机器调度，因为机器都存在可用性限制。由于作者基本没有发现关于在线机器调度问题的文献，因此从含有维护时段的机器调度问题出发，综述了相关文献。

2.3.1 在线单机调度

第一类文献假设作业是不可中断的。当整个制造过程中只有一个不可用时段时，Kacem 和 Chu[43] 分析了最短加权作业优先（weighted shortest processing time first，WSPT）和改进的最短加权作业优先（modified weighted shortest processing time first，MWSPT）规则的最坏误差界。Luo 等 [44] 研究了如何设置维护活动的开始时间，在他们的假设中，维护时长是维护活动开始时间的非减函数。Molaee 和 Moslehi[45]、Yin 等 [46] 分别设计了启发式算法和精确算法，以最小化误工作业的数量。Gu 等 [47] 为两类含速度依赖恶化效应的单机调度问题找到了最佳维护时段。Hnaien 等 [48] 假设机器可能会遭受随机故障，研究了最小维护成本的问题。

当整个生产过程中允许存在多个维护时段时，Rustogi 和 Strusevich[49] 假设维护活动不能将机器完全恢复到其原始状态，研究了含有位置依赖恶化效应的最小化总完工时间问题。Cheng 等 [50] 考虑批次依赖的恶化效应，不同批次之间可能存在多个维护活动，他们为最小化最大完工时间问题、最小化总完工时间问题设计了多项式时间算法。对于 $1|\text{brkdwn}|C_{\max}$ 问题，Yu 等 [51] 比较了不同算法之间的性能，证明了列表排序（list scheduling, LS）算法和改进的长作业优先（modified longest processing time first，MLPT）算法的最坏误差比都是 2。Xue 等 [52] 找到了最佳维护频率以最小化总成本，其中作业的实际加工时间是作业长度的一般函数，并且其加工时间与它在整个作业序列中的位置有关。Wang 和 Liu[53]、Lu 等 [54] 假设机器会发生服从韦伯分布（Weibull distribution）的随机故障。

第二类文献假设作业是可中断的，即再次加工该作业不会产生任何额外的时间损失。Lee[55] 证明了在可用性限制下最小化总加权完工时间问题是NP-难的。Chen[56] 提出了一种有效的算法，用于最小化总完工时间与最小化最大延迟时间的双目标优化问题，其中机器需要周期性维护。Wang 等 [57] 和 Hadidi[58] 考虑了具有多个可用性约束的可中断单机调度问题，其目标是最小化总加权完工时间，其中可用性限制包含预防性维护和随机故障。

2.3.2　在线平行机调度

假设作业是不可中断的，学者们针对仅存在两台机器的情况开展了一些研究。例如，Sun 和 Li[59]、Lee 和 Kim[60] 假设这两台机器都需要定期维护，而 Zhao 等 [61] 假设在指定时间内只有一台机器不可用。Miao 和 Zou[62]、Tan 等 [63] 假设在 k 台机器上有不可用时段，其余的 $m-k$ 台机器始终可用。Dong[64] 讨论了机器维护时间可控的问题，其目标包括三个部分：作业加工成本、机器启动成本和热/冷关机引起的节能。Mellouli 等 [65] 假设每台机器都有一个固定维护期，并且为 $P_m|\text{brkdwn}|\sum C_j$ 构建了一个 MIP 模型。假设所有机器都需要固定维护并且作业是可以中断的，Lee 和 Wu[66] 设计了一种混合进化算法以最小化最大完工时间。总之，与不可中断的问题相比，对可中断问题的平行机调度问题的研究相对较少。

生产调度领域还有许多论文关注机器具有可用性限制的变速机调度问题。Wang 等 [67] 考虑了具有恶化效应和机器不同时可用的调度问题。假设机器在零时刻不可用，在可以拒绝加工某些作业的前提下，Jiang 和 Tan[68] 研究了最小化总作业拒绝成本与最大完工时间之和的问题。Yang[69] 同时考虑了位置依赖和时间依赖的机器恶化效应，求出了最佳维护频率，维护时段和作业调度顺序，最大限度地缩短了总完工时间。Ruiz-Torres 等 [70] 解决了最小化最大完工时间的变速机调度问题，他们假设机器需要预防性维护且维护时间是确定的。一些学者对含维护时段的调度问题做了总结 [71−73]。表 2.3 对考虑机器不可用时段的相关文献进行了总结。

2.3.3 研究机遇与挑战

通过云平台可以获得的机器数量和可用性不确定，因此需要分析机器具有不可用时段情形下的离线机器调度问题，离线环境下的问题可以为在线机器调度提供解决思路。

1. 含有多个可变维护时段的离线机器调度问题

离线机器调度环境下，在一个生产周期中，机器的地理位置、生产能力和可用性等信息是可以提前得到的。维护活动造成的作业中断在实际生产中非常普遍，浪费了大量的人力、物力和财力。因此，对预防性维护和随机故障的研究至关重要。

（1）不可中断情形。如果作业在加工过程中被中断（拆分作业），由于需要重新启动中断的作业，因此可能会产生额外的启动时间。由于每台机器包含多个不可用时段，因此如何充分利用可用时段，以避免物料和人力资源的浪费已成为一个热门的研究课题。在这类问题的处理过程中，固定维护周期可以被视为约束，这种问题也被称为具有可用性限制的机器调度问题。

（2）可中断情形。如果同一台机器上两个相邻的可用时段间隔较长，则可能导致很大的作业完工时间与延迟，甚至可能会造成延迟惩罚。这些被中断的作业可以选择在其他机器上加工，但是也可能会导致其他费用，如作业异地转移成本等。该类问题与不可中断情形相比，调度方案具有较大的柔性。

（3）含有随机故障的机器调度。不可用时段通常包括预防性维护和随机故障。对于预防性维护，可将维护时段视为一个决策变量，此时机器维护和作业调度需要统一考虑，选择合适的维护时段。这类问题在企业生产环境中普遍存在，通常伴随着维护时间窗，即维护时段可以在该维护时间窗内根据实际情况进行合理的选择。例如纺织型企业有清花机、梳棉机、精梳机等大量设备需要进行维护

表 2.3　考虑机器不可用时段的相关文献

假设	文献	研究问题	研究方法
单机；作业不可中断	[43]	$1\|\text{brkdwn}\|\sum W_jC_j$	WSPT 算法，MWSPT 算法
	[44]	$1\|\text{brkdwn}\|C_{\max}$	多项式时间算法
		$1\|\text{brkdwn}\|\sum C_j$	多项式时间算法
		$1\|\text{brkdwn}\|L_{\max}$	多项式时间算法
		$1\|\text{brkdwn}\|\sum U_j$	多项式时间算法
	[45]	$1\|\text{brkdwn}\|\sum U_j$	分支定界法，启发式算法
	[47]	$1\|\text{brkdwn}\|C_{\max}$	动态规划
		$1\|\text{brkdwn}\|\sum C_j$	动态规划
	[48]	$1\|\text{brkdwn}\|\text{TC}$	MIP 模型
	[49]	$1\|\text{brkdwn}\|C_{\max}$	多项式时间算法
	[50]	$1\|\text{brkdwn}\|C_{\max}$	多项式时间算法
		$1\|\text{brkdwn}\|\sum C_j$	多项式时间算法
	[51]	$1\|\text{brkdwn}\|C_{\max}$	LS、LPT、MLPT 算法
	[52]	$1\|\text{brkdwn}\|\sum \text{cost}$	多项式时间算法
	[53]	$1\|\text{brkdwn}\|\sum W_jC_j$	分支定界法
单机；作业可中断	[55]	$1\|\text{pmtn, brkdwn}\|\sum W_jC_j$	动态规划
		$P_m\|\text{pmtn, brkdwn}\|C_{\max}$	LPT 算法
		$P_m\|\text{non}-\text{pmtn, brkdwn}\|L_{\max}$	EDD 算法
		$1\|\text{pmtn, brkdwn}\|\sum U_j$	Moore-Hodgson's 算法
	[56]	$1\|\text{pmtn, brkdwn}\|\alpha\sum C_j+(1-\alpha)T_{\max}$	启发式算法，分支定界法
	[57]	$1\|\text{pmtn}, r_j, \text{brkdwn}\|\sum W_jC_j$	近似算法
	[58]	$1\|\text{pmtn, brkdwn}\|\sum W_jC_j$	MIP 模型
平行机；作业不可中断	[59]	$P_2\|\text{brkdwn}\|C_{\max}$	近似算法
		$P_2\|j_m, \text{brkdwn}\|\sum C_j$	SPT 算法
	[60]	$P_2\|\text{pmtn, non}-\text{pmtn, brkdwn}\|\sum T_i$	分支定界法
	[61]	$P_2\|\text{brkdwn}\|\sum W_jC_j$	完全多项式时间近似算法
	[62]	$P_2\|P_j=\alpha_jt, \text{brkdwn}\|\sum W_jC_j$	动态规划
		$P_m\|P_j=\alpha_jt, \text{brkdwn}\|C_{\max}$	LS 算法
		$P_2\|P_j=\alpha_jt, \text{brkdwn}\|\sum C_j$	动态规划，完全多项式时间近似算法
	[63]	$P_m\|\text{brkdwn}\|\sum C_j$	SPT 算法
	[64]	$P_m\|\text{brkdwn}\|TC$	分支定界法
	[65]	$P_m\|\text{brkdwn}\|\sum C_j$	MIP 模型，动态规划，分支定界法
	[67]	$R_m, a_i\|\text{brkdwn}, p_{ij}=b_{ij}t\|\sum\sum\log C_{ij}$	指派问题
		$R_m, a_i\|\text{brkdwn}, p_{ij}=b_{ij}t\|\sum\log C_{\max}$	指派问题
		$R_m, a_i\|\text{brkdwn}, p_{ij}= b_{ij}t\|\sum\sum\sum\|\log C_{ij}-\log C_{ik}\|$	指派问题
		$R_m, a_i\|\text{brkdwn}, p_{ij}= b_{ij}t\|\sum\sum\sum\|\log W_{ij}-\log W_{ik}\|$	指派问题
	[68]	$R_m\|\text{rej, brkdwn}\|C_{\max}+\text{TC}$	近似算法
	[69]	$R_m\|\text{brkdwn}, p_{jl}f_{jl}(r), k_{\max}\leqslant k\|\sum C_j$	多项式时间算法
		$R_m\|\text{brkdwn}, p_jf_j(r), k_{\max}\leqslant k\|\sum C_j$	多项式时间算法
	[70]	$R_m\|\text{brkdwn}\|C_{\max}$	启发式算法

清理工作，可能在每天工作前需要对设备进行清理检修（固定维护时段）；也可能根据机器的使用时间或使用状态，在某一任务完成后进行统一检查维护（可变维护时段）。在选择维护时段时一般有两种策略：一是机器连续加工时间受限，二是机器连续加工作业数受限。

2. 含有多个可变维护时段的在线机器调度问题

考虑下面的情形：在机器上加工一个作业，此时机器发生意外故障，中断的作业需要等待机器的下一个可用时段。但是，如果超过作业的交付期，会造成高昂的误工费用。在这种情况下，安排在中断作业之后的作业可以选择在其他可用的机器（包括新发现的机器）上加工。由于这些机器可能属于不同的工厂，因此要考虑作业在不同机器之间的转移对调度目标的影响。同时，根据历史数据，可以得到机器处于不可用时段的统计概率，从而很容易地获得机器的状态转移矩阵，并使用马尔可夫决策方法辅助客户做决策。需要注意的是，一个作业可能会从一台机器转移到另一台机器上加工，这对调度目标和配送成本的影响很大。通过迭代地重构调度方案，最终实现生产和配送协同调度的动态优化。

3. 具有动态机器数量和动态作业到达的在线机器调度问题

网络共享制造模式下，在网络平台发布与机器相关的参数之前，这些参数是无法获得的。在线策略通常用于在发现新机器时动态地调整作业的分配方式，需要考虑生产效率和经济效益之间的平衡。当网络平台发布新机器时，可以通过分析添加这些机器对调度目标的影响来重建新的调度系统。例如，在网络平台上新发现 m 个相同的机器，机器 i 的成本为 k_i。这里机器成本的假设与现实中常见的不同商场中相同产品标价不同的事实一致。显然，即使加工能力完全相同的机器，因其分属不同企业、地理位置不同、维护成本差异等，定价也可能不同。我们以最小化机器成本与最大完工时间的加权和为目标，构造以下数学模型：

$$\text{Minimize} \quad \alpha C_{\max} + \beta \sum_{i=1}^{m} k_i y_i \tag{2.11}$$

$$\text{s.t.} \quad \sum_{i=1}^{m} x_{ij} = 1; \quad j = 1, 2, \cdots, n \tag{2.12}$$

$$\sum_{j=1}^{n} p_j x_{ij} \leqslant y_i C_{\max}; \quad i = 1, 2, \cdots, m \tag{2.13}$$

$$y_i, x_{ij} \in \{0, 1\}; \quad i = 1, 2, \cdots, m; \ j = 1, 2, \cdots, n \tag{2.14}$$

式 (2.11) 表示调度目标是最小化机器成本与最大完工时间的加权和，式 (2.12) 确保一个作业只能在一个机器上加工，式 (2.13) 定义了每台机器上最后一个作业的完工时间，式 (2.14) 表明决策变量 y_i、x_{ij} 是 0-1 变量。

在按单生产环境中，作业通常是动态到达的，即作业的细节是无法提前获知的。显然，一旦有新作业到来，传统的静态和确定性离线调度模型可以重构。然而，这种方法耗时且难以在实时环境中使用。另一种更实用的方法是基于简单规则的在线算法，这些规则可以在多项式时间内实现 [74]。另一个值得研究的问题是从理论上分析这些算法的复杂性和性能（如最坏误差界）。另外，相应离线机器调度情况下的调度方案将成为重要的参考。

4. 同类制造资源在线调度机理分析

网络制造资源的发现具有实时性和动态性，而静态的离线机器调度模型难以描述这种动态性。为此，分析同类制造资源网络共享的系统运作机理，能够为在线机器调度建模与优化提供基础。在线调度实质上是网络制造资源的发现、网络制造资源占用、网络制造资源占用成本的评价、网络制造资源退出等几个步骤循环往复的过程。这些制造资源作为一类云计算资源，它的虚拟化、发布、发现、占用、退出等机理及由此构成的调度系统是同类制造资源在线调度的基础。

5. 在线机器调度建模方法研究

区别于离线机器调度问题，在线机器调度模型的建模方法必须采用新的工具和手段。传统为调度问题建立数学模型的方法在在线机器调度情形中体现出很大的局限性。可以试图将数学模型与人工智能中基于多 Agent 的系统建模方法相结合，考虑网络制造资源发现与占用的动态特点，研究对应在线机器调度模型的构建方法。对于局部的、一定时间内稳定的调度系统采用数学模型方法，沿用经典生产调度理论中关于生产效率的描述，以最小化最大完工时间、最小化总完工时间为调度目标，构建精确描述的数学模型；对全局的、不稳定的调度系统，采用人工智能的建模方法，并将数学模型嵌套入所构建的基于人工智能的多 Agent 系统，实现两种建模方法的有机结合。

6. 在线机器调度优化方法研究

由于在线机器调度与离线机器调度有很大区别，而且仅当网络制造资源被发现后，方能判断资源的制造能力、可用时段等具体参数信息，这为获取最优的在线机器调度方案增加了难度。基于所构建的在线机器调度模型，以当前时间点云制造资源构成的调度系统为基础，当发现同类资源时，通过判断将当前调度系统中部分订单任务外包给新的制造资源是否合理，从而实现对网络制造资源占用成本的预评估。通过构建当前制造资源调度 Agent 与新发现的制造资源 Agent 之间的相互协调，实现网络制造资源占用成本的评价与占用过程优化的同步进行。在优化的具体细节，可以重点研究在线机器调度的启发式规则构建。通过构建启发式规则，得到多项式时间的启发式算法，实现对机器和作业的在线实时调度。同时，也要对启发式规则解的精度进行评价，从理论分析和实验分析两个方面论证启发式规则的优劣。值得一提的是，机器学习方法，特别是强化学习，也可以有效提高资源管理效率。

2.4 异址机器生产配送协同调度研究现状综述

在同类制造资源网络共享模式下，机器通过云平台进行出租，平台上的这些机器来自多个独立工厂，这与传统调度问题的假设有很大不同。在过去的二十多年中，生产配送协同调度问题受到了广泛关注。本节从考虑库存和不考虑库存两个角度进行文献综述。

2.4.1 不考虑库存的生产配送协同调度

目前，越来越多的工厂采用按订单生产模式，这种情况下产品是定制的，并且需要在很短的时间内直接从工厂交付给客户。因此，拉动式供应链中的库存很少，甚至没有库存，生产配送协同调度成为供应链系统的重要内容并成为近几年的研究热点。

2003 年 Hall 和 Potts[75] 发表了第一篇真正意义上生产配送协同调度的文章，并称这种调度为供应链调度。在此之后，出现了一些生产调度与配送联合优化问题的研究。例如，学者们建立了大量的调度模型以寻求配送成本和服务水平之间的权衡 [76–80]。在生产配送协同调度问题中，含有交付时间窗的最小化最大延迟或总延迟的问题被广泛研究。Leung 和 Chen[81] 考虑在交货期固定的情况下，找到最大延迟时间与车辆数量之间的权衡。Mensendiek 等 [82] 提出了一个分支定界算法和一些启发式算法来处理最小化总延误问题。Condotta 等 [83] 假设每个作业都有一个独立的交付日期，给出了最小化最大延迟问题的下界。一些其他的研究也关注了经典的调度目标，如最小化最大完工时间问题与最小化总完工时间问题 [84–86]。

针对生命周期短的特殊产品，生产配送协同调度也具有很大价值。Lee 等 [87] 设计了一种用于生产和配送放射性物质的变邻域搜索算法。Chen 和 Pundoor[88] 假设制造商生产时间敏感的产品，考虑了订单的生产配送协同调度问题。Lacomme 等 [89] 对某种易腐产品的生产和配送集成调度进行了研究，在模型中考虑了配送时间窗约束。

由于这些对生产配送协同调度问题的研究均假定制造工厂的空间位置唯一，

因此所有配送车辆均始于制造工厂。然而，在网络共享制造模式下，实体制造资源空间位置可能存在较大差异，因此制造资源的选择必然也影响到订单任务对应客户的配送时间及配送成本等，从而造成基于网络制造资源共享的生产配送协同调度比现有研究问题更加复杂。Kim 和 Oron[90] 研究了多厂址生产的问题，在他们的假设中，配送环节只能使用一辆车，所有作业都有相同的加工时间。另外，他们也对作业的选择进行了讨论 [91]。Azadian 等 [92] 假设作业由多个工厂的变速机加工，加工完成后可以通过一些备选的交通方式进行配送。蒋大奎等 [93] 也将生产配送协同调度问题拓展到了多工厂情形，提出并解决了一类平行机多工厂供应链调度问题，尽管考虑了作业分批配送，但其实质仍然以直接配送为主。

2.4.2　考虑库存的生产配送协同调度

作为供应链的重要组成部分，有效的库存管理可以显著提高经济效益。生产-库存-配送协同调度可以有效降低供应链成本。Selvarajah 和 Steiner[94] 提出了一种 3/2 近似算法，以最小化库存持有成本和配送成本。Armentano 等 [95] 和 Bolduc 等 [96] 设计了禁忌搜索算法来解决含车辆路径优化的调度问题。Zhang 等 [97] 考虑了在线企业对消费者（business to customer, B2C）电子商务供应链调度问题，其中客户在线生成订单，这些订单分组成批次，由容量有限的车辆配送到指定区域。Cheng 等 [98] 对批调度问题进行了研究，其中作业的尺寸是任意的。Qiu 等 [99] 和 Senoussi 等 [100] 开发了一些基于遗传算法和可变邻域搜索算法的启发式算法来解决考虑库存的生产配送协同优化问题，实验表明，这些算法有着较高的有效性，运行速度也得到了很大的提高。

在当今激烈的竞争环境中，企业总是寻求更高的利润和更高的客户满意度。这方面非常重要的问题之一是供应链各个要素之间的协调 [101]。除降低生产成本外，订单的按时交付也起到了关键作用。在这种情况下，多厂址生产对于公司来说是一种有效的策略。Karimi 和 Davoudpour[102] 研究了具有阶段相关的库存持有成本的多厂址供应链问题，其中库存包括原材料库存、加工作业库存和成品库存。Sun 等 [103] 假设同时存在陆运和海运两种运输模式，研究了多产品多工厂的制造系统内的相关调度问题。Ji 等 [104] 通过给关键流程和特征进行建模研究了基于物联网的生产-库存-配送问题。Darvish 等 [105] 将不同工厂之间的合作和时间窗考虑到模型中，研究了含产能限制的单一产品的多工厂动态批量生产和配送问题。Wang 等 [106] 对两类生产配送协同调度问题进行了综述：一类是生产-配送问题的整合调度，另一类是生产-库存-配送问题的整合调度。Fahimnia 等 [107] 根据问题复杂性将生产和配送调度问题分成了 7 类。生产配送协同调度的相关文献见表 2.4。

表 2.4 生产配送协同调度的相关文献

假设	文献	研究问题	研究方法
不考虑库存	[76]	$1\|\|V(\infty,c),\text{direct}\|1,m\|\alpha D_{\text{mean}}+(1-\alpha)\text{DC}$	动态规划
		$P_m\|\|V(\infty,c),\text{direct}\|1,m\|\alpha D_{\text{mean}}+(1-\alpha)\text{DC}$	启发式算法
		$1\|\|V(\infty,c),\text{direct}\|1,m\|\alpha D_{\max}+(1-\alpha)\text{DC}$	动态规划
		$P_m\|\|V(\infty,c),\text{direct}\|1,m\|\alpha D_{\max}+(1-\alpha)\text{DC}$	启发式算法
	[77]	$1\|s\|V(\infty,\infty),\text{direct}\|1\|\sum W_jU_j+\text{DC}$	启发式算法,分支定界法
		$F_2\|s\|V(\infty,\infty),\text{direct}\|1\|\sum W_jU_j+\text{DC}$	启发式算法,分支定界法
	[78]	$1\|r_j\|V(\infty,c),\text{direct}\|1,m\|\sum D_j+\text{DC}$	近似算法
	[79]	$1\|r_j\|V(\infty,c),\text{routing}\|m\|\alpha D_{\text{mean}}+(1-\alpha)\text{DC}$	局部搜索算法,禁忌搜索算法
	[80]	$1\|\|V(\infty,c),\text{direct}\|m\|\text{PC}+\text{DC}$	蚁群优化算法
	[81]	$1\|\|V(v,c),\text{direct}\|m\|L_{\max}$	多项式时间算法
		$1\|\|V(v,c),\text{fdep}\|m\|(L_{\max},N)$	多项式时间算法
		$1\|\|V(v,c),\text{fdep}\|m\|\alpha L_{\max}+(1-\alpha)N$	多项式时间算法
	[82]	$P_m\|\|V(\infty,\infty),\text{idd}\|\|\sum T_j$	分支定界法,禁忌搜索算法,混合遗传算法
	[83]	$1\|r_j\|V(v,c),\text{direct}\|1\|L_{\max}$	禁忌搜索算法
	[84]	$F_2\|\text{no}-\text{wait}\|V(1,c),\text{direct}\|m\|C_{\max}$	启发式算法
	[85]	$F_m\|\|V(v,c),\text{routing}\|m\|C_{\max}$+PC+DC+penalty	启发式算法
	[86]	$P_m\|\text{TC}\leqslant U\|V(\infty,\infty),\text{idd}\|m\|C_{\max}$	启发式算法
		$P_m\|\text{TC}\leqslant U\|V(\infty,\infty),\text{idd}\|m\|\sum C_j$	启发式算法
	[87]	$Q_m\|\|V(v,c),\text{idd}\|m\|\text{PC}+\text{DC}$	邻域搜索算法
	[88]	$R_m\|\|V(\infty,c),\text{direct}\|m\|\alpha D_{\text{total}}+(1-\alpha)(\text{PC}+\text{DC})$	动态规划
		$R_m\|\|V(\infty,c),\text{direct}\|m\|(D_{\text{total}},\text{PC}+\text{DC})$	启发式算法
		$R_m\|\|V(\infty,c),\text{direct}\|m\|\alpha D_{\max}+(1-\alpha)(\text{PC}+\text{DC})$	启发式算法
		$R_m\|\|V(\infty,c),\text{direct}\|m\|(D_{\max},\text{PC}+\text{DC})$	启发式算法
	[89]	$1\|\|V(v,c),\text{routing}\|m\|\text{PC}+\text{DC}$	贪婪随机自适应搜索算法
	[90]	$P_2\|P_j=p,\tau_i\|V(1,\infty),\text{direct}\|1\|\text{DC}+\sum W_jC_j$	启发式算法
		$P_m\|P_j=p,\tau_i\|V(1,\infty),\text{direct}\|1\|\text{DC}+\sum T_j$	启发式算法
	[91]	$Q_m\|P_j=p,\tau_i\|V(1,\infty),\text{direct}\|1\|\text{DC}+\sum W_jU_j$	有向无环图法
	[92]	$R_m\|r_j,s_{ij}\|V(\infty,\infty),\text{direct}\|m\|\sum w_iu_i$	动态规划,启发式算法
考虑库存	[94]	$1\|\|V(\infty,\infty),\text{direct}\|m\|\sum W_jC_j+\text{DC}$	近似算法
	[95]	$1\|\|V(v,c),\text{routing}\|m\|\text{PC}+\text{IC}+\text{DC}$	禁忌搜索算法
	[96]	$1\|\|V(v,c),\text{routing}\|m\|\text{IC}+\text{DC}$	禁忌搜索算法
	[97]	$1\|\text{online}\|V(v,c),\text{direct}\|m\|C_{\max}+\text{DC}$	近似算法
	[98]	$1\|\|V(1,c),\text{direct}\|1\|\text{PC}+\text{IC}+\text{DC}$	近似算法
	[99]	$1\|\|V(v,c),\text{routing}\|m\|\text{PC}+\text{IC}+\text{DC}$	可变邻域搜索算法
	[100]	$1\|\|V(v,c),\text{direct}\|m\|\text{PC}+\text{IC}+\text{DC}$	基于遗传算法的启发式算法
	[101]	$P_m\|\|V(v,c),\text{routing}\|m\|\text{TC}$	启发式算法,水循环算法
	[102]	$F_m\|\|V(\infty,c),\text{direct}\|1\|\text{IC}+\text{DC}$	基于时间下标的模型
	[103]	$R_m\|\|V(\infty,\infty),\text{routing}\|m\|$PC+IC+DC+penalty	启发式算法,遗传算法
	[104]	$P_m\|\|V(v,c),\text{routing}\|m\|\text{PC}+\text{IC}+\text{DC}$	MIP 模型
	[105]	$P_m\|\|V(\infty,\infty),\text{routing}\|m\|\text{PC}+\text{IC}+\text{DC}$	MIP 模型

2.4.3 研究机遇与挑战

关于生产和配送协同调度的大多数研究均假设制造商的位置是唯一的，即所有车辆都从同一工厂出发。但是，在网络共享制造模式中，订单可能由位置分散的多个工厂完成。此外，因为劳动力成本和土地成本的限制，越来越多的制造商拥有大量异址工厂（如汽车公司和钢铁公司）。这些制造资源的位置对后续配送环节产生了很大影响。为了降低运输成本，很多企业会选择采用多个目的地和多个站点的整合配送模式。

1. 多客户多厂址的分批配送问题

网络共享环境下，来自同一客户的订单可能由多个线下工厂处理，这本质上和订单的串行生产是一致的，因为两者都需要考虑车辆在不同区域的路径规划问题。显然，分批配送和车辆路径选择是多厂址多客户生产配送中的重要问题，同时需要兼顾订单和机器的匹配，这对生产配送整合系统产生很大的影响。因此，为了充分利用车辆容量，有效降低运输成本，多工厂生产和分批配送模式值得我们研究。这类问题的研究通常会假设每批次的容量是有限的；每批次配送成本与批次中的作业数量无关，是固定值。

此外，客户通常对作业的交付时间有范围限制（如客户有最早可交付时间和最晚截止时间），这也是评价服务水平的重要影响因素之一。特别地，产品的性质也不可忽略，如易腐产品和普通产品应该进行分类研究。图 2.3 展示了一个典型

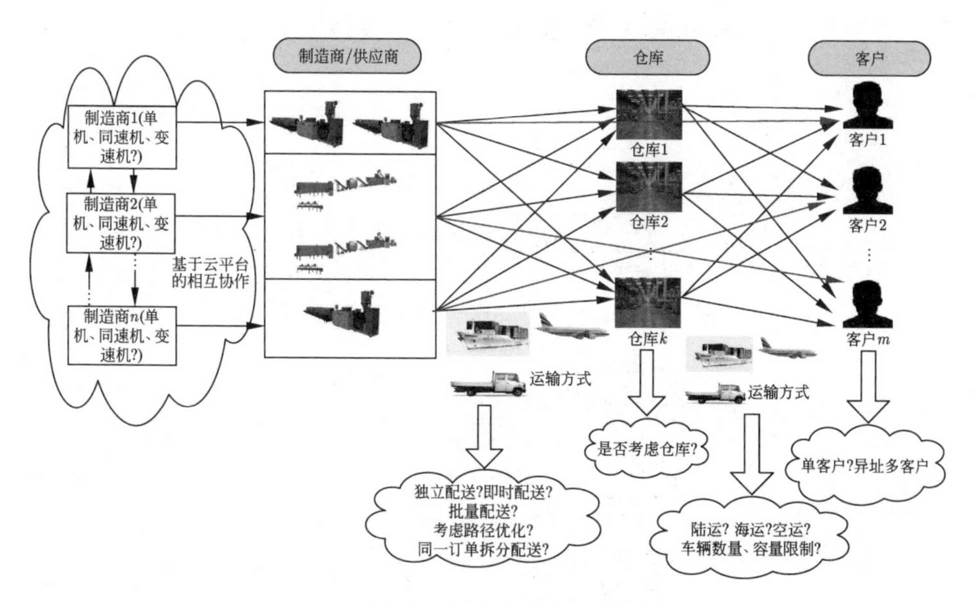

图 2.3 生产配送协同调度系统

的生产配送协同调度系统。我们为多工厂生产和配送问题建立了 MIP 模型，该模型忽略了对车辆的约束，表 2.5 对一些符号进行了定义。

表 2.5 符号和定义

符号	定 义
s_{o}	每台机器第一个位置上的虚拟作业
s_{e}	每台机器最后一个位置上的虚拟作业
x_{ijk}	1，在机器 i 上，作业 j 是作业 k 的紧前作业；0，否则
y_{ijs}	1，作业 j 在机器 i 上加工，并由车辆 s 进行配送；0，否则
$x_{ijs_{\mathrm{e}}}$	1，作业 j 是机器 i 上加工的最后一个作业；0，否则
$x_{is_{\mathrm{o}}j}$	1，作业 j 是机器 i 上加工的第一个作业；0，否则
s_j	作业 j 的开始加工时间
c_j	作业 j 的完工时间
r_j	作业 j 的送达时间
T_j	作业 j 的延误时间
d_j	作业 j 的交货期
p_j	作业 j 的长度
p_{ij}	作业 j 在机器 i 上的实际加工时间
pe_j	作业 j 的单位延迟惩罚成本
cp_{ij}	作业 j 在机器 i 上的单位加工成本
tc_{fjs}	作业 j 从工厂 f 出发通过车辆 s 进行配送的成本
tr_{fjs}	作业 j 从工厂 f 出发通过车辆 s 进行配送的时间
Q_{fi}	1，机器 i 属于工厂 f；0，否则

$$\text{Minimize} \quad \sum_{j=1}^{n} p_j \mathrm{cp}_j + \sum_{j=1}^{n} \mathrm{tc}_j + \sum_{j=1}^{n} \mathrm{pe}_j T_j \tag{2.15}$$

$$\text{s.t.} \quad \mathrm{cp}_j = \sum_{i=1}^{m} \sum_{k=1,k\neq j}^{s_{\mathrm{e}}} \mathrm{cp}_{ij} x_{ijk}; \quad j = 1, 2, \cdots, n \tag{2.16}$$

$$\mathrm{tc}_j = \sum_{f=1}^{F} \sum_{i=1}^{m} \sum_{s=1}^{S} Q_{fi} \mathrm{tc}_{fjs} y_{ijs}; \quad j = 1, 2, \cdots, n \tag{2.17}$$

$$T_j = \max(r_j - d_j, 0); \quad j = 1, 2, \cdots, n \tag{2.18}$$

$$\sum_{i=1}^{m} \sum_{k=1}^{s_{\mathrm{e}}} x_{ijk} = 1; \quad j = 1, 2, \cdots, n \tag{2.19}$$

$$\sum_{i=1}^{m} \sum_{j=s_{\mathrm{o}}}^{n} x_{ijk} = 1; \quad k = 1, 2, \cdots, n \tag{2.20}$$

$$\sum_{f=1}^{F} Q_{fi} = 1; \quad i = 1, 2, \cdots, m \tag{2.21}$$

$$\sum_{j=s_o}^{n}\sum_{h=1}^{s_e}(x_{ijk}-x_{ikh})=0;\quad k=1,2,\cdots,n;\ i=1,2,\cdots,m \tag{2.22}$$

$$\sum_{k=1}^{s_e}x_{is_ok}=1;\quad i=1,2,\cdots,m \tag{2.23}$$

$$\sum_{j=s_o}^{n}x_{ijs_e}=1;\quad i=1,2,\cdots,m \tag{2.24}$$

$$x_{ijk}+x_{ikj}\leqslant 1;\quad i=1,2,\cdots,m;\ \ j,k=1,2,\cdots,n;\ \ j\neq k \tag{2.25}$$

$$c_j=s_j+\sum_{i=1}^{m}\sum_{k=1}^{s_e}x_{ijk}p_{ij};\quad j=1,2,\cdots,n \tag{2.26}$$

$$s_k-s_j\geqslant\sum_{i=1}^{m}x_{ijk}p_{ij}-N(1-\sum_{i=1}^{m}x_{ijk});\quad j,k=1,2,\cdots,n;\ \ j\neq k \tag{2.27}$$

$$s_k-s_j\leqslant\sum_{i=1}^{m}x_{ijk}p_{ij}+N(1-\sum_{i=1}^{m}x_{ijk});\quad j,k=1,2,\cdots,n;\ \ j\neq k \tag{2.28}$$

$$\sum_{i=1}^{m}\sum_{s=1}^{S}y_{ijs}=1;\quad j=1,2,\cdots,n \tag{2.29}$$

$$r_j-\sum_{f=1}^{F}\sum_{i=1}^{m}\sum_{s=1}^{S}\sum_{t=1}^{T}y_{ijs}Q_{fi}\mathrm{tr}_{fjs}\geqslant c_j;\quad j=1,2,\cdots,n \tag{2.30}$$

$$x_{ijk},y_{ijs},Q_{fi}\in\{0,1\};\quad i=1,2,\cdots,m;\ j,k=1,2,\cdots,n \tag{2.31}$$

目标函数 (2.15) 旨在最小化总成本，包括生产成本、运输成本和处罚成本。式 (2.16) 定义了作业 j 分配到机器 i 上加工的单位生产成本。式 (2.17) 定义了作业 j 的运输成本。式 (2.18) 定义了作业 j 的总延迟。如果 $d_j\geqslant r_j$，那么 $T_j=0$；否则，$T_j=r_j-d_j$。式 (2.19) 和式 (2.20) 表明每个作业只能被分配给一个机器并且只有一个紧前作业。式 (2.21) 确保每台机器只属于一个工厂。式 (2.22) 确保每个作业只能有一个直接的前继和后继。式 (2.23) 和式 (2.24) 限制只有一个作业可以被指定为“第一个”和“最后一个”作业。如果没有给机器 i 分配作业，则 $x_{is_os_e}=1$。式 (2.25) 描述了作业 j 和 k 之间的优先关系。如果它们没有被安排到同一台机器，则 $x_{ijk}+x_{ikj}$ 等于 0。式 (2.26) 表明作业 j 的完成时间为其开始和加工时间之和。式 (2.27) 和式 (2.28) 体现了同一机器上两个连续作业的开始时间的关系。如果将作业 j 和 k 分配给同一台机器，并且作业 j 是作业 k 的紧前作业，那么作业 k 的开始时间等于作业 j 的开始时间和加工时间之和；如果作业 j 不是作业 k 的紧前作业，或作业 j 和作业 k 没有安排到同一台机器上，那么 s_j

和 s_k 之间没有关系。N 是一个足够大的正数。式 (2.29) 规定每个作业由一台机器完成并由一个车辆进行配送。式 (2.30) 限制每个作业离开工厂时的出发时间不早于该作业完成时间。式 (2.31) 确保 x_{ikj}、y_{ijs}、Q_{fi} 是 0-1 变量。

2. 车间作业的动态调度问题

这里动态的概念区别于在线问题中的动态，指当待生产或加工作业到达后，根据作业的特点及生产环境的特点，经过一系列算法的计算后，将作业动态地分配给相应的工厂。这种动态调度强调环境的变化和作业的特点，属于一种反应调度，也可以称为实时调度。

3. 系统建模与仿真的研究

机器生产调度问题已经不仅仅局限于企业内部的作业排序问题，目前的调度理论已经从经典排序理论的研究转向对整个供应链系统的研究。在网络平台上，可以获得制造资源的数量、位置和状态等，同时也可以得到待加工作业的描述。根据从云平台上获得的相关信息，可利用数学与计算机基础对生产调度系统进行建模与仿真，从整体框架上对调度问题进行系统性的研究。

4. 混合算法的研究

大多数生产配送协同调度属于组合优化问题，这些问题的求解算法多种多样，目前使用较多的是启发式算法，也有一部分研究采用了精确算法。然而，大多数的调度问题是NP-难的，为了简化问题，在对调度算法进行建模时，通常将实际问题进行简化和抽象，如极少会同时考虑车辆的容量、数量限制和路径的优化，这往往造成了实际调度与理论研究的脱节。基于此，一些学者开始考虑调度方案的柔性和调度问题的多目标性、不确定性等，设计了涉及更多相关因素、更为复杂的调度模型，构建了复杂的混合优化算法。虽然混合优化算法拉近了理论研究与实际生产调度的距离，但也不可避免地带来了很多弊端，如算法的高时间复杂度和低效率、算法较窄的适用范围和性能难以评定等。总之，随着云计算、大数据、物联网等新一代信息技术与先进制造深度融合，以及调度理论不断发展，这些算法不断与实际相结合，向集成化、智能化、交互式的方向发展。

本章小结

本章考虑了网络共享环境下的生产调度问题。同类制造资源网络共享是新一代信息技术与制造业相结合的产物。目前国内针对企业、行业或区域等不同层面的网络制造平台越来越普遍，推动面向全国的工业互联网的建成。在网络平台上，各大中小型企业均可在该平台上实时发布和更新其加工能力和制造资源的状态，当需要制造资源时，可以根据实际需求在网络平台上选择合适的加工机器。共享制造模式面向社会整合闲置制造资源，有效地缓解了部分企业资源紧张和制造资源低利用率的问题。

同类制造资源网络共享的提出，极大地冲击了传统的调度理论方法，一些适用于网络共享制造的研究方法相继被提出，却尚未形成系统的理论。本章分别从网络共享制造系统的框架，机器的外部性、在线性和异址性等方面对已有文献进行了综述。随着同类制造资源共享模式在实际生产生活中的逐步推广，该环境下的调度理论的研究显得越发重要。

参考文献

[1] O'ROURKE D. The science of sustainable supply chains[J]. Science, 2014, 344(6188): 1124-1127.

[2] BONVILLIAN W B. Advanced manufacturing policies and paradigms for innovation[J]. Science, 2013, 342(6163): 1173-1175.

[3] MONTREUIL B, LEFRANCOIS P, SOUMIS F. Networked manufacturing: the impact of information sharing[J]. International Journal of Production Economics, 1999, 58(1): 63-79.

[4] PANETTO H, MOLINA A. Enterprise integration and interoperability in manufacturing systems: Trends and issues[J]. Computers in Industry, 2008, 59(7): 641-646.

[5] KISHORE R, ZHANG H, Ramesh R. Enterprise integration using the agent paradigm: foundations of multi-agent-based integrative business information systems[J]. Decision Support Systems, 2006, 42(1): 48-78.

[6] VALILAI O F, HOUSHMAND M. A collaborative and integrated platform to support distributed manufacturing system using a service-oriented approach based on cloud computing paradigm[J]. Robotics and Computer-Integrated Manufacturing, 2013, 29(1): 110-127.

[7] ARGONETO P, RENNA P. Supporting capacity sharing in the cloud manufacturing environment based on game theory and fuzzy logic[J]. Enterprise Information Systems, 2014, 10(2): 193-210.

[8] SUBASHINI S, KAVITHA V. Review: A survey on security issues in service delivery models of cloud computing[J]. Journal of Network & Computer Applications, 2011, 34(1): 1-11.

[9] WANG X V, XU X. An interoperable solution for Cloud manufacturing[J]. Robotics and Computer-Integrated Manufacturing, 2013, 29: 232-247.

[10] XU X. From cloud computing to cloud manufacturing[J]. Robotics and Computer-Integrated Manufacturing, 2012, 28(1):75-86.

[11] JIANG W, MA J, ZHANG X, et al. Research on Cloud manufacturing resource integrating service modeling based on cloud-Agent[C]. IEEE 3rd International Conference on Software Engineering and Service Science (ICSESS), 2012, 395-398.

[12] TAO F, ZHANG L, VENKATESH V C, et al. Cloud manufacturing: a computing and service-oriented manufacturing model[C]//Proceedings of the Institution of Mechanical Engineers, Part B: Journal of Engineering Manufacture, 2011, 225: 1969-1976.

[13] KANG A, PARK J-H, BAROLLI L, et al. CMMI security model for Cloud manufacturing system's network[C]//Proceeding of the 2013 Eighth International Conference on Broadband and Wireless Computing, Communication and Applications, 2013: 449-452.

[14] WANG X V, WANG L, GAO L. From Cloud manufacturing to Cloud remanufacturing: A Cloud-based approach for WEEE recovery[J]. Manufacturing Letters, 2014, 2(4): 91-95.

[15] CAO Y, WANG S, KANG L, et al. Study on machining service modes and resource selection strategies in Cloud manufacturing[J]. International Journal of Advanced Manufacturing Technology, 2015, 81(1): 597-613.

[16] 张霖, 罗永亮, 陶飞, 等. 制造云构建关键技术研究 [J]. 计算机集成制造系统, 2010, 16(11): 2510-2520.

[17] 李伯虎, 张霖, 任磊, 等. 再论云制造 [J]. 计算机集成制造系统, 2011, 17(3): 449-457.

[18] 李京生, 王爱民, 唐承统, 等. 基于动态资源能力服务的分布式协同调度技术 [J]. 计算机集成制造系统, 2012, 18(7): 1563-1574.

[19] IMREH C, NOGA J. Scheduling with machine cost[C]//RANDOM- APPROX'99, Lecture Notes in Computer Science, 1999: 168-176.

[20] DOSA G, HE Y. Better online algorithms for scheduling with machine cost[J]. SIAM Journal on Computing, 2004, 33(5): 1035-1051.

[21] DOSA G, TAN Z. New upper and lower bounds for online scheduling with machine cost[J]. Discrete Optimization, 2010, 7(3): 125-135.

[22] DOSA G, IMREH C. The generalization of scheduling with machine cost[J]. Theoretical Computer Science, 2013, 510: 102-110.

[23] DOSA G, HE Y. Scheduling with machine cost and rejection[J]. Journal of Combinatorial Optimization, 2006, 12(4): 337-350.

[24] IMREH C, NOGA J. Online scheduling with machine cost and rejection[J]. Discrete Applied Mathematics, 2007, 155(18): 2546-2554.

[25] LI K, ZHANG X, LEUNG J Y T, et al. Parallel machine scheduling problems in green manufacturing industry[J]. Journal of Manufacturing Systems, 2016, 38: 98-106.

[26] RUSTOGI K, STRUSEVICH V A. Parallel machine scheduling: Impact of adding extra machines[J]. Operations Research, 2013, 61(5): 1243-1257.

[27] IMREH C. Online scheduling with general machine cost functions[J]. Discrete Applied Mathematics, 2009, 157(9): 2070-2077.

[28] CAO D, CHEN M, WAN G. Parallel machine selection and job scheduling to minimize machine cost and job tardiness[J]. Computers & Operations Research, 2005, 32(8): 1995-2012.

[29] LI K, ZHANG H J, CHENG B Y, et al. Uniform parallel machine scheduling problems with fixed machine cost[J]. Optimization Letters, 2016, 12(11): 1-14.

[30] JIANG Y, HU J, LIU L, et al. Competitive ratios for preemptive and non-preemptive online scheduling with nondecreasing concave machine cost[J]. Information Sciences, 2014, 269(11): 128-141.

[31] YANG D L, CHENG T C E, YANG S J. Parallel-machine scheduling with controllable processing times and rate-modifying activities to minimise total cost involving total completion time and job compressions[J]. International Journal of Production Research, 2014, 52(4): 1133-1141.

[32] LEUNG J Y T, LEE K, PINEDO M L. Bi-criteria scheduling with machine assignment costs[J]. International Journal of Production Economics, 2012, 139(1): 321-329.

[33] LEE K, LEUNG J Y T, JIA Z H, et al. Fast approximation algorithms for bi-criteria scheduling with machine assignment costs[J]. European Journal of Operational Research, 2014, 238(1): 54-64.

[34] IM S, MOSELEY B, PRUHS K. Online scheduling with general cost functions[J]. SIAM Journal on Computing, 2012, 43(1): 1254-1265.

[35] MESTRE J, VERSCHAE J. A 4-approximation for scheduling on a single machine with general cost function[EB/OL] [2022-04-05]. https://arXiv.org/pdf/1403.0298v1.pdf.

[36] HÖHN W, JACOBS T. On the performance of Smith's rule in single-machine scheduling with nonlinear cost[J]. ACM Transactions on Algorithms, 2015, 11(4): 1-30.

[37] KARHI S, SHABTAY D. Single machine scheduling to minimise resource consumption cost with a bound on scheduling plus due date assignment penalties[J]. International Journal of Operational Research, 2018, 56(9): 3080-3096.

[38] FANG K, UHAN N A, ZHAO F, et al. Scheduling on a single machine under time-of-use electricity tariffs[J]. Annals of Operations Research, 2016, 238(1-2): 199-227.

[39] LUO H, DU B, HUANG G Q, et al. Hybrid flow shop scheduling considering machine electricity consumption cost[J]. International Journal of Production Economics, 2013, 146(2): 423-439.

[40] ZENG Y Z, CHE A, WU X. Bi-objective scheduling on uniform parallel machines considering electricity cost[J]. Engineering Optimization, 2018, 50(1): 19-36.

[41] LIU Y, DONG H, LOHSE N, et al. A multi-objective genetic algorithm for optimisation of energy consumption and shop floor production performance[J]. International Journal of Production Economics, 2016, 179: 259-272.

[42] MOON J Y, SHIN K, PARK J. Optimization of production scheduling with time-dependent and machine-dependent electricity cost for industrial energy efficiency[J]. International Journal of Advanced Manufacturing Technology, 2013, 68(1-4): 523-535.

[43] KACEM I, CHU C. Worst-case analysis of the WSPT and MWSPT rules for single machine scheduling with one planned setup period[J]. European Journal of Operational Research, 2008, 187(3): 1080-1089.

[44] LUO W, CHENG T C E, JI M. Single-machine scheduling with a variable maintenance activity[J]. Computers & Industrial Engineering, 2015, 79: 168-174.

[45] MOLAEE E, MOSLEHI G. Minimizing the number of tardy jobs on a single machine with an availability constraint[J]. Journal of Industrial Engineering, 2014: 568317.

[46] YIN Y, XU J, CHENG T C E, et al. Approximation schemes for single-machine scheduling with a fixed maintenance activity to minimize the total amount of late work[J]. Naval Research Logistics, 2016, 63(2): 172-183.

[47] GU M, LU X, GU J, et al. Single-machine scheduling problems with machine aging effect and an optional maintenance activity[J]. Applied Mathematical Modelling, 2016, 40(21-22): 8862-8871.

[48] HNAIEN F, YALAOUI F, MHADHBI A, et al. A mixed-integer programming model for integrated production and maintenance[J]. IFAC-PapersOnLine, 2016, 49(12): 556-561.

[49] RUSTOGI K, STRUSEVICH V A. Single machine scheduling with general positional deterioration and rate-modifying maintenance[J]. OMEGA, 2012, 40(6): 791-804.

[50] CHENG M, XIAO S, LUO R, et al. Single-machine scheduling problems with a batch-dependent aging effect and variable maintenance activities[J]. International Journal of Operational Research, 2017, 56(23): 1-13.

[51] YU X, ZHANG Y, STEINER G. Single-machine scheduling with periodic maintenance to minimize makespan revisited[J]. Journal of Scheduling, 2014, 17(3): 263-270.

[52] XUE P, ZHANG Y, YU X. Single-machine scheduling with piece-rate maintenance and interval constrained position-dependent processing times[J]. Applied Mathematics and Computation, 2014, 226(1): 415-422.

[53] WANG S J, LIU M. A branch and bound algorithm for single-machine production scheduling integrated with preventive maintenance planning[J]. International Journal of Production Research, 2013, 51(3): 847-868.

[54] LU Z, CUI W, HAN X. Integrated production and preventive maintenance scheduling for a single machine with failure uncertainty[J]. Computers & Industrial Engineering, 2015, 80(C): 236-244.

[55] LEE C Y. Machine scheduling with an availability constraints[J]. Journal of Global Optimization, 1996, 9(3): 395-416.

[56] CHEN W J. An efficient algorithm for scheduling jobs on a machine with periodic maintenance[J]. International Journal of Advanced Manufacturing Technology, 2007, 34(11): 1173-1182.

[57] WANG G, SUN H, CHU C. Preemptive scheduling with availability constraints to minimize total weighted completion times[J]. Annals of Operations Research, 2005, 133(1-4): 183-192.

[58] HADIDI L A. Joint job scheduling and preventive maintenance on a single machine[J]. International Journal of Operational Research, 2012, 13(2): 174-184.

[59] SUN K, LI H. Scheduling problems with multiple maintenance activities and non-preemptive jobs on two identical parallel machines[J]. International Journal of Production Economics, 2010, 124(1): 151-158.

[60] LEE J Y, KIM Y D. A branch and bound algorithm to minimize total tardiness of jobs in a two identical-parallel-machine scheduling problem with a machine availability constraint[J]. Journal of the Operational Research Society, 2015, 66(9): 1542-1554.

[61] ZHAO C, JI M, TANG H. Parallel-machine scheduling with an availability constraint[J]. Computers & Industrial Engineering, 2011, 61(3): 778-781.

[62] MIAO C, ZOU J. Parallel-Machine scheduling with time-dependent and machine availability constraints[J]. Mathematical Problems in Engineering, 2015: 956158.

[63] TAN Z, CHEN Y, ZHANG A. Parallel machines scheduling with machine maintenance for minsum criteria[J]. European Journal of Operational Research, 2011, 212(2): 287-292.

[64] DONG M. Parallel machine scheduling with limited controllable machine availability[J]. International Journal of Operational Research, 2013, 51(8): 2240-2252.

[65] MELLOULI R, SADFI C, CHU C, et al. Identical parallel-machine scheduling under availability constraints to minimize the sum of completion times[J]. European Journal of Operational Research, 2009, 197(3): 1150-1165.

[66] LEE W C, WU C C. Multi-machine scheduling with deteriorating jobs and scheduled maintenance[J]. Applied Mathematical Modelling, 2008, 32(3): 362-373.

[67] WANG X, HU X, LIU W. Scheduling with deteriorating jobs and non-simultaneous machine available times[J]. Asia-Pacific Journal of Operational Research, 2015, 32(6): 1-13.

[68] JIANG D, TAN J. Scheduling with job rejection and non-simultaneous machine available time on unrelated parallel machines[J]. Theoretical Computer Science, 2016, 616: 94-99.

[69] YANG S J. Unrelated parallel-machine scheduling with deterioration effects and deteriorating multi-maintenance activities for minimizing the total completion time[J]. Applied Mathematical Modelling, 2013, 37(5): 2995-3005.

[70] RUIZ-TORRES A J, PALETTA G, M'HALLAH R. Makespan minimisation with sequence-dependent machine deterioration and maintenance events[J]. International Journal of Operational Research, 2017, 55(2): 462-479.

[71] SANLAVILLE E, SCHMIDT G. Machine scheduling with availability constraints[J]. Journal of Global Optimization, 1998, 35(9): 795-811.

[72] SCHMIDT G. Scheduling with limited machine availability[J]. European Journal of Operational Research, 2000, 121(1): 1-15.

[73] MA Y, CHU C, ZUO C. A survey of scheduling with deterministic machine availability constraints[J]. Computers & Industrial Engineering, 2010, 58(2): 199-211.

[74] CHEN Z L. Integrated production and outbound distribution scheduling: review and extensions[J]. Operations Research, 2010, 58(1): 130-148.

[75] HALL N G, POTTS C N. Supply chain scheduling: batching and delivery[J]. Operations Research, 2003, 51(4): 566-584.

[76] CHEN Z L, VAIRAKTARAKIS G L. Integrated scheduling of production and distribution operations[J]. Management Science, 2005, 51(4): 614-628.

[77] BARZOKI M R, HEJAZI S R, MAZDEH M M. A branch and bound algorithm to minimize the total weighed number of tardy jobs and delivery costs[J]. Applied Mathematical Modelling, 2013, 37(7): 4924-4937.

[78] FENG X, CHENG Y, ZHENG F, et al. Online integrated production–distribution scheduling problems without preemption[J]. Journal of Combinatorial Optimization, 2016, 31(4): 1569-1585.

[79] JAMILI N, RANJBAR M, SALARI M. A bi-objective model for integrated scheduling of production and distribution in a supply chain with order release date restrictions[J]. Journal of Manufacturing Systems, 2016, 40: 105-118.

[80] CHENG B Y, LEUNG J Y T, LI K. Integrated scheduling of production and distribution to minimize total cost using an improved ant colony optimization method[J]. Computers & Industrial Engineering, 2015, 83: 217-225.

[81] LEUNG J Y T, CHEN Z L. Integrated production and distribution with fixed delivery departure dates[J]. Operations Research Letters, 2013, 41(3): 290-293.

[82] MENSENDIEK A, GUPTA J N D, HERRMANN J. Scheduling identical parallel machines with fixed delivery dates to minimize total tardiness[J]. European Journal of Operational Research, 2015, 243(2): 514-522.

[83] CONDOTTA A, KNUST S, MEIER D, et al. Tabu search and lower bounds for a combined production-transportation problem[J]. Computers & Operations Research, 2013, 40(3): 886-900.

[84] GAO S, QI L, LEI L. Integrated batch production and distribution scheduling with limited vehicle capacity[J]. International Journal of Production Research, 2015, 160: 13-25.

[85] MEINECKE C, SCHOLZ-REITER B. A heuristic for the integrated production and distribution scheduling problem[J]. International Journal of Mechanical Sciences, 2014, 8(2): 74-81.

[86] LI K, ZHANG X, LEUNG J Y T, et al. Intergrated production and delivery with multiple factories and multiple customers[J]. International Journal of Systems Science, 2016, 4(3): 1-10.

[87] LEE J, KIM B I, JOHNSON A L, et al. The nuclear medicine production and delivery problem[J]. European Journal of Operational Research, 2014, 236(2): 461-472.

[88] CHEN Z L, PUNDOOR G. Order assignment and scheduling in a supply chain[J]. Operations Research, 2006, 54(3): 555-572.

[89] LACOMME P, MOUKRIM A, QUILLIOT A, et al. Supply chain optimisation with both production and transportation integration: multiple vehicles for a single perishable product[J]. International Journal of Production Research, 2018, 56(12): 4313-4336.

[90] KIM E S, ORON D. Coordinating multi-location production and customer delivery[J]. Optimization Letters, 2013, 7(1): 39-50.

[91] KIM K S, ORON D. Multi-location production and delivery with job selection[J]. Computers & Operations Research, 2013, 40(5): 1461-1466.

[92] AZADIAN F, MURAT A, CHINNAM R B. Integrated production and logistics planning: Contract manufacturing and choice of air/surface transportation[J]. European Journal of Operational Research, 2015, 247(1): 113-123.

[93] 蒋大奎, 李波, 谭佳音. 一类求解订单分配和排序问题的集成优化算法 [J]. 控制与决策, 2013, 28(2): 217-222.

[94] SELVARAJAH E, STEINER G. Approximation algorithms for the supplier's supply chain scheduling problem to minimize delivery and inventory holding costs[J]. Operations Research, 2009, 57(2): 426-438.

[95] ARMENTANO V A, SHIGUEMOTO A L, LOKKETANGEN A. Tabu search with path relinking for an integrated production-distribution problem[J]. Computers & Operations Research, 2011, 38(8): 1199-1209.

[96] BOLDUC M C, LAPORTE G, RENAUD J, et al. A tabu search heuristic for the split delivery vehicle routing problem with production and demand calendars[J]. European Journal of Operational Research, 2010, 202(1): 122-130.

[97] ZHANG J, WANG X, HUANG K. On-line scheduling of order picking and delivery with multiple zones and limited vehicle capacity[J]. OMEGA, 2018, 79: 104-115.

[98] CHENG B Y, LEUNG J Y T, LI K. Integrated scheduling on a batch machine to minimize production, inventory and distribution costs[J]. European Journal of Operational Research, 2017, 258(1): 104-112.

[99] QIU Y, WANG L, XU X, et al. A variable neighborhood search heuristic algorithm for production routing problems[J]. Applied Soft Computing, 2018, 66: 311-318.

[100] SENOUSSI A, DAUZÈRE-PÉRÈS S, BRAHIMI N, et al. Heuristics based on genetic algorithms for the capacitated multi vehicle production distribution problem[J]. Computers & Operations Research, 2018, 96: 108-119.

[101] VAHDANI B, NIAKI S, ASLANZADE S. Production-inventory-routing coordination with capacity and time window constraints for perishable products: heuristic and meta-heuristic algorithms[J]. Journal of Cleaner Production, 2017, 161: 598-618.

[102] KARIMI N, DAVOUDPOUR H. Integrated production and delivery scheduling for multi-factory supply chain with stage-dependent inventory holding cost[J]. Computational & Applied Mathematics, 2017, 36(4): 1529-1544.

[103] SUN X T, CHUNG S H, CHAN F T S. Integrated scheduling of a multi-product multi-factory manufacturing system with maritime transport limits[J]. Transportation Research Part E: Logistics & Transportation Review, 2015, 79: 110-127.

[104] JI S F, PENG X S, LUO R J. An integrated model for the production-inventory-distribution problem in the Physical Internet[J]. International Journal of Production Research, 2019, 57(4): 1000-1017.

[105] DARVISH M, LARRAIN H, COELHO L C. A dynamic multi-plant lot-sizing and distribution problem[J]. International Journal of Production Research, 2016, 54(22): 6707-6717.

[106] WANG D Y, GRUNDER O, MOUDNI A E. Integrated scheduling of production and distribution operations: A review[J]. International Journal of Industrial and Systems Engineering, 2015, 19(1): 94-122.

[107] FAHIMNIA B, FARAHANI R Z, MARIAN R, et al. A review and critique on integrated production-distribution planning models and techniques[J]. Journal of Manufacturing Systems, 2013, 32(1): 1-19.

第 3 章 网络共享环境下考虑固定成本约束的平行机调度

在制造资源网络共享环境下，资源的拥有者将闲置的制造资源通过互联网进行发布，而有制造任务需求的企业则通过互联网进行供需匹配，并采用租赁的方式获取资源的使用权。在传统的制造模式下，为满足可能存在的市场需求，企业通常会选择通过购买而非租赁的方式拥有自己的制造资源。这种制造模式的变化给生产调度带来了新的挑战。传统制造模式下的调度问题通常不需要考虑机器的使用成本，而只关注如何设计有效的算法来提高生产效率，从而获得最大效益。而在制造资源网络共享模式下，制造资源的外部性使得机器的租赁成本也是企业在进行调度决策时需要考虑的一个重要因素。本章主要讨论网络共享环境下考虑固定使用成本的平行机调度问题，即资源使用方以固定的费用租赁同类制造资源，从而获取一个周期内制造资源的使用权，而具体的使用时间由机器使用方决定。本章首先简述考虑固定成本约束的平行机调度问题的背景及研究现状，进而从作业加工时间等长和不等长两种情况研究考虑成本约束的最小化 Makespan平行机调度问题，接着研究考虑固定成本约束的最小化最大延迟时间平行机调度，最后研究考虑固定成本约束的最小化 Makespan 与租赁成本加权之和的平行机调度问题。

3.1 问题背景与研究现状

制造业作为我国的支柱产业，自改革开放以来，一直持续快速的发展，进一步推动了我国工业化和现代化的进程，增强了我国的综合国力，有力地稳固了我国作为世界大国的地位。但是，与世界先进水平相比，我国制造业仍然大而不强，在很多方面都与其他国家存在着明显的差距，如自主创新能力、资源利用效率、产业结构水平、信息化程度、质量效益等。另外，随着我国人口红利的消失，人工费用的增长，依靠人力的传统制造业的发展道路已经越走越窄，转型升级和跨越发展的任务既紧迫又艰巨。

新一代信息技术与现代制造业的深度融合，引发了影响深远的产业变革，并形成了新的生产方式、商业模式、产业形态和经济增长点。近几年，先进的技术如雨后春笋般相继出现，如云计算、物联网、虚拟物理融合系统、虚拟化技术和面向服务技术等先进技术正迅猛发展，并深刻影响着各行各业，尤其是制造业。将先进的信息技术融合到制造业中，产生了一些新的制造模式，如计算机集成制造、并行工程、敏捷制造、虚拟制造、网络制造和云制造。这为我国制造业的转型升级、创新发展带来了重大机遇。

物联网、云计算和大数据等新兴的信息技术对现代制造业的生产运作管理产生了巨大的影响。通过网络共享平台，制造型企业可以将各类制造资源虚拟化，并且实时发布制造资源利用状态，实现空闲资源使用权的线上交易；通过虚拟的制造资源智能化管理，实现制造资源的高度共享和协同，最终实现多方共赢，并由此产生了“制造资源网络共享”的概念。制造资源网络共享作为一种新型的制造模式，是在新兴云计算技术上发展起来的，有利于通过互联网实现分散制造资源的有效整合，对我国制造业由大做强有着至关重要的意义。也就是说，制造资源网络共享的意义不仅仅在于它能够促进制造型企业共赢，而且对国家和整个社会来说，它可以将庞大的社会制造资源连接在一起，实现制造资源与服务的开放协作、高度共享，以降低制造资源的浪费，因此对于我国这样的制造大国而言，意义更加重大。

近年来，通过网络平台实现制造资源共享的生产模式受到了学者的广泛关注。Rauschecker 等[1] 描述了新一代可配置制造系统的云计算服务模式，提出了关于网络协同制造的机遇和挑战。Laili 等[2] 提出了一种新的综合模型，用于为网络协同制造系统优化配置计算资源，并构造了一种新的免疫算法。李伯虎等[3] 为了解决更加复杂的制造问题，开展更大规模的协同制造，分析了一些现有的网络化制造模式（如应用服务提供商、制造网格等）在应用推广等方面遇到的问题，阐述了云计算服务模式、云安全、高性能计算、物联网等理念和新技术为解决网络化制造中运营、安全等问题带来的机遇。在此基础上，文章给出了云制造的定义，分析了云制造模式与应用服务提供商、制造网格等网络化制造模式的区别，并提出了一种云制造的体系结构，讨论了实施云制造过程中所需攻克的关键技术和所取得的成果。进一步，李伯虎等[4] 简述了制造业信息化的发展趋势，详细讲述了云制造的研究进展，也提出了云制造未来发展面临的挑战，认为未来所需攻克的重要技术，不仅包括云计算、物联网、语义 Web、高性能计算、嵌入式系统等技术的综合集成，还包括基于知识的制造资源云端化、制造云管理引擎、云制造应用协同、云制造可视化与用户界面等技术。杨海成 [5] 认为云制造是一种制造服务，以先进的信息技术为媒介，为有需求的行业和企业等服务对象提供产品开发、生产销售等全生命周期的制造资源集成和共享等服务。Tao 等 [6] 从技术层面给云制造下了定义：云制造是一种面向服务的新制造模式，它整合网络化制造、云计算、物联网、虚拟化和面向服务计算等技术，共享和管理制造资源。Xu[7] 认为云制造是一种让资源需求方可以根据自己的需求从云服务平台处获取制造资源和能力，以最少的管理任务及云服务提供商间的最少交互来快速提供并释放资源的一种制造模式。

自 1954 年 Johnson[8] 发表第一篇经典调度论文以来，生产调度问题受到了学术界和工业界的广泛关注，大量的相关文章发表在国内外的重要学术期刊上。传统的调度文献通常假定制造企业同时拥有机器的所有权和使用权，因而在生产过程中不需要考虑机器的使用成本。然而，在制造资源网络共享环境下，机器的所有权和使用权产生了分离。机器所有权的拥有者为提高机器的利用率，将闲置的制造资源通过网络进行发布。与此同时，有制造任务需求的企业则利用互联网平台对相关制造资源进行搜索，进行供需匹配，并通过租赁而非购买的方式获得制造资源的使用权。当有特定的订单任务需要处理时，企业无需购买新的生产设备，而可以通过租赁的方式获得制造资源的使用权。在这种环境下，为更好地反映实际情况，企业在制定生产调度的过程中就必须考虑机器的使用成本。

目前，一些学者开始关注考虑机器使用成本的调度问题。Imreh 和 Noga[9] 首次提出了考虑机器成本的调度问题，假设每台机器的使用成本都为固定常数 1，此时机器总成本等价于使用的机器个数，在此基础上分别证明了带释放时间和不带释放时间的在线最小化 Makespan 问题的 LS (list-algorithm) 算法的最坏误差界为 $(6+\sqrt{205})/12$ 和 $(1+\sqrt{5})/2$。He 和 Cai[10]、Jiang 和 He[11,12] 将 Imreh 和 Noga 的在线问题扩展到半在线情形，假定工件只有在释放之后才能知道相关参数取值，但事先可以获知工件加工时间之和或最大加工时间长度，得到了一些重要结论。Dósa 和 He[13]、Dósa 和 Tan[14]、Nagy-György 和 Imreh[15] 都假设机器的加工费用为 1，并将研究目标拓展到不同方向。

Imreh[16] 改变了每台机器成本为 1 的假设，认为机器购买价格是任意非负数，研究了最小化最大完工时间与总机器购买成本之和的在线调度问题，并给出了一个最坏误差界为 $(3+\sqrt{5})/2$ 的算法。Li 等 [17] 假设每台机器具有不同的单位加工费用，机器的使用成本为单位加工费用与加工时间的乘积，研究了成本约束下最小化最大完工时间或最小化总完工时间的一类同型机调度问题。此外，Li 等 [18] 假设机器租赁价格存在差异，研究了成本约束下最小化最大完工时间的同类机调度问题。Leung 等 [19] 假设工件 $J_j(1 \leqslant j \leqslant n)$ 在机器 $M_i(1 \leqslant i \leqslant m)$ 上加工时会产生一个加工成本 c_{ij}，研究了最大完工时间或总完工时间与总加工成本之和最小的调度问题，并建立了相应的线性规划模型。Lee 等 [20] 在此基础上研究了一类双准则调度问题，目标是在最大完工时间或总完工时间最小的条件下最小化总加工成本，并为解决该类问题提出了快速近似算法。Gurel 和 Akturk[21] 考虑了一类以数控车间为背景，假设工件加工时间可控，同时最小化加工成本和总完工时间的一类双目标调度问题。针对加工成本和加工时间之间的冲突，作者提出了相应的启发式算法来产生近似非支配解。Vickson[22]、Alidaee 和 Ahmadian[23] 也假设工件的加工时间可控，研究了最小化总完工时间与总加工成本之和的调度问题。Cao 等 [24] 研究了同时考虑机器选择和工件调度的平行机调度问题，假设某时刻有 k 台机器可供选择，每台机器使用费用不同，费用越高的机器具有越快的加工速度，目标为最小化机器使用成本和工件延迟成本之和。Rustogi 和 Strusevich[25] 研究了机器数量由 m 增至 $\widehat{m}$ 时对经典调度目标（考虑了最小化最大完工时间与最小化总完工时间两种形式）的影响程度，此外他们还假设所有平行机价格相同，研究了最大完工时间与机器使用成本之间的平衡问题。

3.2 作业等长情形下考虑固定成本的最小化Makespan平行机调度

本节研究的是作业加工时间等长的考虑机器固定使用成本的调度问题，进而在 3.3 节拓展到作业加工时间不等长的更为一般的情形。本节首先对问题进行了详细的描述和分析；然后针对不可中断情形提出了 $H_{3.1}$ 算法，理论证明了其最大误差界；再针对可中断情形，提出了 $H_{3.2}$ 算法，理论证明了其最大误差界；最后通过实验数据验证算法的有效性。

3.2.1 问题描述

本节研究作业加工时间等长的考虑机器成本的同类机调度问题。在给定的机器集 $M = \{M_i|i = 1, 2, \cdots, m\}$ 中有 m 台加工速度不同的机器，用 s_i 表示机器 $M_i(i = 1, 2, \cdots, m)$ 的加工速度，其中 $s_i(s_i > 0)$ 是正整数。假定在调度周期内，一旦某一台具体机器 $M_i(i = 1, 2, \cdots, m)$ 被占用，则必须支付使用成本 $K_i(K_i > 0)$。本章假设当 $s_i \geqslant s_d(i, d = 1, 2, \cdots, m; i \neq d)$ 时，$s_i/K_i \geqslant s_d/K_d$。因此，不失一般性，我们假定 $s_1 \geqslant s_2 \geqslant \cdots \geqslant s_i \geqslant \cdots \geqslant s_m$，对于任意机器，若 $s_i = s_{i+1}$，则令 $K_i \leqslant K_{i+1}$。

假定有 n 个加工时间相同的待加工作业，它们组成一个作业集 $J=\{J_j|j=1,2,\cdots,n\}$。本节研究的是作业加工时间等长的调度问题，我们把这类作业称为标准作业，即所有作业在加工速度为 1 的机器上所需的加工时间相同。用 p 表示作业 $J_j(j=1,2,\cdots,n)$ 在加工速度为 1 的机器上所需的加工时间，其中 $p(p_j>0)$ 是正整数。所以，如果将作业 $J_j(j=1,2,\cdots,n)$ 放在机器 $M_i(i=1,2,\cdots,m)$ 上加工，则作业 J_j 的加工时间为 $p_{ij}=p/s_i$。根据调度规则可知，一台机器在同一时刻最多只能加工一个作业，一个作业在同一时刻最多也只能放在一台机器上加工。本节的调度目标就是在给定的总成本预算 $\hat{U}$ 范围内，找到一个最小化 Makespan的调度序列。

这里用 Π 表示该问题调度方案的全集；$\pi\in\Pi$ 表示一个特定的调度序列，可以表示为 $\pi=\{\pi^1,\pi^2,\cdots,\pi^m\}$，其中 $\pi^i(i=1,2,\cdots,m)$ 表示机器 M_i 上的调度序列；用 n_i 表示机器 M_i 上调度序列的作业个数，且 $|\pi^i|=n_i$，则 $\sum\limits_{i=1}^{m}n_i=n$。显然，当 $n_i=0$ 时，表示机器 M_i 上没有加工作业集 J 中的任何作业。另外，子调度序列 $\pi^i(i=1,2,\cdots,m)$ 又可以表示为 $\pi^i=\{\pi^i_{[j]}|j=1,2,\cdots,n_i\}$，其中 $\pi^i_{[j]}$ 表示在机器 M_i 上加工的第 j 个作业。用 $p^i_{[j]}$、$S^i_{[j]}$ 和 $C^i_{[j]}$ 分别表示其加工时间、开始时间和完工时间，则 $p^i_{[j]}=p/s_i$，$S^i_{[j]}=\sum\limits_{l=1}^{j-1}p^i_{[l]}=(j-1)p/s_i$，$C^i_{[j]}=S^i_{[j]}+p^i_{[j]}=\sum\limits_{l=1}^{j}p^i_{[l]}=jp/s_i$。

根据以上相关问题描述可以得出，整个调度序列的 Makespan 为 $C_{\max}(\pi)=\max_{i=1}^{m}\max_{j=1}^{n}C^i_{[j]}=\max_{i=1}^{m}C^i_{[n_i]}=\max_{i=1}^{m}(n_ip/s_i)$。

引入一个二进制变量 x_i，当机器 M_i 上加工了作业集 J 中的作业时，$x_i=1$，否则 $x_i=0$。机器 M_i 的成本为 $U_i(\pi)=x_iK_i$，那么总成本为 $U(\pi)=\sum\limits_{i=1}^{m}U_i(\pi)=\sum\limits_{i=1}^{m}x_iK_i$，则本节的调度目标就是找到一个最优的调度序列 π^*，最小化 Makespan，使得 $C_{\max}(\pi^*)=\min_{\pi\in\Pi}C_{\max}(\pi)$，即在所有作业的最大完工时间最小，并且总成本控制在预算 $\hat{U}$ 范围内，即 $U(\pi^*)\leqslant\hat{U}$。

这里利用经典的三参数表示法，该问题可以表示为 $Q_m|\hat{U},p|C_{\max}$。其中，Q_m 表示本节研究的是同类机调度问题；$\hat{U}$ 表示总成本的预算；p 表示作业 $J_j(j=1,2,\cdots,n)$ 在加工速度为 1 的机器上所需的加工时间相同且都为 p；$C_{\max}$ 是本节的目标函数，即最小化 Makespan。

3.2.2 算法设计

3.2.2.1 不可中断问题

本节在不可中断情形下研究了考虑机器固定使用成本的标准作业的同类机调度问题，即 $Q_m|\hat{U},p|C_{\max}$ 问题。首先，通过证明其退化后的 $1_{s_s}=\sum\limits_{i\in M'}s_i|\hat{U},p|C_{\max}$ 问题是NP-难的，从而证明该问题也是NP-难的。然后，在最早完工时间优先（earliest completion time first，ECT）规则的基础上建立一个启发式算法 $H_{3.1}$。它包括两个部分，一部分是在总成本预算范围内选择最优的机器；另一部分是在所选择的机器上调度待加工的作业，并最小化 Makespan。最后，通过理论证明了该算法的最大误差界，并给出两个算例，简单验证了该算法的有效性。

令 $M'\in M$ 为机器集 M 的子机器集，且 $|M'|=m'$。对于这 m' 台机器，令调度问题 $Q_{m'}|p|C_{\max}$ 的最优 Makespan 为 $C^*_{\max}$。建立另一个相应的单机调度问题 $1_{s_s}=\sum\limits_{i\in M'}s_i|p|C_{\max}$，加工速度 S_s 是调度问题 $Q_{m'}|p|C_{\max}$ 所有机器速度之和，则最优的 Makespan 为 $C^*_{\max'}$，且 $C^*_{\max'}=np/S_s\leqslant C^*_{\max}$。因此，$1_{s_s}=\sum\limits_{i\in M'}s_i|p|C_{\max}$ 问题是 $Q_{m'}|p|C_{\max}$ 问题的松弛问题，从而 $1_{s_s}=\sum\limits_{i\in M'}s_i|\hat{U},p|C_{\max}$ 问题是 $Q_m|\hat{U},p|C_{\max}$ 问题的松弛问题，且该问题可以描述如下：

$1_{s_s}=\sum\limits_{i\in M'}s_i|\hat{U},p|C_{\max}$ 问题：给定机器集 $M=\{M_i|i=1,2,\cdots,m\}$)，每台机器的加工速度和使用成本不同，分别记为 s_i 和 K_i。再给定一个总成本的预算 $\hat{U}$，引入一个变量 S'。那么问题是：能否找到一个机器集 $M'\in M$，使得 $\sum\limits_{i\in M'}K_i\leqslant\hat{U}$ 并且 $\sum\limits_{i\in M'}s_i\geqslant S'$？

为了证明 $1_{s_s}=\sum\limits_{i\in M'}s_i|\hat{U},p|C_{\max}$ 问题是NP-难的，我们引入一个背包问题。下面给出具体描述。

背包问题：给定一组物品，每种物品都有自己的质量和价格，在限定的总质量内，我们如何选择才能使得物品的总价格最高。设背包的大小为 B，物品 u 的大小为 $s(u)$，其所带来的价值为 $v(u)$，物品的集合为 U，且 $u\in U$，目标物品的总价格为 K。其问题就是：是否能找到一个物品子集 $U'\in U$，使得 $\sum\limits_{u\in U'}s(u)\leqslant B$ 并且 $\sum\limits_{u\in U'}v(u)\geqslant K$？

背包问题的名称来源于如何选择最合适的物品放置于给定的背包中，在商业、组合数学、计算复杂性理论、密码学和应用数学等领域中经常出现与背包问题相似的问题。所以，我们也可以将背包问题描述为决定性问题，它是在 1978 年由 Merkel 和 Hellman 提出的。众所周知，背包问题是一个 NP-难问题。

定理 3.1　$Q_m|\hat{U},p|C_{\max}$ 问题是NP-难的。

证明　$1_{s_s}=\sum_{i\in M'} s_i|\hat{U},p|C_{\max}$ 问题相当于背包问题，原因如下：总成本预算相当于背包问题中背包的大小 B，而所有的机器相当于背包问题中可供选择放进背包的所有物品，机器 i 的使用成本 K_i 相当于物品 u 大小 $s(u)$，机器 i 的速度 s_i 相当于物品 u 所带来的价值 $v(u)$。$1_{s_s}=\sum_{i\in M'} s_i|\hat{U},p|C_{\max}$ 问题的目标是找到一个机器集 $M'\in M$，使得 $\sum_{i\in M'} K_i\leqslant\hat{U}$ 并且 $\sum_{i\in M'} s_i\geqslant S'$，我们可以将这一目标转化为背包问题的目标，即令 $M_i=u$，$K_i=s(u)$，$s_i=v(u)$，$\hat{U}=B$，$S'=K$，$M=U$，$M'=U'$。因为背包问题是NP-难的，所以 $1_{s_s}=\sum_{i\in M'} s_i|\hat{U},p|C_{\max}$ 问题也是NP-难的。又因为 $1_{s_s}=\sum_{i\in M'} s_i|\hat{U},p|C_{\max}$问题是 $Q_m|\hat{U},p|C_{\max}$ 问题的松弛问题，所以 $Q_m|\hat{U},p|C_{\max}$ 问题是NP-难的。定理得证。　□

本节研究了考虑机器固定使用成本的标准作业的同类机调度问题，调度目标是在总成本预算 $\hat{U}$ 范围内最小化 Makespan。

首先简单分析如何在总成本预算 $\hat{U}$ 范围内选择更优的机器。本节假定当 $s_i\geqslant s_d(i,d=1,2,\cdots,m;i\neq d)$ 时，$s_i/K_i\geqslant s_d/K_d$，即速度较大的机器的效益更高。不失一般性，假定 $s_1\geqslant s_2\geqslant\cdots\geqslant s_i\geqslant\cdots\geqslant s_m$，对于任意机器，若 $s_i=s_{i+1}$，则令 $K_i\leqslant K_{i+1}$。

在预算范围内，优先选择速度较大的机器，一旦超过预算，就跳过，然后继续在剩余的机器里选择速度较大的机器，直到所有的机器都遍历完。下面分析如何将作业分配到已选机器上加工达到最小化 Makespan 的目标。本节研究的是标准作业的调度问题，即作业的加工时间相同，都为 p。在不可中断情形下，该问题可以简化为每台已选机器上应加工多少个作业才能最小化 Makespan。在此基础上，可以先初步计算出每台已选机器上应加工的作业数目，然后进一步将剩余作业通过一定规则分配到机器上，达到最小化 Makespan 的目标。

本节为 $Q_m|\hat{U},p|C_{\max}$ 问题建立了一个启发式算法 $H_{3.1}$。为了解决这一调度问题，首先必须在给定的总成本预算范围内选择一些合适的机器。在选择机器过程中，有一些机器拥有更快的加工速度，但因为没有足够的预算去租用它们，所以必须跳过这些机器。这里用变量 h 表示第一次跳过的机器序号，并用 S 表示第 h 个机器的速度。根据假设，当 $s_i\geqslant s_d(i,d=1,2,\cdots,m;i\neq d)$ 时，$s_i/K_i\geqslant s_d/K_d$，

所以对于所有已选机器中序号大于 h 的机器，它们的速度之和一定小于 S，即小于第 h 个机器的速度。然后，用集合 A 表示已选机器的机器集，用 U 表示已选机器集 A 中所有机器的使用成本之和，用 a 表示已选机器集 A 中机器的数量。一旦已选机器集 A 确定，那么 $Q_m|\hat{U},p|C_{\max}$ 问题就可以退化为 $Q_a|p|C_{\max}$ 问题。因此，此时只需要将待加工的作业按照一定的调度规则分配到所选的机器上加工即可。这里根据 ECT 规则的思想解决该退化后的问题。事实上，可以首先尽可能地将一些待加工的作业分配到已选的机器上进行加工，以便这些机器上的调度序列成为一个整齐的调度序列；然后将剩余的待加工的作业按照 ECT 规则分配到已选的机器上进行加工，这样便可以优化该算法。下面给出 $H_{3.1}$ 的具体内容。

作业等长情形下考虑机器固定成本约束的同类机调度算法 $\boldsymbol{H_{3.1}}$：

Step 1 $U=0;h=0;c=0;$
for $(i=1;i\leqslant m;i++)$
if $(U+K_i\leqslant\hat{U})$ then $\{A=A\bigcap\{M_i\};U=U+K_i\}$;
else if $(c=0)$ then $\{h=i;S=s_h;c=1\}$。

Step 2 $a=|A|$。将已选机器重新编号：$M_1,M_2,\cdots,M_a$。

Step 3 用 C' 表示机器单位速度的平均工作量，即 $C'=np/\sum\limits_{i=1}^{a}s_i$。

Step 4 for $(i=1;i\leqslant a;i++)$
$\{n_i=\lceil C's_i/p\rceil$，将 n_i 个作业放在第 M_i 台机器上加工$\}$

Step 5 if $(\sum\limits_{i=1}^{a}n_i<n)$ then
for$(j=\sum\limits_{i=1}^{a}n_i+1;j\leqslant n;j++)$
{
for $(i=1,x=(n_i+1)p/s_i,i_{\min}=1;i\leqslant a;i++)$;
if $(x>(n_i+1)p/s_i)$ then $\{x=(n_i+1)p/s_i;i_{\min}=i\}$
将作业 J_j 放在机器 M_i 上加工；$n_i=n_i+1$;
}

Step 6 返回结果，结束。

说明 3.1 ECT 规则对于解决 $Q_a|p|C_{\max}$ 问题是最优的。

按照 ECT 规则的调度作业，首先通过计算 $n_i=\lceil C's_i/p\rceil$ 可以将 n_i 个作业放在第 M_i 台机器上加工，此时这些机器上的调度序列是一个整齐的序列，如果

此时没有剩余未分配的作业，即 $\sum_{i=1}^{a} n_i = n$，那么它必然是最优的。如果此时还有剩余未分配的作业，即 $\sum_{i=1}^{a} n_i < n$，那么按照 ECT 规则，最后完工的作业的加工时间也是最早的，此时的调度序列也是最优的。所以，ECT 规则对于解决 $Q_a|p|C_{\max}$ 问题是最优的。

引理 3.1　$C_{\max}(\mathrm{OPT}) \geqslant np/(\sum_{i=1}^{h-1} s_i + S)$，$C_{\max}(\mathrm{OPT})$ 是问题 $Q_m|\hat{U},p|C_{\max}$ 的最优解的 Makespan。

证明　用 B 表示原机器集 M 的子集，其中包含 M 中的前 h 个机器。用 A^* 表示包含最优解所选机器的机器集。根据问题假设，可以得到 $\sum_{i' \in B} s_i \geqslant \sum_{i \in A^*} s_i$，则 $C_{\max}(\mathrm{OPT}) \geqslant np/\sum_{i \in A^*} s_i$，从而 $C_{\max}(\mathrm{OPT}) \geqslant np/\sum_{i' \in B} s_i \geqslant np/(\sum_{i=1}^{h-1} s_i + S)$。□

引理 3.2　$C_{\max}(H_{3.1}) \leqslant (n+a-1)p/\sum_{i=1}^{h-1} s_i$。

证明　在算法 $H_{3.1}$ 中，假定作业 J_n 是最后完工的作业，那么它的完工时间对应着整个调度序列的 Makespan。用 $C^i(i=1,2,\cdots,a)$ 表示在给作业 J_n 分配机器前，机器 M_i 上当前的完工时间。对于 $i=1,2,\cdots,a$，若作业 J_n 分配到机器 M_i 上加工，则作业 J_n 的完工时间为 $C^i + p/s_i$。假定调度中作业 J_n 分配到机器 M_k 上加工，根据 ECT 规则可知，$C^k + p/s_i \leqslant C^i + p/s_i(\forall i = 1,2,\cdots,m)$。因为 $C_{\max}(H_{3.1}) = C^k + p/s_i$， 所以算法 $H_{3.1}$ 的 Makespan，即 $C_{\max}(H_{3.1}) \leqslant C^i + p/s_i(\forall i=1,2,\cdots,m)$，则 $C_{\max}(H_{3.1}) \cdot s_i = C^i s_i + p$，所以 $C_{\max}(H_{3.1}) \cdot \sum_{i=1}^{a} s_i \leqslant \sum_{i=1}^{a} C^i s_i + ap$。又因为 $\sum_{i=1}^{a} C^i s_i = (n-1)p$，所以 $C_{\max}(H_{3.1}) \cdot \sum_{i=1}^{a} s_i \leqslant (n+a-1)$，则 $C_{\max}(H_{3.1}) \leqslant (n+a-1)p/\sum_{i=1}^{a} s_i$。由于前 $h-1$ 个机器是属于已选机器集 A 中的机器，因此 $\sum_{i=1}^{h-1} s_i \leqslant \sum_{i=1}^{a} s_i$，则 $C_{\max}(H_{3.1}) \leqslant (n+a-1)p/\sum_{i=1}^{h-1} s_i$。□

定理 3.2　$C_{\max}(H_{3.1})/C_{\max}(\mathrm{OPT}) \leqslant 2[1+1/(h-1)]$。

证明　根据引理 3.1 和引理 3.2，可得 $C_{\max}(\mathrm{OPT}) \geqslant np/(\sum_{i=1}^{h-1} s_i + S)$ 和

$C_{\max}(H_{3.1}) \leqslant (n+a-1)p/\sum_{i=1}^{h-1} s_i$。很明显已选机器的数量 a 小于作业的数量 n，所以 $np/(n+a-1)p \leqslant 2$。另外，

$$\left(\sum_{i=1}^{h-1} s_i + S\right)\Big/\sum_{i=1}^{h-1} s_i = 1 + S\Big/\sum_{i=1}^{h-1} s_i \leqslant 1 + s_{h-1}/(h-1)s_h \leqslant 1 + 1/(h-1)$$

所以，算法 $H_{3.1}$ 和最优解相比，最大误差界为

$$C_{\max}(H_{3.1})/C_{\max}(\text{OPT}) \leqslant 2[1+1/(h-1)]。 \qquad \square$$

算例 3.1 问题：$Q_4|\hat{U},p|C_{\max}$，其中 $n=4$，$s=(5,4,3,2)$，$K=(10,9,8,7)$，$\hat{U}=30$，$p=15$。

解 根据 $H_{3.1}$ 算法的 Step 1 和 Step 2，$s_1 > s_2 > s_3 > s_4$，$s_1/K_1 > s_2/K_2 > s_3/K_3 > s_4/K_4$，所以选择机器 M_1、M_2、M_3，此时总成本为 27。

按照 $H_{3.1}$ 算法的 Step 3~Step 5 中的调度规则，将 4 个待加工的作业放在已选的 3 台机器上加工。

首先，将作业编号为 J_1、J_2、J_3、J_4，并且计算 C' 和 n_i。由此可以得到 $C'=5$，$n_1=1$，$n_2=1$，$n_3=1$。此时，$\sum_{i=1}^{3} n_i = 3 < 4$，所以还有一个作业未被分配。然后，将已选的三台机器按照 $(n_i+1)p/s_i \leqslant (n_{i+1})p/s_i (i=1,2,3)$ 排序。经计算得，$(n_1+1)p/s_1=6$，$(n_2+1)p/s_2=7.5$，$(n_3+1)p/s_3=10$，于是将作业 J_4 放在机器 M_1 上加工。所以，该问题的解为 $C_{\max}(H_{3.1})=6$，图 3.1 给出了该解的甘特图。

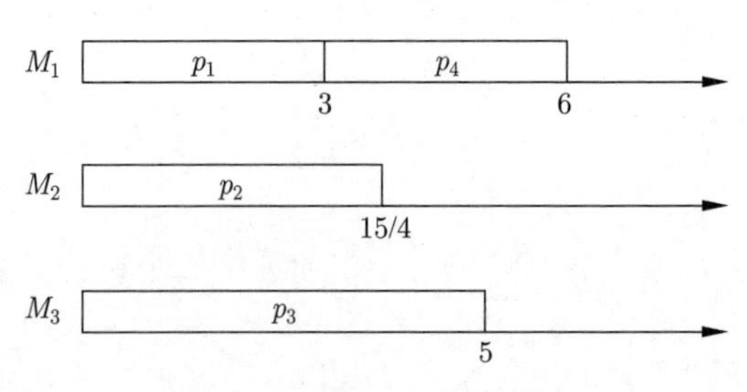

图 3.1 算例 3.1 的调度序列

由定理 3.2 可知此例中 $C_{\max}(H_{3.1})/C_{\max}(\text{OPT}) \leqslant 2[1+1/(h-1)] = 8/3$。然而，由于本例中只给出了 4 台机器和 4 个作业，因此可以通过穷举法找到最优解。事实上，此例中用 $H_{3.1}$ 算法得出的结果已经是最优解，即 $C_{\max}(H_{3.1})/C_{\max}(\text{OPT})=1$。

算例 3.2　问题：$Q_4|\hat{U},p|C_{\max}$，其中 $n=7$，$s=(6,4,3,2)$，$K=(6,5,4,3)$，$\hat{U}=13$，$p=12$。

解　根据 $H_{3.1}$ 算法的 Step 1 和 Step 2，$s_1>s_2>s_3>s_4$，$s_1/K_1>s_2/K_2>s_3/K_3>s_4/K_4$，所以选择机器 M_1、M_2，此时总成本为 11。

按照 $H_{3.1}$ 算法的 Step 3~Step 5 中的调度规则，将 7 个待加工的作业放在已选的两台机器上加工。

首先，将作业编号为 J_1、J_2、J_3、J_4、J_5、J_6、J_7，并计算 C' 和 n_i，可以得到 $C'=8$，$n_1=4$，$n_2=2$。此时，$\sum_{i=1}^{2}n_i=6<7$，所以还有一个作业未被分配。然后，将已选的两台机器按照 $(n_i+1)p/s_i\leqslant(n_{i+1})p/s_i(i=1,2)$ 排序。经计算得 $(n_1+1)p/s_1=10$，$(n_2+1)p/s_2=9$，所以 $(n_2+1)p/s_2<(n1+1)p/s_1$，于是将作业 J_7 放在机器 M_2 上加工。所以，该问题的解为 $C_{\max}(H_{3.1})=9$，图 3.2 给出了该解的甘特图。

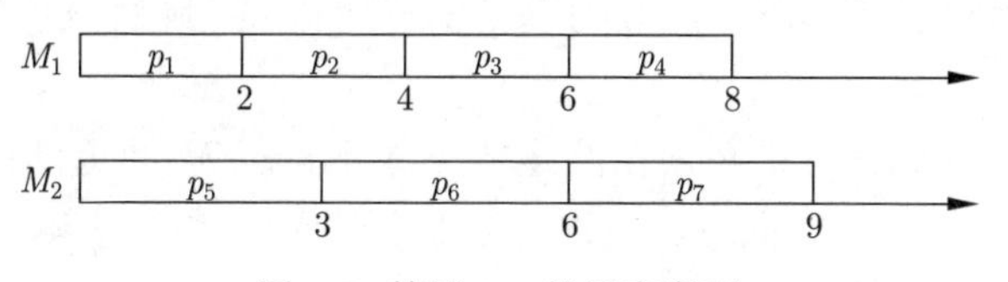

图 3.2　算例 3.2 的调度序列

根据定理 3.2，可知此例中 $C_{\max}(H_{3.1})/C_{\max}(\text{OPT})\leqslant 2[1+1/(h-1)]=3$。然而，由于本例中只给出了 4 台机器和 7 个作业，因此可以通过穷举法找到最优解。最优解选择的机器为 M_1、M_3、M_4，总成本为 13，$C_{\max}(\text{OPT})=8$。图 3.3 给出了该解的甘特图。所以，$C_{\max}(H_{3.1})/C_{\max}(\text{OPT})=9/8$。

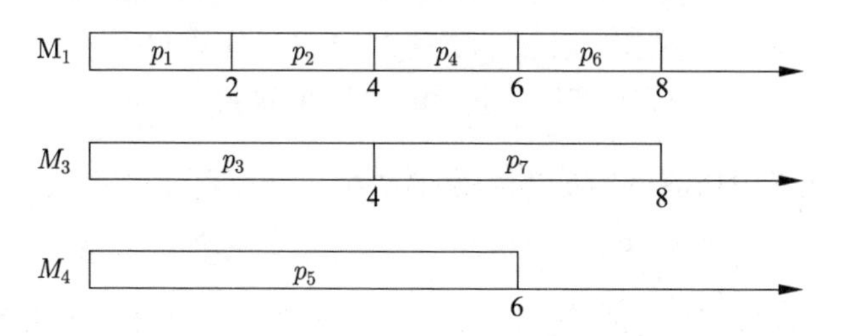

图 3.3　算例 3.2 的最优调度序列

3.2.2.2　可中断问题

本节研究可中断情形下考虑机器固定使用成本的同类机调度问题，即 $Q_m|\text{ptmn},\hat{U},p|C_{\max}$ 问题。在网络共享制造资源背景下，在作业加工过程中中断，并将剩余部分分配到其他远程机器上加工是不太现实的。因此，可

以将 $Q_m|\text{ptmn}, \hat{U}, p|C_{\max}$ 问题的解 Makespan 的值与对应的不可中断问题解 Makespan 的值进行对比，从而评价它们解的质量。另外，在一些其他的生产背景，如绿色制造背景下，机器具有不同的能源消耗率和额外的运行成本等等，$Q_m|\text{ptmn}, \hat{U}, p|C_{\max}$ 问题仍然是具有现实意义的。

首先简单分析如何在总成本预算 $\hat{U}$ 范围内选择更优的机器。本章假定当 $s_i \geqslant s_d(i, d = 1, 2, \cdots, m; i \neq d)$ 时，$s_i/K_i \geqslant s_d/K_d$，即速度较大机器的效益更高。不失一般性，假定 $s_1 \geqslant s_2 \geqslant \cdots \geqslant s_i \geqslant \cdots \geqslant s_m$，对于任意机器，若 $s_i = s_{i+1}$，则令 $K_i \leqslant K_{i+1}$。在预算范围内，优先选择速度较大的机器，一旦超过预算，就跳过，然后继续在剩余机器里选择速度较大的机器，直到所有的机器都遍历完。再接着分析如何将作业分配到已选机器上加工，达到最小化 Makespan 的目标。本节研究的是标准作业的调度问题，即作业的加工时间相同，都为 p。在可中断情形下，每个作业在加工过程中可以随时停止，那么此时便不能只考虑作业的数目，而需要既要细化每个作业，将它看成多个部分，又要将加工的整个调度序列看成整体，在一定规则下调度分配作业，达到最小化 Makespan 的目标。

为了解决该问题，首先必须在给定的总成本预算 $\hat{U}$ 的范围内选择一些合适的机器。与不可中断情形同理，在选择机器过程中，有一些机器拥有更快的加工速度，但我们没有足够的预算去租用它们，所以必须跳过这些机器。所以，同样用变量 h 表示第一次跳过的机器序号，并用 S 表示第 h 个机器的速度，用集合 A 表示已选机器的机器集，用 U 表示已选机器集 A 中所有机器的使用成本之和，用 a 表示已选机器集 A 中机器的数量。一旦已选机器集 A 确定了，那么 $Q_m|\text{ptmn}, \hat{U}, p|C_{\max}$ 问题就可以退化为 $Q_m|\text{ptmn}, p|C_{\max}$ 问题。此时，由于本章研究的是标准作业的调度问题，即作业的加工时间相同，都为 p，因此可以将所有待加工的作业看成一个整体，按照一定的规则调度分配到所选的机器上加工。在这里，我们提出了一个启发式算法 $H_{3.2}$ 解决这个问题。

作业等长情形下考虑机器固定成本约束的同类机调度可中断算法 $H_{3.2}$：

Step 1 按照 $H_{3.1}$ 算法 Step 1 和 Step 2 的方法选择并排序机器。

Step 2 将所有待加工作业看成一个整体，同时放在所有已选机器上联合加工，即在每个时间段内，无论在哪台机器上，每个作业都得到同样的加工时间，直到所有作业加工完成。

说明 3.2 Step 2 中的调度加工规则对于解决 $Q_a|p|C_{\max}$ 问题是最优的。

事实上，这很容易理解。根据 $H_{3.2}$ 算法的 Step 2 中的调度加工规则，在每个时间段内，每个作业都有相同的加工时间，无论是多么小的时间段都是如此，即

所有待加工作业都是同时开始加工，也是同时完成加工的。所以，整个调度序列是整齐的，因此 Step 2 中的调度加工规则对于解决 $Q_a|p|C_{\max}$ 问题是最优的。

定理 3.3　$C_{\max}(H_{3.2})/C_{\max}(\text{OPT}_{\text{pmtn}}) \leqslant 1+1/(h-1)$。

证明　根据假设，所有作业的加工时间相同，都为 p，根据 $H_{3.2}$ 算法，当机器选定后，就将所有作业以相同的速度在已选机器上联合加工，因此 $H_{3.2}$ 算法的 Makespan，即 $C_{\max}(H_{3.2}) = np/\sum\limits_{i=1}^{a} s_i \leqslant np/\sum\limits_{i=1}^{h-1} s_i$；又因为可中断情形下的最优调度算法的 Makespan，即 $C_{\max}(\text{OPT}_{\text{pmtn}}) = np/\sum\limits_{i\in A^*} s_i \geqslant np/(\sum\limits_{i=1}^{h-1} s_i + S)$，根据 $(\sum\limits_{i=1}^{h-1} s_i + S)/\sum\limits_{i=1}^{h-1} s_i = 1 + S/\sum\limits_{i=1}^{h-1} s_i \leqslant 1 + s_{h-1}/(h-1)s_h \leqslant 1+1/(h-1)$，将 $H_{3.2}$ 算法与最优的调度算法相比，可得最大误差界为

$$C_{\max}(H_{3.2})/C_{\max}(\text{OPT}_{\text{pmtn}}) \leqslant (np/\sum_{i=1}^{h-1} s_i)/[np/(\sum_{i=1}^{h-1} s_i + S)] \leqslant 1+1/(h-1)$$

定理得证。□

算例 3.3　问题：$Q_4|\text{pmtn}, \hat{U}, p|C_{\max}$，其中 $n=4$，$s=(5,4,3,2)$，$K=(10,9,8,7)$，$\hat{U}=30$，$p=15$。

解　根据算法 $H_{3.2}$ 的 Step 1，$s_1 > s_2 > s_3 > s_4$，$s_1/K_1 > s_2/K_2 > s_3/K_3 > s_4/K_4$，所以选择机器 M_1、M_2、M_3，此时总成本为 27。

按照 $H_{3.2}$ 算法的 Step 2 中的调度规则，将 4 个待加工的作业放在已选的 3 台机器上联合加工。

将作业编号为 J_1、J_2、J_3、J_4，加工过程如下：

t=0，作业 J_1 为 15，J_2 为 15，J_3 为 15，J_4 为 15，它们以相同的速度在机器 M_1、M_2、M_3 上联合加工。

t=5，作业 J_1 为 0，J_2 为 0，J_3 为 0，J_4 为 0，所有作业加工完成。

所以，该问题的解为 $C_{\max}(H_{3.2})=5$，图 3.4 给出了该解的甘特图。

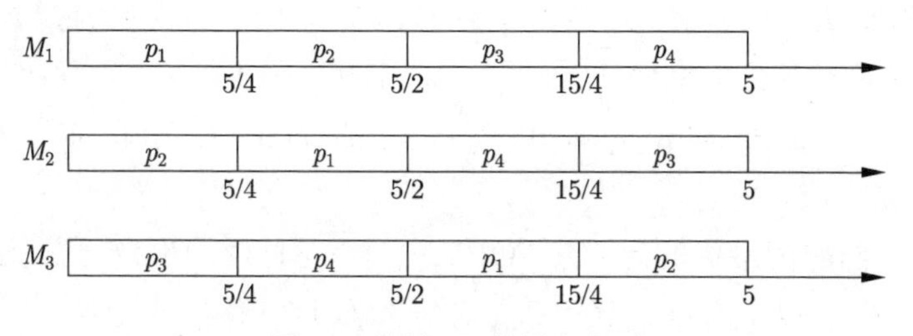

图 3.4　算例 3.3 的调度序列

根据定理 3.3，可知此例中 $C_{\max}(H_{3.2})/C_{\max}(\mathrm{OPT}_{\mathrm{pmtn}}) \leqslant 1 + 1/(h-1) = 4/3$。然而，由于本例中只给出了 4 台机器和 4 个作业，所以可以通过穷举法找到最优解。事实上，此例中用 $H_{3.2}$ 算法得出的结果已经是最优解，$C_{\max}(H_{3.2})/C_{\max}(\mathrm{OPT}_{\mathrm{pmtn}}) = 1$。

另外，$C_{\max}(H_{3.1})/C_{\max}(H_{3.2}) = 6/5$，$C_{\max}(H_{3.1})/C_{\max}(\mathrm{OPT}_{\mathrm{pmtn}}) = 6/5$。

算例 3.4 问题：$Q_4|\mathrm{pmtn},\hat{U},p|C_{\max}$，其中 $n = 7$，$s = (6,4,3,2)$，$K = (6,5,4,3)$，$\hat{U} = 13$，$p = 12$。

解 根据算法 $H_{3.2}$ 的 Step 1，$s_1 > s_2 > s_3 > s_4$，$s_1/K_1 > s_2/K_2 > s_3/K_3 > s_4/K_4$，所以选择机器 M_1、M_2，此时总成本为 11。

按照 $H_{3.2}$ 算法的 Step 2 中的调度规则，将 7 个待加工的作业放在已选的两台机器上联合加工。

将作业编号为 J_1、J_2、J_3、J_4，加工过程如下：

t=0，作业 J_1 为 12，J_2 为 12，J_3 为 12，J_4 为 12，J_5 为 12，J_6 为 12，J_7 为 12，它们以相同的速度在机器 M_1 和 M_2 上联合加工。

t=8.4，作业 J_1 为 0，J_2 为 0，J_3 为 0，J_4 为 0，J_5 为 0，J_6 为 0，J_7 为 0，所有作业加工完成。

所以，该问题的解为 $C_{\max}(H_{3.2}) = 8.4$，图 3.5 给出了该解的甘特图。

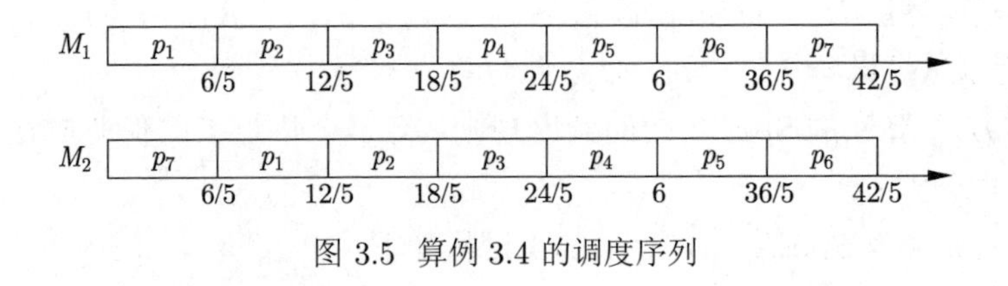

图 3.5 算例 3.4 的调度序列

根据定理 3.3，可知此例中 $C_{\max}(H_{3.2})/C_{\max}(\mathrm{OPT}_{\mathrm{pmtn}}) \leqslant 1+1/(h-1) = 3/2$。然而，由于本例中只给出了 4 台机器和 7 个作业，因此可以通过穷举法找到最优解。最优解选择的机器为 M_1、M_3、M_4，总成本为 13，加工过程如下：

t=0，作业 J_1 为 12，J_2 为 12，J_3 为 12，J_4 为 12，J_5 为 12，J_6 为 12，J_7 为 12，它们以相同的速度在机器 M_1、M_2、M_3 上联合加工。

t=84/11，作业 J_1 为 0，J_2 为 0，J_3 为 0，J_4 为 0，J_5 为 0，J_6 为 0，J_7 为 0，所有作业加工完成。

所以，该问题的最优解为 $C_{\max}(\mathrm{OPT}_{\mathrm{pmtn}}) = 84/11$，图 3.6 给出了该解的甘特图。所以，$C_{\max}(H_{3.2})/C_{\max}(\mathrm{OPT}_{\mathrm{pmtn}}) = 11/10$。

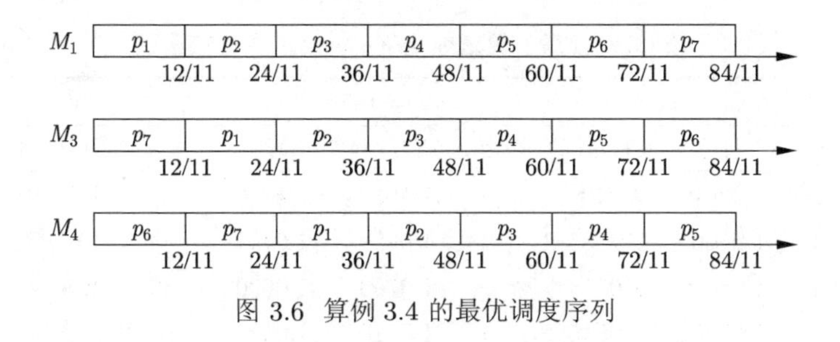

图 3.6　算例 3.4 的最优调度序列

3.2.3　实验结果

本节将通过实验测试上述两个启发式算法 $H_{3.1}$ 和 $H_{3.2}$ 的有效性，将这两个启发式算法 $H_{3.1}$ 和 $H_{3.2}$ 的结果与下界 $\mathrm{LB}=np/\left(\sum_{i=1}^{h-1}s_i+S\right)$ 进行比较。3.2.2 节通过 4 个实例无法直观地显示出这两个启发式算法的有效性，本节将通过大量数据实验进一步验证这两个启发式算法的有效性。

在实验中，首先随机生成一些数据：作业数分别为 50、100、150、200，机器数分别为 5、8、10、15。算法在 Java 中用 MyEclipse 编辑器实现。实验环境如下：CPU 为 Inter(R) Core(TM) i5-4590 3.30GHz，RAM 为 8.00GB；操作系统为 Microsoft Windows 7 SP1。

在实验中，令所有作业的加工时间为 $p=20$。对于每一台机器 M_i，它的速度 s_i 在 [1,10] 范围内随机生成。为了保证当 $s_i\geqslant s_d(i,d=1,2,\cdots,m;i\neq d)$ 时 $s_i/K_i\geqslant s_d/K_d$，令机器 M_m 的成本 K_m 为 s_m+1，并令每一台机器 M_i 的成本 K_i 在 $[0,K_{i+1}\cdot s_i/s_{i+1}]$, $(i=1,2,\cdots,m-1)$ 范围内随机生成。由于总成本预算 $\hat{U}$ 对机器选择的结果影响很大，因此令 $\hat{U}=\lambda\cdot\sum_{i=1}^{m}s_i$。因此，在实验中，可以通过改变变量 λ 的数值控制总成本预算 $\hat{U}$ 的值。这里给出了三种可能的值，即令 λ=0.5、0.75、0.9，以便有代表性地诠释现实制造业中出现的总成本预算的各种情形。针对启发式算法 H($H_{3.1}$ 算法或 $H_{3.2}$ 算法)，这里定义一个变量 $G(H)=C_{\max}(H)/\mathrm{LB}$。因此，$G(H)$ 是由算法 H 得出的 Makespan 与下界 LB 的比值。表 3.1 给出了实验结果。

从表 3.1 中可以得出以下结论：

（1）当变量 m 和 n 的值不变时，随着变量 λ 的增大，$G(H_{3.1})$ 逐渐变小。随着变量 λ 的增大，预算 $\hat{U}$ 也会增大，选择的机器数目也会增多，$H_{3.1}$ 算法和最优算法的已选机器之间差距变小。因此，$G(H_{3.1})$ 逐渐变小。同理，当变量 m 和 n 的值不变时，随着变量 λ 的增大，$G(H_{3.2})$ 逐渐变小。

表 3.1 $H_{3.1}$ 算法或 $H_{3.2}$ 算法的实验数据

m	n	$\lambda=0.5$			$\lambda=0.75$			$\lambda=0.9$		
		a	$G(H_{3.1})$	$G(H_{3.2})$	a	$G(H_{3.1})$	$G(H_{3.2})$	a	$G(H_{3.1})$	$G(H_{3.2})$
5	50	2	1.2267	1.2105	3	1.1880	1.1786	4	1.0800	1.0588
	100	4	1.2100	1.1786	4	1.0956	1.0741	4	1.0730	1.0571
	150	4	1.0800	1.0714	2	1.0793	1.0690	4	1.0607	1.0571
	200	4	1.0725	1.0645	4	1.0710	1.0625	4	1.0586	1.0541
8	50	5	1.1500	1.1219	5	1.0800	1.0580	7	1.0600	1.0392
	100	6	1.0843	1.0645	6	1.0780	1.0652	7	1.0667	1.0434
	150	4	1.0767	1.0625	6	1.0714	1.0465	7	1.0500	1.0286
	200	5	1.0660	1.0513	6	1.0640	1.0556	6	1.0400	1.0213
10	50	6	1.1475	1.0851	7	1.1200	1.0811	8	1.0600	1.0392
	100	8	1.0720	1.0308	8	1.0800	1.0588	9	1.0571	1.0278
	150	8	1.0592	1.0377	8	1.0500	1.0227	9	1.0400	1.0170
	200	8	1.0500	1.0385	7	1.0417	1.0204	9	1.0400	1.0182
15	50	8	1.1379	1.0667	9	1.1375	1.0656	13	1.0857	1.0106
	100	8	1.0640	1.0370	10	1.0633	1.0175	13	1.0500	1.0194
	150	10	1.0489	1.0351	10	1.0489	1.0172	14	1.0450	1.0103
	200	10	1.0478	1.0250	13	1.0465	1.0225	13	1.0383	1.0114

（2）当变量 m 和 λ 的值不变时，随着变量 n 的增大，$G(H_{3.1})$ 逐渐变小。随着变量 n 的增大，np 也会增大，$H_{3.1}$ 算法和最优算法的已选机器之间差距变小，因此 $G(H_{3.1})$ 逐渐变小。同理，当变量 m 和 λ 的值不变时，随着变量 n 的增大，$G(H_{3.2})$ 逐渐变小。

（3）当变量 n 和 λ 的值不变时，随着变量 m 的增大，$G(H_{3.1})$ 逐渐变小，但变化很小。这是因为随着变量 m 的增大，$H_{3.1}$ 算法和最优算法的已选机器之间差距变小，因此 $G(H_{3.1})$ 逐渐变小，但变化很少。同理，当变量 n 和 λ 的值不变时，随着变量 m 的增大，$G(H_{3.2})$ 逐渐变小，但变化很少。

（4）对于相同的变量 m、n 和 λ，$G(H_{3.1})$ 和 $G(H_{3.2})$ 都很接近。虽然前面证明了 $H_{3.1}$ 算法的最大误差界为 $2[1/(h-1)]$，以及 $H_{3.2}$ 算法的最大误差界为 $1/(h-1)$，但从以上实验可以看出，该算法的实际误差其实很小。当 λ=0.5、0.75、0.9 时，$G(H_{3.1})$ 分别在 [1.0478,1.2267]、[1.0465,1.1880] 和 [1.0383,1.0800] 范围内，$G(H_{3.2})$ 分别在 [1.0250,1.2105]、[1.0225,1.1786] 和 [1.0114,1.0588] 范围内。因此，可以看出 $H_{3.1}$ 算法适于解决 $Q_m|\hat{U}, p|C_{\max}$ 问题，$H_{3.2}$ 算法适于解决 $Q_m|\text{ptmn}, \hat{U}, p|C_{\max}$ 问题。

3.3　考虑固定成本的最小化 Makespan平行机调度

本节取消 3.2 节作业加工时间等长的约束，研究的是面向普通作业的考虑机器固定使用成本的调度问题。本节首先对问题进行详细的描述与分析；然后针对不可中断情形，基于改进 LPT 算法提出了算法 $H_{3.3}$，理论证明了该算法的最坏误差界；再针对可中断情形提出了算法 $H_{3.4}$。由于不可中断情形在制造资源网络共享环境中更为普遍，因此本节最后通过实验数据验证了算法 $H_{3.3}$ 的有效性。

3.3.1　问题描述

本节研究面向普通作业的考虑机器固定使用成本的同类机调度问题。在给定的机器集 $M=\{M_i|i=1,2,\cdots,m\}$ 中有 m 台加工速度不同的机器，用 s_i 表示机器 $M_i(i=1,2,\cdots,m)$ 的加工速度，其中 $s_i(s_i>0)$ 是正整数。在调度周期内，假设当 $s_i\geqslant s_d(i,d=1,2,\cdots,m;i\neq d)$ 时 $s_i/K_i\geqslant s_d/K_d$。因此，不失一般性，假定 $s_1\geqslant s_2\geqslant\cdots\geqslant s_i\geqslant\cdots\geqslant s_m$，对于任意机器 $M_i(i=1,2,\cdots,m)$，若 $s_i=s_{i+1}$，则令 $K_i\leqslant K_{i+1}$。

本节假定有 n 个待加工作业，它们组成一个作业集 $J=\{J_j|j=1,2,\cdots,n\}$。本节研究的是面向普通作业的调度问题，即所有作业在加工速度为 1 的机器上所需的加工时间可能都不相同。用 p_j 表示作业 $J_j(j=1,2,\cdots,n)$ 在加工速度为 1 的机器上所需的加工时间，其中 $p_j(p_j>0)$ 是正整数。所以，如果将作业 $J_j(j=1,2,\cdots,n)$ 放在机器 $M_i(i=1,2,\cdots,m)$ 上加工，则作业 J_j 的加工时间为 $p_{ij}=p_j/s_i$。一台机器在同一时刻最多只能加工一个作业，一个作业在同一时刻最多也只能放在一台机器上加工。本节的目标就是在给定的预算范围内找到一个最小化 Makespan的调度序列。如果不考虑机器使用成本，并且所有机器加工速度都相同，则该问题退化成经典的 $P_m||C_{\max}$ 问题。由于$P_m||C_{\max}$是NP-难的，因此本节的问题也是NP-难问题。

用 Π 表示该问题调度方案全集，$\pi\in\Pi$ 表示一个特定的调度序列，可以表示为 $\pi=\{\pi^1,\pi^2,\cdots,\pi^m\}$，其中 $\pi^i(i=1,2,\cdots,m)$ 表示机器 M_i 上的调度序列。子调度序列 $\pi^i(i=1,2,\cdots,m)$ 又可以表示为 $\pi^i=\{\pi^i_{[j]}|j=1,2,\cdots,n_i\}$，其中 $\pi^i_{[j]}$ 表示在机器 M_i 上加工的第 j 个作业。用 $p(\pi^i_{[j]})$ 表示作业 $\pi^i_{[j]}$ 在加工速度为 1 的机器上所需的加工时间，用 $p^i_{[j]}$、$S^i_{[j]}$ 和 $C^i_{[j]}$ 分别表示其加工时间、开始时间和完工时间，$p^i_{[j]}=p(\pi^i_{[j]})/s_i$，$S^i_{[j]}=\sum\limits_{[l=1]}^{j-1}p^i_l=\sum\limits_{l=1}^{j-1}p(\pi^i_{[l]})/s_i$，$C^i_{[j]}=$

$S_{[j]}^i + p_{[j]}^i = \sum_{l=1}^{j} p_{[l]}^i = \sum_{l=1}^{j} p(\pi_{[l]}^i)/s_i$。记机器 M_i 上的调度序列的作业个数为 $|\pi^i| = n_i$。显然，当 $n_i = 0$ 时，表示机器 M_i 上没有加工作业集中的任何作业，即 $\bigcup_{i=1}^{m} \pi^i = J$，$\bigcap_{i=1}^{m} \pi^i = \varnothing$，$\sum_{i=1}^{m} n_i = n$。机器 M_i 对应的子调度序列 π^i 的 Makespan 为 $C_{\max}^i(\pi) = \max_{j=1}^{n_i} C_{[j]}^i = \sum_{j=1}^{n_i} p(\pi_{[j]}^i)/s_i$，从而整个调度序列的 Makespan 为 $C_{\max}(\pi) = \max_{i=1}^{m} C_{\max}^i(\pi) = \max_{i=1}^{m} \left[\sum_{j=1}^{n_i} p(\pi_{[j]}^i)/s_i\right]$。

引入一个二进制变量 x_i，当机器 M_i 上加工了某一作业时，$x_i = 1$，否则 $x_i = 0$，则机器 M_i 的成本为 $U_i(\pi) = x_i K_i$，总成本为 $U(\pi) = \sum_{i=1}^{m} U_i(\pi) = \sum_{i=1}^{m} x_i K_i$。调度的目标是找到一个最优的调度序列 π^*，使得 $C_{\max}(\pi^*) = \min_{\pi\in\Pi} C_{\max}(\pi)$，并且总成本控制在预算限制 $\hat{U}$ 范围内，即 $U(\pi^*) \leqslant \hat{U}$。

利用经典的三参数表示法，该问题可以表示为 $Q_m|\hat{U}|C_{\max}$，其中 Q_m 表示本章研究的是同类机调度问题，$\hat{U}$ 表示总成本的预算，$C_{\max}$ 指调度目标是最小化 Makespan。

3.3.2 算法设计

3.3.2.1 不可中断问题

首先简单分析如何在总成本预算 $\hat{U}$ 范围内选择更优的机器。本节假定 $s_1 \geqslant s_2 \geqslant \cdots \geqslant s_i \geqslant \cdots \geqslant s_m$，对于任意机器 $M_i(i = 1, 2, \cdots, m)$，若 $s_i = s_{i+1}$，则令 $K_i \leqslant K_{i+1}$，即速度较大的机器的效益更高。在预算范围内，优先选择速度较大的机器，一旦超过预算，就跳过，然后继续在剩余的机器里选择速度较大的机器，直到所有的机器都遍历完。再分析如何将作业分配到已选机器上加工达到最小化 Makespan 的目标。本节研究的是普通作业的调度问题，即作业的加工时间不同，用 p_j 表示作业 $J_j(j = 1, 2, \cdots, n)$ 在加工速度为 1 的机器上所需的加工时间，其中 $p_j(p_j > 0)$ 是正整数。在不可中断情形下，每个作业在加工过程中都是不可中断的，那么可以将每个作业看成一个完整的个体，一个作业只会在同一个机器上加工。按照一定的规则，将作业分配到机器上加工，达到最小化 Makespan 的目标。

为了解决 $Q_m|\hat{U}|C_{\max}$ 问题，本节建立一个改进的 LPT 算法 $H_{3.3}$。首先，在给定总成本的预算 $\hat{U}$ 范围内选择机器。在给定的机器集 $M = \{M_i|i = 1, 2, \cdots, m\}$

中，有些机器的速度比较大，但租用成本也比较高，会超出预算，所以在选择机器时会跳过一些机器。用 h 表示第一次跳过的机器序号，并用 S 表示它的加工速度。根据假设：当 $s_i \geqslant s_d(i,d=1,2,\cdots,m;i \neq d)$ 时，$s_i/K_i \geqslant s_d/K_d$，可得所有被选的序列号大于 h 的机器的速度之和不超过 S。用 A 表示已选机器的集合，用 U 表示该机器集内的机器的租用总成本，用 a 表示该集合中的机器数量。一旦 A 被确定，那么 $Q_m|\hat{U}|C_{\max}$ 问题就可以退化为 $Q_a||C_{\max}$ 问题。此时只需要将待加工的作业按照一定的规则调度分配到所选的机器上加工即可，这里可以用 LPT 规则解决这个退化后的问题。

考虑固定成本的最小化 Makespan平行机调度算法 $H_{3.3}$:

Step 1　$U=0;h=0;c=0;$

for $(i=1;i \leqslant m;i++)$

if $(U+K_i \leqslant \hat{U})$　then $\{A=A\bigcap\{M_i\};U=U+K_i\}$;

else if $(c=0)$　then $\{h=i;S=s_h;c=1\}$;

Step 2　$a=|A|$。将已选机器重新编号: $M_1,M_2,\cdots,M_a$;

Step 3　$S^i_{[j]}=0;C^i_{[j]}=0;n_i=0;e=0;$

将作业 J_1 放在机器 M_1 上加工，则 $C^1_{[1]}=p_1/s_1$；

for $(j=2;j \leqslant n;j++)$

{

for $(i=1;i \leqslant a-1;i++)$

if $(C^i_{[j]} > C^{i+1}_{[j]})$　then $e=i+1$;

else if $(e=i)$　then 将作业 J_j 放在机器 M_e 上加工；

}

Step 4　返回结果, 结束。

引理 3.3　$C_{\max}(\text{OPT}) \geqslant \sum\limits_{j=1}^{n} p_j/(\sum\limits_{i=1}^{h-1} s_i + S)$。

其中，$C_{\max}(\text{OPT})$ 表示问题 $Q_m|\hat{U}|C_{\max}$ 的最优解的 Makespan。

证明　用 B 表示原机器集 M 的子集，其中包含 M 中的前 h 个机器。用 A^* 表示包含最优解所选机器的机器集。根据问题假设，可以得到 $\sum\limits_{i' \in B} s_{i'} \geqslant \sum\limits_{i \in A^*} s_i$。显然，$C_{\max}(\text{OPT}) \geqslant \sum\limits_{j=1}^{n} p_j/\sum\limits_{i \in A^*} s_i$，因此

$$C_{\max}(\text{OPT}) \geqslant \sum_{j=1}^{n} p_j/(\sum_{i=1}^{h-1} s_i + S) \qquad \square$$

引理 3.4 $C_{\max}(H_{3.3}) \leqslant \big[\sum_{j=1}^{t-1} p_j + (h-1)p_t\big] / \sum_{i=1}^{h-1} s_i$。

证明 用 $C_{\max}(H_{3.3})$ 表示按照算法 $H_{3.3}$ 将 n 个作业放在 m 台机器上加工时对应的 Makespan，$C_{\max}(H'_{3.3})$ 表示按照 $H_{3.3}$ 算法将 n 个作业放在前 $h-1$ 个机器上加工时的 Makespan，则 $C_{\max}(H_{3.3}) \leqslant C_{\max}(H'_{3.3})$。在 $H_{3.3}$ 算法中，假定作业 $J_t(t=1,2,\cdots,n)$ 是最后完工的作业。用 $C^i(i=1,2,\cdots,a)$ 表示作业 J_t 加工之前机器 M_i 的完工时间。

若作业 J_t 被分配到机器 $M_i(i=1,2,\cdots,a)$ 上，则作业 J_t 的完工时间为 C^i+p_t/s_i。假定作业 J_t 被分配到机器 M_k 上，根据 LPT 规则，可得 $C^k+p_t/s_k \leqslant C^i+p_t/s_i(\forall i=1,2,\cdots,m)$。

由于 $C_{\max}(H_{3.3}) = C^k+p_t/s_k$，因此 $C_{\max}(H_{3.3}) \leqslant C^i+p_t/s_i(\forall i=1,2,\cdots,m)$，则 $C_{\max}(H_{3.3}) \times s_i \leqslant C^i \times s_i + p_t$，从而 $C_{\max}(H_{3.3}) \times \sum_{i=1}^{a} s_i \leqslant \sum_{i=1}^{a}(C^i \times s_i) + ap_t$。又因为 $\sum_{i=1}^{a}(C^i \times s_i) = \sum_{j=1}^{t-1} p_j$，所以 $C_{\max}(H_{3.3}) \times \sum_{i=1}^{a} s_i \leqslant \sum_{j=1}^{t-1} p_j + ap_t$，则 $C_{\max}(H_{3.3}) \leqslant [\sum_{j=1}^{t-1} p_j + ap_t] / \sum_{i=1}^{a} s_i$。同理，$C_{\max}(H'_{3.3}) \leqslant [\sum_{j=1}^{t-1} p_j + (h-1)p_t] / \sum_{i=1}^{h-1} s_i$。所以，$C_{\max}(\text{OPT}) \leqslant \sum_{j=1}^{n} p_j / (\sum_{i=1}^{h-1} s_i + S)$。 □

定理 3.4 $C_{\max}(H_{3.3})/C_{\max}(\text{OPT}) \leqslant 2[1+1/(h-1)]$。

证明 根据引理 3.3 和引理 3.4，可得

$$C_{\max}(\text{OPT}) \geqslant \sum_{j=1}^{n} p_j \Big/ \Big(\sum_{i=1}^{h-1} s_i + S\Big)$$

$$C_{\max}(H_{3.3}) \leqslant \Big[\sum_{j=1}^{t-1} p_j + (h-1)p_t\Big] \Big/ \sum_{i=1}^{h-1} s_i$$

当 $t \geqslant h$ 时，

$$C_{\max}(H_{3.3})/C_{\max}(\text{OPT}) \leqslant \Big\{\Big[\sum_{j=1}^{t-1} p_j + (h-1)p_t\Big] \Big/ \sum_{i=1}^{h-1} s_i\Big\} \Big/ \Big[\sum_{j=1}^{n} p_j \Big/ \Big(\sum_{i=1}^{h-1} s_i + S\Big)\Big]$$

根据 $(h-1)p_t \leqslant hp_t \leqslant tp_t \leqslant \sum_{j=1}^{t} p_j \leqslant \sum_{j=1}^{n} p_j$ 和 $(\sum_{i=1}^{h-1} s_i + S)/\sum_{i=1}^{h-1} s_i \leqslant 1+1/(h-1)$，从而 $C_{\max}(H_{3.3})/C_{\max}(\text{OPT}) \leqslant 2[1+1/(h-1)]$。

当 $t \leqslant h$ 时，$C_{\max}(H_{3.3})/C_{\max}(\mathrm{OPT}) = 1$。

所以

$$C_{\max}(H_{3.3})/C_{\max}(\mathrm{OPT}) \leqslant 2[1 + 1/(h-1)] \qquad \square$$

算例 3.5　给定某一 $Q_4|\hat{U}|C_{\max}$ 问题，其中 $s = (5,4,3,2)$，$K = (10,9,8,7)$，$p = (20,16,9,5)$，$\hat{U} = 30$。

解　根据 $H_{3.3}$ 算法的 Step 1 和 Step 2，$s_1 > s_2 > s_3 > s_4$，$s_1/K_1 > s_2/K_2 > s_3/K_3 > s_4/K_4$，所以选择机器 M_1、M_2、M_3，此时总成本为 27。

按照 $H_{3.3}$ 算法 Step 1 中的调度规则，将 4 个待加工作业放在已选的 3 台机器上加工。

首先，将作业按照加工时间非增的顺序排序，重新编号为 J_1、J_2、J_3、J_4。将作业 J_1 放在机器 M_1 上，此时 $C_{11} = 4$。

然后，开始给作业 J_2 安排加工机器，由于 $C_{12} = 36/5$，$C_{22} = 4$，$C_{32} = 16/3$，显然 $C_{22} < C_{32} < C_{12}$，所以将作业 J_2 放在机器 M_2 上加工；为作业 J_3 安排加工机器，由于 $C_{13} = 29/5$，$C_{23} = 25/4$，$C_{33} = 3$，显然 $C_{33} < C_{13} < C_{23}$，所以将作业 J_3 放在机器 M_3 上加工；为作业 J_4 安排加工机器，由于 $C_{14} = 5$，$C_{24} = 31/4$，$C_{34} = 14/3$，显然 $C_{34} < C_{14} < C_{24}$，所以将作业 J_4 放在机器 M_3 上加工。此时，$C_{\max}(H_{3.3}) = 14/3$。图 3.7 给出了该解的甘特图。

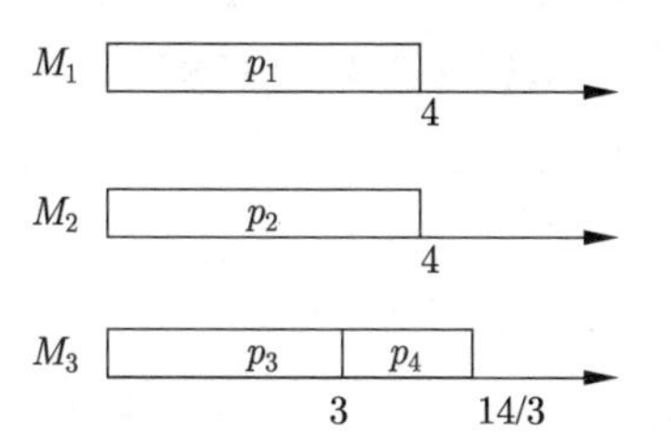

图 3.7　算例 3.5 的最优调度序列

根据定理 3.4，可知此例中 $C_{\max}(H_{3.3})/C_{\max}(\mathrm{OPT}) \leqslant 2[1+1/(h-1)] = 8/3$。然而，由于本例中只给出了 4 台机器和 4 个作业，因此可以通过穷举法找到最优解。事实上，此例中用 $H_{3.3}$ 算法得出的结果已经是最优解了。

所以，本算例 $C_{\max}(H_{3.3})/C_{\max}(\mathrm{OPT}) = 1$。

算例 3.6　给定某一 $Q_4|\hat{U}|C_{\max}$ 问题，其中 $s = (6,4,3,2)$，$K = (6,5,4,3)$，$p = (30,20,15,12,6)$，$\hat{U} = 13$。

解　根据 $H_{3.3}$ 算法的 Step 1 和 Step 2，$s_1 > s_2 > s_3 > s_4$，$s_1/K_1 > s_2/K_2 > s_3/K_3 > s_4/K_4$，所以选择机器 M_1 和 M_2，此时总成本为 11。

按照 $H_{3.3}$ 算法 Step 3 中的调度规则，将 5 个待加工作业放在已选的两台机器上加工。

首先，将作业按照加工时间非增的顺序排序，重新编号为 J_1、J_2、J_3、J_4、J_5。将作业 J_1 放在机器 M_1 上加工，此时 $C_{11}=5$。

然后，开始给作业 J_2 安排加工机器，由于 $C_{12}=25/3$，$C_{22}=5$，显然 $C_{22}<C_{12}$，所以将作业 J_2 放在机器 M_2 上加工；为作业 J_3 安排加工机器，由于 $C_{13}=15/2$，$C_{23}=35/4$，显然 $C_{13}<C_{23}$，所以将作业 J_3 放在机器 M_1 上加工；为作业 J_4 安排加工机器，由于 $C_{14}=19/2$，$C_{24}=8$，显然 $C_{24}<C_{14}$，所以将作业 J_4 放在机器 M_2 上加工；为作业 J_5 安排加工机器，由于 $C_{15}=17/2$，$C_{25}=19/2$，显然 $C_{15}<C_{25}$，所以将作业 J_5 放在机器 M_1 上加工。此时，$C_{\max}(H_{3.3})=17/2$。图 3.8 给出了该解的甘特图。

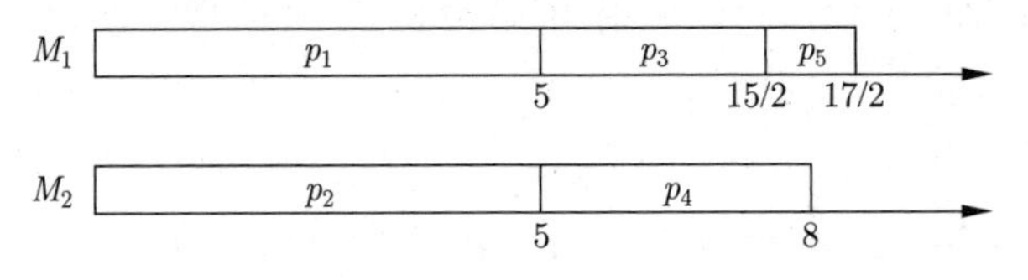

图 3.8 算例 3.6 的算法 $H_{3.3}$ 调度序列

根据定理 3.4，可知此例中 $C_{\max}(H_{3.3})/C_{\max}(\text{OPT})\leqslant 2[1+1/(h-1)]=2$。然而，由于本例中只给出了 4 台机器和 5 个作业，所以可以通过穷举法找到最优解。最优解选择的机器为 M_1、M_3、M_4，总成本为 13，$C_{\max}(\text{OPT})=8$。图 3.9 给出了该解的甘特图。所以，$C_{\max}(H_{3.3})/C_{\max}(\text{OPT})=17/16$。

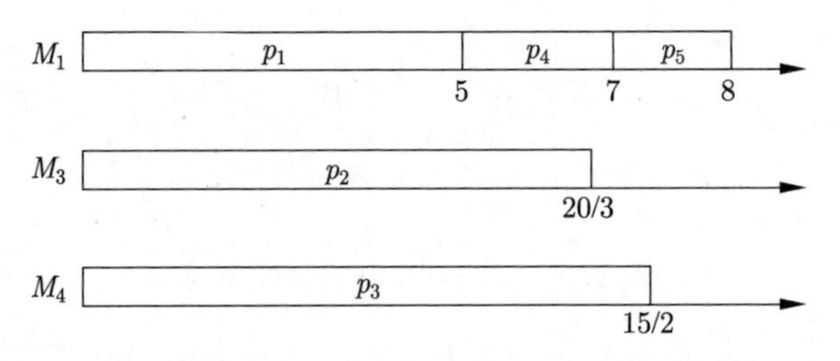

图 3.9 算例 3.6 的最优调度序列

3.3.2.2 可中断问题

本节在可中断情形下研究了考虑机器固定使用成本的普通作业的同类机调度问题，即 $Q_m|\text{ptmn},\hat{U}|C_{\max}$ 问题。如前面章节中所述，在制造资源网络共享环境下，在作业加工过程中中断，并将剩余部分分配到其他远程机器上加工是不太现实的。但在一些其他背景，如绿色制造背景下，机器具有不同的能源消耗率和额外的运行成本等，$Q_m|\text{ptmn},\hat{U}|C_{\max}$ 问题仍然具有现实意义。

首先简单分析如何在总成本预算范围内选择更优的机器。本节假定 $s_1\geqslant s_2\geqslant\cdots\geqslant s_i\geqslant\cdots\geqslant s_m$，对于任意机器 $M_i(i=1,2,\cdots,m)$，若 $s_i=s_{i+1}$，则令

$K_i \leqslant K_{i+1}$，即速度较大的机器的效益更高。在预算范围内，优先选择速度较大的机器，一旦超过预算，就跳过，然后继续在剩余机器里选择速度较大的机器，直到所有的机器都遍历完。然后分析如何将作业分配到已选机器上加工达到最小化 Makespan 的目标。本章研究的是普通作业的调度问题，即作业的加工时间不同，用 p_j 表示作业 $J_j(j=1,2,\cdots,n)$ 在加工速度为 1 的机器上所需的加工时间，其中 $p_j(p_j>0)$ 是正整数。在可中断情形下，每个作业在加工过程中可以随时停止，那么便根据作业的剩余加工时间将它们分类合并，将剩余加工时间相同的作业看成一个整体联合加工，在一定规则下调度分配作业，达到最小化 Makespan 的目标。

本节为了解决该问题，首先必须在给定的总成本预算 $\hat{U}$ 的范围内选择一些合适的机器。与不可中断问题中选择机器相同，在选择机器过程中，有一些机器拥有更快的加工速度，但我们没有足够的预算去租用它们，所以必须跳过这些机器。我们仍用变量 h 表示第一次跳过的机器序号，并用 S 表示第 h 个机器的速度，用集合 A 表示已选机器的机器集，用 U 表示已选机器集 A 中所有机器的使用成本之和，用 a 表示已选机器集 A 中机器的数量。一旦已选机器集 A 确定，那么 $Q_m|\text{ptmn},\hat{U}|C_{\max}$ 问题就可以退化为 $Q_a|\text{ptmn}|C_{\max}$ 问题，此时只需要将待加工的作业按照一定的规则调度分配到所选的机器上加工即可。这里结合 Horvath 等[26] 提出的 Level 算法的思想建立一个启发式算法 $H_{3.4}$，以解决这个退化后的问题。

考虑固定成本的最小化 Makespan可中断平行机调度算法 $H_{3.4}$：

Step 1　按照算法 $H_{3.3}$ 的 Step 1 和 Step 2 的方法选择并排序机器。

Step 2　把一个任务在某一时刻尚待加工的时间记为该任务此刻的 level，用 t 表示加工过程中的时刻，设 t 时刻已经可以开始加工但尚无任务的机器有 k 个，已经准备就绪的具有最高 level 的任务有 j 个。初始 $t=0$。若 $j<k$，则将 j 个任务以相同的速度分配在较快的 j 个机器上联合加工，而余下的 $k-j$ 个机器用来加工 level 较低的任务；若 $j \geqslant k$，则指定 j 个任务以相同的速度在 k 个机器上联合加工。一旦有机器空闲，则考虑加工下一批已经准备就绪的具有最高 level 的任务，此时加工调度的方法与前面一样。

Step 3　依次循环，直到 $t=T$ 时刻，出现以下情况之一时重新排序：

(1) 已排的某个任务加工完毕。

(2) 继续当前的排序，将使较低 level 比较高 level 任务以较快的速度加工。

转回 Step 2，可得到一个含有分享排序的调度序列。

Step 4 为了将上述得到的分享排序的调度序列构建成一个可中断的调度序列，若 j 个任务在 k 个机器上联合加工 $(j > k)$，把联合加工的时间区间分成 j 个相等的子区间，指定任务，使每个任务恰好在不同的时间区间被不同机器的 k 个子区间内加工。

下面通过两个例题展示该启发式算法 $H_{3.4}$ 的有效性。

算例 3.7 给定某一 $Q_4|\mathrm{pmtn},\hat{U}|C_{\max}$ 问题，其中 s=(5,4,3,2)，K=(10,9,8,7)，p=(20,16,9,5)，$\hat{U}$= 30。

解 根据算法 $H_{3.4}$，$s_1 > s_2 > s_3 > s_4$，$s_1/K_1 > s_2/K_2 > s_3/K_3 > s_4/K_4$，所以选择机器 M_1、M_2、M_3，此时总成本为 27。

按照 $H_{3.4}$ 算法将 4 个作业放在已选的 3 台机器上加工。

首先，将作业按照加工时间非增的顺序排序，重新编号为 J_1、J_2、J_3、J_4。其加工过程如下：

t=0，作业 J_1 为 20，J_2 为 16，J_3 为 9，J_4 为 5，将作业 J_1 放在机器 M_1 上加工，作业 J_2 放在机器 M_2 上加工，作业 J_3 放在机器 M_3 上加工。

t=4/3，作业 J_1 为 40/3，J_2 为 32/3，J_3 为 5，J_4 为 5。将作业 J_1 继续放在机器 M_1 上加工；作业 J_2 继续放在机器 M_2 上加工；因为作业 J_3 和作业 J_4 的 level 相同，所以将作业 J_3 和作业 J_4 看成一个整体，放在机器 M_3 上联合加工。

t=2，作业 J_1 为 10，J_2 为 8，J_3J_4 为 8。将作业 J_1 继续放在机器 M_1 上加工；因为作业 J_2 与作业 J_3 和作业 J_4 的联合体的 level 相同，所以将作业 J_2、作业 J_3 和作业 J_4 看成一个整体，放在机器 M_2 和机器 M_3 上联合加工。

t=4，作业 J_1 为 0，$J_2J_3J_4$ 为 2。作业 J_1 加工完成，继续将作业 J_2、作业 J_3 和作业 J_4 看成一个整体，放在机器 M_2 和机器 M_3 上联合加工。

t=30/7，作业 J_1 为 0，$J_2J_3J_4$ 为 0。所有作业加工完成。

所以，该问题的解为 $C_{\max}(H_{3.4}) = 30/7$，图 3.10 给出了该解的甘特图。

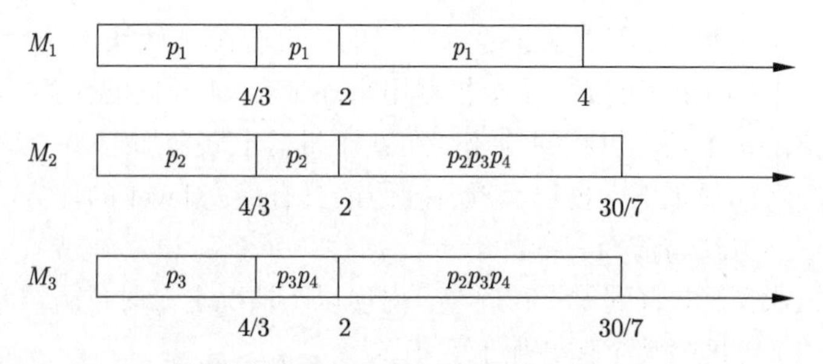

图 3.10 算例 3.7 的算法 $H_{3.4}$ 调度序列

由于本例中只给出了 4 台机器和 4 个作业，所以可以通过穷举法找到最优解。此例中用 $H_{3.4}$ 算法得出的结果已经是最优解，即 $C_{\max}(H_{3.4})/C_{\max}(\mathrm{OPT}_{\mathrm{pmtn}})=1$。

算例 3.8　给定某一 $Q_4|\text{pmtn},\hat{U}|C_{\max}$ 问题，其中 $s=(6,4,3,2)$，$K=(6,5,4,3)$，$p=(30,20,15,12,6)$，$\hat{U}$=13。

解　根据算法 $H_{3.4}$，$s_1>s_2>s_3>s_4$，$s_1/K_1>s_2/K_2>s_3/K_3>s_4/K_4$，所以选择机器 M_1、M_2，此时总成本为 11。

按照 $H_{3.4}$ 算法将 5 个作业放在已选的两台机器上加工。

首先，将作业按照加工时间非增的顺序排序，重新编号为 J_1、J_2、J_3、J_4、J_5。其加工过程如下：

t=0，作业 J_1 为 30，J_2 为 20，J_3 为 15，J_4 为 12，J_5 为 6。将作业 J_1 放在机器 M_1 上加工，作业 J_2 放在机器 M_2 上加工。

t=5/4，作业 J_1 为 45/2，J_2 为 15，J_3 为 15，J_4 为 12，J_5 为 6。将作业 J_1 继续放在机器 M_1 上加工；因为作业 J_2 和作业 J_3 的 level 相同，所以将作业 J_2 和作业 J_3 看成一个整体，放在机器 M_2 上联合加工。但此时作业 J_1 的 level 为 45/2，作业 J_2 和作业 J_3 的整体 level 为 30，所以应该将作业 J_1 放在机器 M_2 上加工，将作业 J_2 和作业 J_3 看成一个整体，放在机器 M_1 上联合加工。

t=31/8，作业 J_1 为 12，J_2J_3 为 57/4，J_4 为 12，J_5 为 6。因为作业 J_1 和作业 J_4 的 level 相同，所以将作业 J_1 和作业 J_4 看成一个整体，这个整体的 level 为 24，将其放在机器 M_1 上联合加工；将作业 J_2 和作业 J_3 看成一个整体，放在机器 M_2 上联合加工。

t=6，作业 J_1J_4 为 93/8，J_2J_3 为 6，J_5 为 6。因为作业 J_5 与作业 J_2 和作业 J_3 的联合体的 level 相同，所以将作业 J_5、作业 J_2 和作业 J_3 看成一个整体，这个整体的 level 为 12，将其放在机器 M_1 上联合加工；将作业 J_1 和作业 J_4 看成一个整体，放在机器 M_2 上联合加工。

t=99/16，作业 J_1J_4 为 87/8，$J_2J_3J_5$ 为 87/8。因为作业 J_1 和作业 J_4 的联合体和作业 J_5、作业 J_2 和作业 J_3 的联合体的 level 相同，所以将作业 J_1、作业 J_4、作业 J_5、作业 J_2 和作业 J_3，即所有作业看成一个整体，这个整体的 level 为 87/4，将其放在机器 M_1 和机器 M_2 上联合加工。

t=669/80，作业 $J_1J_4J_2J_3J_5$ 为 0。所有作业加工完成。

所以，该问题的解为 $C_{\max}(H_{3.4})=669/80$，图 3.11 给出了该解的甘特图。

由于本例中只给出了 4 台机器和 4 个作业，所以可以通过穷举法找到最优解。最优解选择的机器为 M_1、M_3、M_4，总成本为 13，加工过程如下。

t=0，作业 J_1 为 30，J_2 为 20，J_3 为 15，$J_4=12$，J_5 为 6。将作业 J_1 放在机器 M_1 上加工，作业 J_2 放在机器 M_3 上加工，作业 J_3 放在机器 M_4 上加工。

t=3/2，作业 J_1 为 21，J_2 为 31/2，J_3 为 12，J_4 为 12，J_5 为 6。此时，作业 J_3 和作业 J_4 的 level 相同，将作业 J_3 和作业 J_4 看成一个整体，这个整体的 level

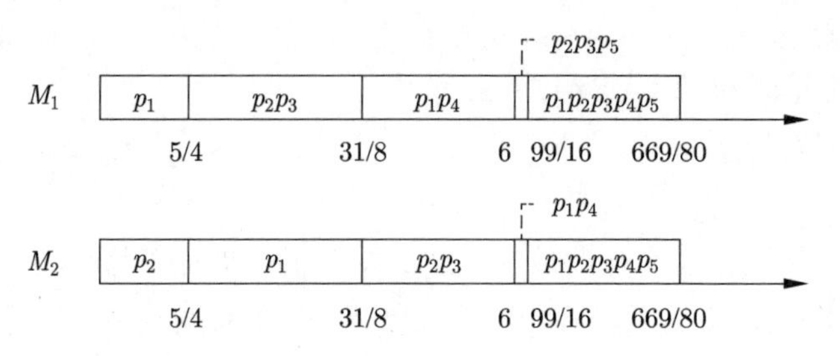

图 3.11 算例 3.8 的算法 $H_{3.4}$ 调度序列

为 24，将其放在机器 M_1 上联合加工；将作业 J_1 放在机器 M_3 上加工；将作业 J_2 放在机器 M_4 上加工。

t=5/2，作业 J_1 为 18，J_2 为 27/2，J_3J_4 为 18，J_5 为 6。此时，作业 J_1 与作业 J_3 和作业 J_4 的联合体的 level 相同，将作业 J_1、作业 J_3 和作业 J_4 看成一个整体，这个整体的 level 为 36，将它们放在机器 M_1 和机器 M_3 上联合加工；将作业 J_2 放在机器 M_4 上联合加工。

t=35/6，作业 $J_1J_3J_4$ 为 6，J_2 为 41/6，J_5 为 6。此时，作业 J_5 与作业 J_1、作业 J_3 和作业 J_4 的联合体的 level 相同，将作业 J_1、作业 J_3 、作业 J_4 和作业 J_5 看成一个整体，这个整体的 level 为 12，将它们放在机器 M_1 和机器 M_3 上联合加工；将作业 J_2 放在机器 M_4 上联合加工。

t=46/7，作业 $J_1J_3J_4J_5$ 为 225/42，J_2 为 225/42。此时，因为作业 J_2 与作业 J_1、作业 J_3、作业 J_4 和作业 J_5 的联合体的 level 相同，所以将作业 J_1、作业 J_2、作业 J_3、作业 J_4 和作业 J_5 看成一个整体，放在机器 M_1、机器 M_3 和机器 M_4 上联合加工。

t=1743/231，作业 $J_1J_4J_2J_3J_5$ 为 0。所有作业加工完成。

所以，该问题的最优解为 $C_{\max}(\mathrm{OPT_{pmtn}}) = 1743/231$，图 3.12 给出了该解的甘特图。所以，$C_{\max}(H_{3.4})/C_{\max}(\mathrm{OPT_{pmtn}}) = 51513/46480$。

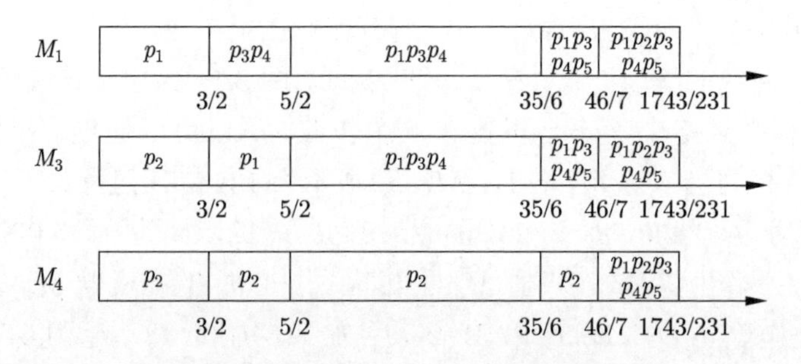

图 3.12 算例 3.8 的最优调度序列

3.3.3 实验结果

如前所述，由于不可中断情形在制造资源网络共享环境中更为普遍，因此本节仅通过实验测试 $H_{3.3}$ 算法的有效性，并将该算法的结果与下界 $\mathrm{LB}=np/\sum_{i=1}^{h-1}s_i+S$ 进行比较。我们通过计算机随机生成一些数据：作业数分别为 50、100、150、200；机器数分别为 5、8、10、15。本算法在 Java 中用 MyEclipse 编辑器实现。实验环境如下：CPU 为 Inter(R) Core(TM)i5-4590 3.30GHz，内存为 8.00GB，运行系统为 Microsoft Windows 7 SP1。

在实验中，令每个作业的加工时间 p_j 在 [5,20] 范围内随机生成。对于每一台机器 M_i，它的速度 s_i 在 [1,10] 范围内随机生成。为了保证当 $s_i \geqslant s_d(i,d=1,2,\cdots,m;i\neq d)$ 时 $s_i/K_i \geqslant s_d/K_d$，首先令机器 M_m 的成本 K_m 为 s_m+1，然后令每一台机器 M_i 的成本 K_i 在 $[0,K_{i+1}\times s_i/s_{i+1}]$ $(i=1,2,\cdots,m-1)$ 范围内随机生成。由于总成本预算 $\hat{U}$ 对机器选择的结果影响很大，因此令 $\hat{U}$ 在 K_1 和 $\sum_{i=1}^{m}K_i$ 之间，并且 $\hat{U}=\lambda\times\sum_{i=1}^{m}K_i$。因此，在实验中，我们可以通过改变变量 λ 的数值控制总成本预算 $\hat{U}$ 的值，令 λ=0.5、0.7、0.9。针对 $H_{3.3}$ 算法，定义一个变量 $G(H_{3.3})=C_{\max}(H_{3.3})/\mathrm{LB}$。因此，$G(H_{3.3})$ 是由 $H_{3.3}$ 算法得出的 Makespan 与下界 LB 的比值。表 3.2 给出了实验结果。

表 3.2　$H_{3.3}$ 算法的实验数据

m	n	$\lambda=0.5$		$\lambda=0.7$		$\lambda=0.9$	
		a	$G(H_{3.3})$	a	$G(H_{3.3})$	a	$G(H_{3.3})$
5	50	2	1.2463	3	1.1598	4	1.1045
	100	2	1.2774	4	1.1710	4	1.1056
	150	2	1.2502	3	1.1225	4	1.0644
	200	2	1.2681	3	1.1798	4	1.0885
8	50	4	1.1868	5	1.1063	7	1.0849
	100	4	1.2207	5	1.1063	7	1.0964
	150	4	1.1530	5	1.0973	7	1.0636
	200	4	1.1698	5	1.0815	7	1.0662
10	50	5	1.1666	7	1.0631	8	1.0321
	100	6	1.1197	7	1.0779	8	1.0466
	150	5	1.1099	7	1.0782	8	1.0406
	200	6	1.1280	7	1.0509	9	1.0431
15	50	8	1.1159	11	1.0604	13	1.0457
	100	8	1.0984	10	1.0749	13	1.0269
	150	8	1.0752	10	1.0497	13	1.0335
	200	9	1.0749	10	1.0439	13	1.0307

从表 3.2 中可以得出以下结论：

（1）当变量 m 和 n 的值不变时，随着变量 λ 的增大，$G(H_{3.3})$ 逐渐变小。随着变量 λ 的增大，预算 $\hat{U}$ 也会增大，选择的机器数目也会增多，$H_{3.3}$ 算法和最优算法的已选机器之间差距变小，因此 $G(H_{3.3})$ 逐渐变小。

（2）当变量 n 和 λ 的值不变时，随着变量 m 的增大，$G(H_{3.3})$ 逐渐变小，但变化很小。这是因为随着变量 m 的增大，$H_{3.3}$ 算法和最优算法之间差距变小，但变化很少。

虽然前面证明了 $H_{3.3}$ 算法的最大误差界为 $2[1/(h-1)]$，但从以上实验可以看出，该算法的实际误差其实很小。当 λ=0.5、0.7、0.9 时，该算法的解与下界之间的比值分别在 [1.0749,1.2463]、[1.0439,1.1598] 和 [1.0307,1.1045] 范围内。因此，可以看出 $H_{3.3}$ 算法适用于解决 $Q_m|\hat{U}|C_{\max}$ 问题。

3.4 考虑固定成本的最小化最大延迟时间平行机调度

本节研究一类考虑固定成本的同类机调度问题，调度的目标是在给定加工完所有作业的总预算限制下最小化最大延迟时间。为该类问题构建了 MIP 模型。本节通过设计相关规则来选择加工机器，以及对传统的 LPT、ECT、EDD 等算法进行改进，提出了一个启发式算法 $H_{3.5}$，并理论证明了该算法在同型机和同类机下的最坏误差界。本节通过算例说明了该算法的执行情况，同时针对给定不同总预算大小的多种情形，采用大量随机数据实验验证了算法的有效性。

3.4.1 问题描述

在给定的机器集 $M=\{M_i|i=1,2,\cdots,m\}$ 中有 m 台加工速度不同的机器，v_i 表示机器 $M_i(i=1,2,\cdots,m)$ 的加工速度，其中 $v_i(v_i>0)$ 是正整数；S_i 表示机器 $M_i(i=1,2,\cdots,m)$ 的固定使用成本，其中 $S_i(S_i>0)$ 是正整数。在现实生活中，当机器的加工速度慢和使用成本高两个结果并存时，必将为生产厂家淘汰；而新式的机器加工速度快的同时，使用成本也会略高，所以假设当 $v_i \geqslant v_t(i,t=1,2,\cdots,m;i\neq t)$ 时，$v_i/S_i \geqslant v_t/S_t$，即加工速度越快的机器，单位成本内加工速度越快。不失一般性，将机器集中的各个机器按加工速度非增排序，使 $v_1 \geqslant v_2 \geqslant \cdots \geqslant v_i \geqslant \cdots \geqslant v_m$。对于任意机器 $M_i(i=1,2,\cdots,m)$，若 $v_i=v_{i+1}$，则令 $S_i \leqslant S_{i+1}$。

假定有 n 个需要加工的作业，将它们组成一个作业集 $J=\{J_j|j=1,2,\cdots,n\}$。用 p_j 表示作业 $J_j(j=1,2\cdots,n)$ 在加工速度为 1 的机器上所需的加工时

间，其中 $p_j(p_j > 0)$ 是正整数。假定 d_j 是作业 J_j 的工期，C_j 是作业 J_j 的完工时间，则最终调度中作业 J_j 的延迟时间为 $L_j = C_j - d_j$。调度的最大延迟时间表示为 $L_{\max} = \max_{j=1}^{n}\{L_j\}$。如果将作业 $J_j(j = 1, 2, \cdots, n)$ 放在机器 $M_i(i = 1, 2, \cdots, m)$ 上加工，则作业 J_j 的加工时间为 p_j/v_i。一台机器在同一时刻只能加工一个作业，一个作业在同一时刻只能放在一台机器上加工。调度的目标是在给定的预算范围 $\hat{U}(\hat{U} > 0)$ 内找到一个最优的调度方案 σ^*，最小化最大延迟时间。本节问题用三参数表示法可表示为 $Q_m|\text{TC} \leqslant \hat{U}|L_{\max}$，其中 Q_m 表示同类机，TC 表示加工完所有作业产生的使用机器的成本之和，$\hat{U}$ 为预先给定的总成本预算，$L_{\max}$ 表示调度目标为最小化最大延迟时间。

为了便于问题表示，引入下列符号。引入 0-1 变量 x_{ijk} 用于表示作业 J_j 是否在机器 M_i 的位置 k 上加工，若加工则为 1，否则为 0。0-1 变量 y_i 表示机器 M_i 是否被使用，若使用则为 1，否则为 0。整数规划模型如下：

$$\text{Minimize} \quad L_{\max} \tag{3.1}$$

$$\text{s.t.} \quad \sum_{i=1}^{m}\sum_{k=1}^{n} x_{ijk} = 1; \quad j = 1, 2, \cdots, n \tag{3.2}$$

$$\sum_{j=1}^{n} x_{ijk} \leqslant 1; \quad i = 1, 2, \cdots, m; \ k = 1, 2, \cdots, n \tag{3.3}$$

$$C_{ik} \geqslant \ C_{i,k-1} + \sum_{j=1}^{n} x_{ijk} \cdot (p_j/v_i); \quad i = 1, 2, \cdots, m; \ k = 1, 2, \cdots, n \tag{3.4}$$

$$d_{ik} = \sum_{j=1}^{n} x_{ikj} \cdot d_j; \quad i = 1, 2, \cdots, m; \ k = 1, 2, \cdots, n \tag{3.5}$$

$$L_{ik} = C_{ik} - d_{ik}; \quad i = 1, 2, \cdots, m; \ k = 1, 2, \cdots, n \tag{3.6}$$

$$L_{\max} \geqslant L_{ik}; \quad i = 1, 2, \cdots, m; \ k = 1, 2, \cdots, n \tag{3.7}$$

$$y_i = \sum_{j=1}^{n} x_{ij1}; \quad i = 1, 2, \cdots, m \tag{3.8}$$

$$\hat{U} \geqslant \sum_{i=1}^{m} y_i \cdot S_i; \quad i = 1, 2, \cdots, m \tag{3.9}$$

$$x_{ijk} \in \{0, 1\}, \quad i = 1, 2, \cdots, m; \ j = 1, 2, \cdots, n; \ k = 1, 2, \cdots, n \tag{3.10}$$

$$y_i \in \{0, 1\}; \quad i = 1, 2, \cdots, m \tag{3.11}$$

其中，式 (3.1) 表示规划模型的目标函数；式 (3.2) 表示每个作业只会被调度到一个机器的一个位置上；式 (3.3) 保证对于每个机器上的每个位置只能有一个作业；式 (3.4) 表示第 i 台机器的第 k 个位置作业的完成时间；式 (3.5) 表示第 i 台

机器的第 k 个位置上作业的工期；式（3.6）表示作业的延迟时间等于作业完工时间与作业工期之差；式（3.7）表示调度的最大延迟时间为作业的最大延迟时间；式（3.8）表示确定机器是否被使用；式（3.9）表示调度总成本不能超过给定成本上限；式（3.10）和式（3.11）分别表示 x_{ijk} 和 y_i 只能为 0-1 变量。

3.4.2 算法设计

本节的研究问题是在给定的预算范围 $\hat{U}(\hat{U}>0)$ 内找到一个最优的调度方案 σ^*，以最小化最大延迟时间。如果忽略每台机器的使用成本，并假设每台机器的速度一样，则问题退化为 $P_m||L_{\max}$。因为经典的 $P_m||C_{\max}$ 是NP-难问题，由排序问题的传递性及最大完成时间 $C_{\max}$ 和最大延迟时间 $L_{\max}$ 两者之间的关系可知，目标函数为最大完成时间的 $C_{\max}$ 的NP-难问题，当目标函数为最大延迟时间 $L_{\max}$ 时，仍为NP-难问题，因此本节的问题也是NP-难问题。

本节的主要思路涉及两方面，一方面是机器选择的问题，另一方面则考虑作业的排序问题。结合问题条件，在给定的总成本预算 $\hat{U}$ 范围内优先选择使算法结果更优的机器，然后引申用 LPT、ECT、EDD 规则对作业进行排序，设计一个启发式算法，实现最小化最大延迟时间的目标。

首先，设计算法来选择使算法结果更优的机器。由问题条件可知，在给定的机器集 $M=\{M_i|i=1,2,\cdots,m\}$ 中，机器加工速度快的同时，使用成本也较高，选择机器过多会超过总成本预算。因为问题假设加工速度快的机器单位成本内效益更高，所以优先选择加工速度较快的机器。当所选择的机器总成本超过预算时，即跳过该机器，继续在剩余机器中选择加工速度快的，以此类推，直到选完所有机器。用 N 表示第一次跳过的机器序号，V 表示该机器的加工速度，由假设可知，当 $v_i \geqslant v_t(i,t=1,2,\cdots,m;i\neq t)$ 时，$v_i/S_i \geqslant v_t/S_t$，可知所有被选的 N 之后的机器的速度之和不会大于 V。当机器被选中时，本节的 $Q_m|\text{TC}\leqslant\hat{U}|L_{\max}$ 问题就退化成 $Q_m||L_{\max}$ 问题，并设计算法 $H_{3.5}$ 解决该问题。其步骤如下。

考虑固定成本的最小化最大延迟时间平行机调度算法 $H_{3.5}$：

Step 1 给定机器成本上限 $\hat{U}$，若 $\hat{U}$ 大于所给机器成本总和，则直接转 Step 3，否则将机器按加工速度非增进行排列。令 $U=0$，设 A 为所有选中机器的集合，$A=\varnothing$，对于任一机器 $i(1<i<m)$，若 $U+S_i\leqslant\hat{U}$，则将它放入集合 A 中，且令 $U=U+S_i$。一旦选择的机器总成本超过 $\hat{U}$，即跳过该机器，继续在剩余机器里选择加工速度较快的机器放入集合 A，直到遍历所有机器。

Step 2 将集合 A 中的机器重新编号：$M_1,M_2,\cdots,M_f$。

Step 3　将作业按 p_j 非增排序；若有作业 p_j 相等，则按 d_j 非减排序。将作业 J_1 放在机器 M_1 上加工，之后的作业依次遍历所有已选机器，选取完工时间 C_{ij} 最小的机器 M_i 加工。

Step 4　所有作业均安排好机器加工后，将集合 A 中的机器上的作业按 d_j 非减的顺序重新排列。若有作业 d_j 相等，则按 p_j 非减排序。

Step 5　对于每一个作业 j，计算 $L_{ij} = C_{ij} - d_j$，得到 $L_{\max}$。

由于理论上 $L_{\max}$ 并不能保证一直为正，因此在证明 $L_{\max}$ 问题的最坏误差界时，大部分文献主要采用 $[L_{\max} - L_{\max}(\mathrm{OPT})]/[L_{\max}(\mathrm{OPT}) + d_{\max}]$ 的值说明算法的最大延迟时间的误差界。本节扩展到证明 $(L_{\max} + d_{\max})/[L_{\max}(\mathrm{OPT}) + d_{\max}]$ 的误差界，并具体分析和证明了算法在机器加工速度相同和不同时的最坏误差界，然后通过实际算例说明算法的执行情况。

定理 3.5　算法 $H_{3.5}$ 的最大延迟时间的最坏误差界可以表示为

$$(L_{\max} + d_{\max})/[L_{\max}(\mathrm{OPT}) + d_{\max}] = C_{\max}/C_{\max}(\mathrm{OPT}) + 1$$

证明　设 $d_{\max}$ 和 $d_{\min}$ 分别为作业中的最长工期和最短工期，d_h 为最优排序中最后完工作业的工期，$L_{\max}(\mathrm{OPT})$ 为问题最优排序中的最大延迟时间，$C_{\max}$ 表示通过该算法得出的排序中的最大完成时间，$C_{\max}(\mathrm{OPT})$ 为该问题最优排序中的最大完成时间，有

$$\begin{aligned}
&[L_{\max} - L_{\max}(\mathrm{OPT})]/[L_{\max}(\mathrm{OPT}) + d_{\max}] \\
&\quad = [L_{\max} - L_{\max}(\mathrm{OPT}) + d_{\max} - d_{\max}]/[L_{\max}(\mathrm{OPT}) + d_{\max}] \\
&\quad = (L_{\max} + d_{\max})/[L_{\max}(\mathrm{OPT}) + d_{\max}] - 1
\end{aligned}$$

因为 $L_{\max} = L_{ij} = C_{ij} - d_{ij}$，可得 $L_{\max} \leqslant C_{\max} - d_{\min}$；又因为 $L_{\max}(\mathrm{OPT}) \geqslant C_{\max}(\mathrm{OPT}) - d_h \geqslant C_{\max}(\mathrm{OPT}) - d_{\max}$，可得 $L_{\max}(\mathrm{OPT}) + d_{\max} \geqslant C_{\max}(\mathrm{OPT})$，则

$$\begin{aligned}
(L_{\max} + d_{\max})/[L_{\max}(\mathrm{OPT}) + d_{\max}] &= [L_{\max} - L_{\max}(\mathrm{OPT})]/[L_{\max}(\mathrm{OPT}) + d_{\max}] + 1 \\
&\leqslant [C_{\max} - d_{\min} - L_{\max}(\mathrm{OPT})]/[L_{\max}(\mathrm{OPT}) + d_{\max}] + 1 \\
&= C_{\max}/[L_{\max}(\mathrm{OPT}) + d_{\max}] - (L_{\max} + d_{\min})/[L_{\max}(\mathrm{OPT}) + d_{\max}] + 1 \\
&\leqslant C_{\max}/C_{\max}(\mathrm{OPT}) - [L_{\max}(\mathrm{OPT}) + d_{\min}]/[L_{\max}(\mathrm{OPT}) + d_{\max}] + 1
\end{aligned}$$

因为有 $L_{ij} = C_{ij} - d_{ij}$，所以此处存在 $L_{\max}(\mathrm{OPT})$ 的计算结果有可能为负数的情况，但 $[L_{\max}(\mathrm{OPT}) + d_{\min}]/[L_{\max}(\mathrm{OPT}) + d_{\max}]$ 不会为负，因为易得 $d_{\min}$ 对应某一个已加工的作业 j' 的工期，有 $C' - d_{\min} = L'$，这里 C' 为 j' 的完工时间，L' 为该作业加工的延迟时间，则有 $d_{\min} = C' - L'$，所以有

$$L_{\max}(\mathrm{OPT})+d_{\min}=L_{\max}(\mathrm{OPT})+C'-L'$$

又因为 $L' \leqslant L_{\max}(\mathrm{OPT})$，所以 $L_{\max}(\mathrm{OPT})+d_{\min}>0$，即 $[L_{\max}(\mathrm{OPT})+d_{\min}]/[L_{\max}(\mathrm{OPT})+d_{\max}] \geqslant 0$。从而，有

$$(L_{\max}+d_{\max})/[L_{\max}(\mathrm{OPT})+d_{\max}] \leqslant C_{\max}/C_{\max}[\mathrm{OPT}]+1 \qquad \square$$

定理 3.6 在同型机特殊情形，按算法 $H_{3.5}$ 进行调度，可得

$$(L_{\max}+d_{\max})/[L_{\max}(\mathrm{OPT})+d_{\max}] \leqslant 7/3$$

证明 在机器速度都相同的情况下，算法在 Step 3 的步骤可以进行简化。在遍历机器选择加工时间最小的机器加工时，当机器速度相同时，即为在同型机中最小化最大完工时间问题。当用 LPT 算法安排作业时，令 f 为选择的机器数，则有 $C_{\max}(\mathrm{LPT})/C_{\max}(\mathrm{OPT}) \leqslant 4/3-1/(3f)$。由定理 3.5 可知

$$\begin{aligned}(L_{\max}+d_{\max})&/[L_{\max}(\mathrm{OPT})+d_{\max}]\\ &=[L_{\max}-L_{\max}(\mathrm{OPT})]/[L_{\max}(\mathrm{OPT})+d_{\max}]+1\\ &\leqslant C_{\max}/C_{\max}(\mathrm{OPT})+1 \leqslant 7/3-1/(3f) \leqslant 7/3 \qquad \square\end{aligned}$$

定理 3.7 在机器速度不完全相同，即同类机时，按算法 $H_{3.5}$ 进行机器和作业的调度，可得

$$(L_{\max}+d_{\max})/[L_{\max}(\mathrm{OPT})+d_{\max}] \leqslant 3+2/(N-1)$$

证明 在机器速度不完全相同时，显然，$H_{4.5}$ 算法中的 Step 3 和 Step 4 中每台机器的最终完工时间没有发生改变，即 $C_{\max}$ 不变。由 Li 等 [18] 可知

$$C_{\max}/C_{\max}(\mathrm{OPT}) \leqslant 2[1+1/(N-1)]$$

由定理 3.5 可得

$$\begin{aligned}(L_{\max}+d_{\max})/[L_{\max}(\mathrm{OPT})+d_{\max}] &= [L_{\max}-L_{\max}(\mathrm{OPT})]/[L_{\max}(\mathrm{OPT})+d_{\max}]+1\\ &\leqslant C_{\max}/C_{\max}(\mathrm{OPT})+1 \leqslant 3+2/(N-1) \qquad \square\end{aligned}$$

算例 3.9 设有 4 台机器，它们的使用成本分别为 $S_1=6$，$S_2=5$，$S_3=4$，$S_4=3$，加工速度分别为 $v_1=6$，$v_2=4$，$v_3=3$，$v_4=2$，有一批作业需要加工，成本总预算为 13，找到最优调度方案，从而最小化最大延迟时间。参数取值见表 3.3。

表 3.3　算例 3.9 作业和工期参数取值

j	1	2	3	4	5
p_j	30	20	15	12	6
d_j	6	5	4	3	2

解　按照算法要求选择机器 M_1 和 M_2，总成本为 11，未超过预算。按照算法的调度规则将作业放在选择的两台机器上，图 3.13 给出了算法解的甘特图。

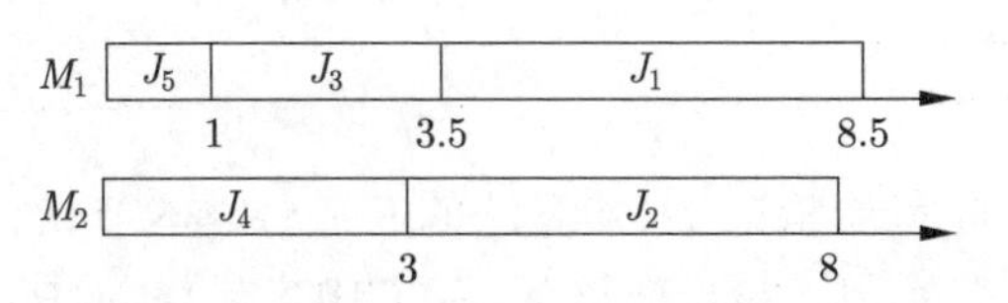

图 3.13　算例 3.9 算法 $H_{3.5}$ 的调度序列

计算可得 $L_{\max}=3$，通过 LINGO 软件求得此问题的最优解即为本算法求得的结果，所以 $(L_{\max}+d_{\max})/[L_{\max}(\text{OPT})+d_{\max}]=1$。

算例 3.10　设有 4 台机器，它们的使用成本分别为 $S_1=10$，$S_2=9$，$S_3=8$，$S_4=7$，加工速度分别为 $v_1=5$，$v_2=4$，$v_3=3$，$v_4=2$，有一批作业需要加工，成本总预算为 25，找到最优调度方案，使得最大延迟时间最小化。参数取值见表 3.4。

表 3.4　算例 3.10 作业和工期参数取值

j	1	2	3	4	5	6	7
p_j	20	16	16	12	9	5	4
d_j	7	7	6	4	5	3	2

解　按照算法要求选择机器 M_1 和 M_2，总成本为 19，未超过预算。按照算法的调度规则将作业放在选择的两台机器上，算法解的甘特图如图 3.14 所示。

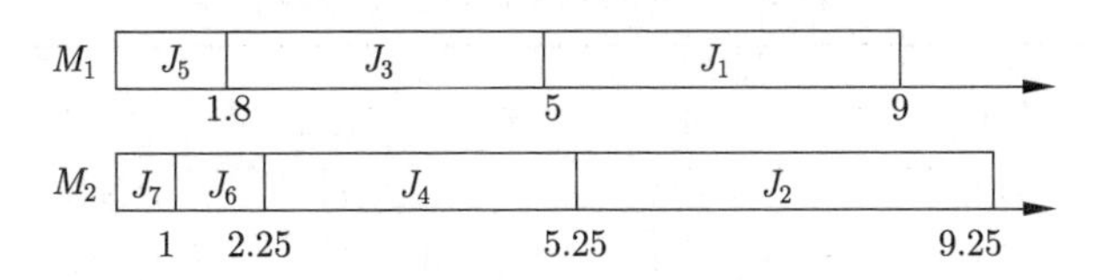

图 3.14　算例 3.10 算法 $H_{3.5}$ 的调度序列

计算可得 $L_{\max}=2.25$，用 LINGO 得到的最优解结果选择 3 台机器 M_1、M_3、M_4，最优解的甘特图如图 3.15 所示。

计算可知 $L_{\max}(\text{OPT})=1.8$，所以

$$[L_{\max}(\text{OPT})+d_{\max}]/[L_{\max}(\text{OPT})+d_{\max}]=185/176$$

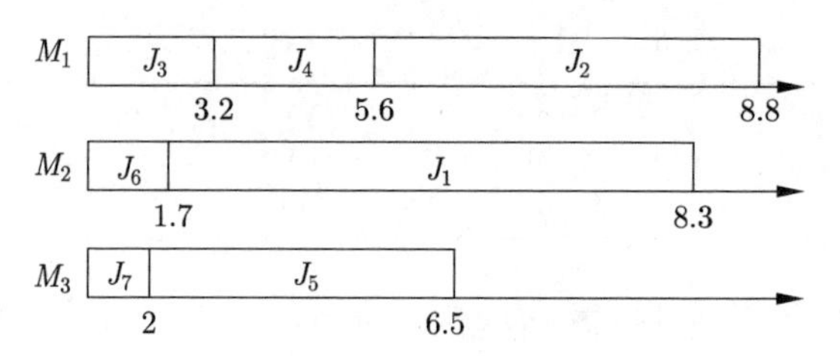

图 3.15 算例 3.10 的最优调度序列

3.4.3 实验结果

本节将通过随机实验验证 $H_{3.5}$ 算法的有效性。本节设计的算法在 Java 中用 MyEclipse 编辑器实现，实验环境如下：CPU 为 Inter(R) Core(TM) i5-3470 3.20GHz，内存为 4.00GB，操作系统为 Microsoft Windows 7 SP1。线性规划模型通过 LINGO 软件完成。利用计算机随机生成一些数据，分别考虑作业数为 20、30、40 及机器数为 4、5、6 时 $H_{3.5}$ 算法的效果。

在本节实验中，假定作业的加工时间在 [1,50] 随机产生，每个作业对应的工期则由 $p \times 0.4$ 加上 [1,20] 内的一个随机数产生。机器的加工速度在 [1,10] 内随机生成。为了保证当 $v_i \geqslant v_t(i,t = 1,2,\cdots,m; i \neq t)$ 时有 $v_i/S_i \geqslant v_t/S_t$，首先令机器 M_m 的成本 S_m 为 $v_m + 1$，然后令每一台机器 M_i 的成本 S_i 在 $[0, S_{i+1} \cdot v_i/v_{i+1}]$ $(i = 1,2,\cdots,m-1)$ 范围内随机生成。对于总预算成本，加入一个参数 $\lambda(0 < \lambda < 1)$，令 $\hat{U} = \lambda \cdot \sum\limits_{i=1}^{m} S_i$，通过控制参数 λ 的值来达到不一样的成本预算，设置 $\lambda = 0.3$、0.5、0.7。

表 3.5～表 3.7 分别给出了 $\lambda = 0.3$、$\lambda = 0.5$、$\lambda = 0.7$ 时，机器数为 4、5、6，作业数为 20、30、40 的实验结果。

表 3.5 $\boldsymbol{\lambda = 0.3}$ 时的实验结果

m	n	$d_{\max}$	$\lambda = 0.3$			Gap	$G(E)$
			f	$L_{\max}$	$L_{\max}$(OPT)		
4	20	37.0	2	155.40	146.50	0.0608	1.0485
	30	32.6	2	114.20	110.65	0.0321	1.0248
	40	37.2	2	215.40	204.80	0.0518	1.0438
5	20	40.0	1	39.68	39.68	0.0000	1.0000
	30	32.8	2	81.70	80.70	0.0124	1.0088
	40	36.6	1	71.00	71.00	0.0000	1.0000
6	20	34.4	3	92.40	89.10*	0.0370	1.0267
	30	37.2	2	78.40	75.80	0.0343	1.0230
	40	35.2	1	69.40	69.40*	0.0000	1.0000

表 3.6　$\lambda = 0.5$ 时的实验结果

m	n	$d_{\max}$	$\lambda = 0.5$			Gap	$G(E)$
			f	$L_{\max}$	$L_{\max}(\mathrm{OPT})$		
4	20	37.0	1	54.00	42.20*	0.2796	1.1490
	30	32.6	2	42.20	39.00*	0.0821	1.0447
	40	37.2	2	52.00	51.20*	0.0156	1.0090
5	20	40.0	2	19.45	16.50*	0.1818	1.0522
	30	32.8	2	25.20	24.33*	0.0360	1.0153
	40	36.6	2	24.75	23.80*	0.0399	1.0157
6	20	34.4	3	44.40	27.80	0.5971	1.2669
	30	37.2	2	39.00	38.40*	0.0156	1.0079
	40	35.2	2	31.77	30.50*	0.0415	1.0193

表 3.7　$\lambda = 0.7$ 时的实验结果

m	n	$d_{\max}$	$\lambda = 0.7$			Gap	$G(E)$
			f	$L_{\max}$	$L_{\max}(\mathrm{OPT})$		
4	20	37.0	3	36.60	26.90	0.3605	1.1518
	30	32.6	3	22.20	18.98*	0.1698	1.0625
	40	37.2	3	48.40	33.40*	0.4491	1.2124
5	20	40.0	3	7.91	5.86*	0.3512	1.0449
	30	32.8	2	6.80	5.70	0.1930	1.0286
	40	36.6	3	8.00	7.55*	0.0596	1.0102
6	20	34.4	4	11.57	10.43*	0.1095	1.0255
	30	37.2	3	23.20	16.80*	0.3810	1.1185
	40	35.2	3	16.40	15.43*	0.0627	1.0191

令通过算法得到的最大延迟为 $L_{\max}$，实际使用的机器数为 f，最长工期为 $d_{\max}$，通过 LINGO 软件得到的解为 $L_{\max}(\mathrm{OPT})$。因为当机器数和作业数增加时通过 LINGO 进行求解会变得相当缓慢，所以当 LINGO 无法及时给出整数解时，我们将整数规划模型松弛为线性规划模型，用 LINGO 获得松弛模型的最优值并作为原问题的最优解，即表 3.5~表 3.7 中带 * 的值。对于每一个实例，都计算它的 Gap 值，$\mathrm{Gap} = [L_{\max} - L_{\max}(\mathrm{OPT})]/L_{\max}(\mathrm{OPT})$，即算法解偏离最优值的程度。定义另一个变量 $G(E) = (L_{\max} + d_{\max})/[L_{\max}(\mathrm{OPT}) + d_{\max}]$，表示算法的最大误差界。

综合表 3.5~表 3.7 可以得出：

（1）当 λ 为 0.3、0.5、0.7 时，随着所选机器的速度变大，延迟时间相应减少，且 $G(E)$ 的值在 [1,1.2669] 范围内，算法满足定理 3.7，即 $(L_{\max} + d_{\max})/[L_{\max}(\mathrm{OPT}) + d_{\max}] \leqslant 3 + 2/(N-1)$，且算法的实际误差可能更小。

（2）当 m、n 和 $d_{\max}$ 均不变时，$L_{\max}$ 的值随着 λ 值的增大而减小，进一步说明了成本会对算法取得的解具有约束作用。

（3）观察实验所得的 Gap 值，算法获得的最好偏差是 0，最差误差是 0.5971，平均误差为 0.1353，可见算法的求解结果与最优值之间的偏离程度不大，表明算法性能较好。

3.5 考虑固定成本的最小化 Makespan 与租用成本加权之和平行机调度

本节在机器租用价格存在差异的情况下，研究了最小化最大完工时间与机器租用成本加权和的同型机调度问题。本节为该问题建立了混合整数规划模型，设计了两阶段近似算法，并理论分析了该算法的误差界。为验证算法的实际性能，本节进行了一系列数值实验。对于小规模问题，利用优化软件 CPLEX 求解混合整数规划模型的精确解，将近似算法的解与精确解进行了对比；对于大规模问题，由于混合整数规划模型的精确解难以获得，因此以可中断条件下的最优值为下界对近似算法的解进行评价，实验结果表明了所构造近似算法的有效性。

3.5.1 问题描述

当不考虑机器使用成本时，在一定范围内，使用越多的机器，则工件的最大完工时间越小；考虑机器使用成本时，增加机器数量虽然可以减小工件最大完工时间，但是也会给企业带来更多的成本负担。在现实中，企业做决策时，会同时兼顾生产效率和成本两个因素。本节同时考虑机器选择和工件调度，使得工件的最大完工时间与机器租用成本的加权和 $\mathrm{Tc}(m)$ 最小。

本节研究的问题，首先根据输入的参数确定租用的机器数 m（$1 \leqslant m \leqslant n$，$n$是工件数）；接着在选定的 m 台机器上进行不可中断调度，此时参照 Graham 等[27]提出的 $\alpha|\beta|\gamma$ 三参数法可表示为 $P_m||C_{\max}$ 问题。当 $m \geqslant 2$ 时，$P_m||C_{\max}$ 已被证明是NP-难问题。假设所有工件在零时刻均可获得；每个工件均可在任意一台机器上加工，且同一时刻只能在一台机器上加工；每台机器同一时刻也只能加工一个工件；在网络平台上有充足的机器数量可供选择。

为描述模型与算法，将使用到如下符号：

$\mathcal{J}$：工件集合，$\mathcal{J} = \{J_j|j = 1, 2, \cdots, n\}$。

j：工件 j 的编号。

p_j：工件 j 的加工时间。

$\mathcal{M}$：机器集合，$\mathcal{M} = \{M_i|i = 1, 2, \cdots, m\}$。

i：机器 i 的编号。

k_i：机器 i 的租用价格。不失一般性, 假设 $k_1 \leqslant \cdots \leqslant k_m$。

w_1：最大完工时间的权重。

$w_2 = 1 - w_1$：机器租用成本的权重。

$P = \sum\limits_{i=1}^{n} p_j$：工件加工时间和。

$p_{\max} = \max_{j=1}^{n}\{p_j\}$：工件最大加工时间。

问题的决策变量如下：

m：选择的机器数，$1 \leqslant m \leqslant n$。

$C_{\max}^{i}$：机器 i 上的最大完工时间。

$C_{\max}[S_{\rm np}(m)]$：不可中断情形最大完工时间，$C_{\max}[S_{\rm np}(m)] = \max_{i=1}^{m}\{C_{\max}^{i}\}$。

$\sum\limits_{i=1}^{m} k_i$：Makespan 与租用成本加权之和。

$\mathrm{Tc}(S_{\rm np}(m))$：选择 m 台机器的租用成本；

$$x_{ij} = \begin{cases} 1, & \text{工件 } j \text{ 分配到机器 } i \text{ 上} \\ 0, & \text{否则} \end{cases}$$

从而，可以为问题建立如下模型，记为 MIP。

$$\text{Minimize} \quad \{\mathrm{Tc}[S_{\rm np}(m)]\} \tag{3.12}$$

$$\text{s.t.} \quad \sum_{i=1}^{m} x_{ij} = 1; \quad j \in \{1, 2, \cdots, n\} \tag{3.13}$$

$$C_{\max}^{i} = \sum_{j=1}^{n} p_j x_{ij}; \quad i \in \{1, 2, \cdots, m\} \tag{3.14}$$

$$C_{\max}[S_{\rm np}(m)] = \max_{i=1}^{m}\{C_{\max}^{i}\} \tag{3.15}$$

$$\mathrm{Tc}[S_{\rm np}(m)] = w_1 \cdot C_{\max}[S_{\rm np}(m)] + w_2 \cdot \sum_{i=1}^{m} k_i \tag{3.16}$$

$$x_{ij} \in \{0, 1\}; \quad i \in \{1, 2, \cdots, m\},\ j \in \{1, 2, \cdots, n\} \tag{3.17}$$

$$m \in \{1, 2, \cdots, n\} \tag{3.18}$$

式中，m 为决策变量。式 (3.12) 为优化目标，式 (3.13) 表示每个工件只能分配到一台机器上加工，式 (3.14) 表示机器的最大完工时间为该机器上的工件时间和；式 (3.15) 表示选择 m 台机器时的最大完工时间，式 (3.16) 表示选择 m 台机器时的最大完工时间与机器租用成本的加权和，式 (3.17) 表示工件使用的机器，式 (3.18) 表示决策变量 m 的取值范围。

3.5.2 算法设计

对于上述的混合整数规划模型 MIP，考虑到其NP-难的特点，本小节首先设计一个近似算法。该算法包含两个阶段，第一阶段是选择合适的机器数量，第二阶段是在选定的机器数上对工件进行调度。然后对该近似算法的误差界进行理论分析。

引理 3.5 令 $m_1 = \left\lceil \dfrac{P}{p_{\max}} \right\rceil$，若工件加工过程允许中断，则式 (3.19) 成立。

$$\begin{cases} p_{\max} \geqslant \dfrac{P}{m}, & m \geqslant m_1 \\ p_{\max} < \dfrac{P}{m}, & 1 \leqslant m < m_1 \end{cases} \tag{3.19}$$

引理 3.6 在工件加工过程允许中断的情况下，由 McNaughton[28] 算法可得

$$C_{\max}[S_{\mathrm{p}}^*(m)] = \max\left\{p_{\max}, \frac{P}{m}\right\} \tag{3.20}$$

式中，$S_{\mathrm{p}}^*(m)$ 为可中断时在 m 台机器上的最优调度方案；$C_{\max}[S_{\mathrm{p}}^*(m)]$ 为最优调度方案对应的工件最大完工时间。

定理 3.8 根据引理 3.5 和引理 3.6，可中断条件下的加权和可表示为式 (3.21) 所示。其中，当 $m = m_1$ 时，$\mathrm{Tc}_1(m)$ 取得最小值。

$$\mathrm{Tc}[S_{\mathrm{p}}^*(m)] = \begin{cases} \mathrm{Tc}_1(m) = w_1 \cdot p_{\max} + w_2 \cdot \displaystyle\sum_{i=1}^{m} k_i, & m \geqslant m_1 \\ \mathrm{Tc}_2(m) = w_1 \cdot \dfrac{P}{m} + w_2 \cdot \displaystyle\sum_{i=1}^{m} k_i, & 1 \leqslant m \leqslant m_1 - 1 \end{cases} \tag{3.21}$$

证明 对于 $\mathrm{Tc}_1(m)$，由于增加机器数量并不能减小最大完工时间，但是会增加机器租用成本，因此当 $m = m_1$ 时，$\mathrm{Tc}_1(m)$ 取得最小值。 □

定理 3.9 令 $f(m) = \mathrm{Tc}_2(m-1) - \mathrm{Tc}_2(m)$。对于 $2 \leqslant m \leqslant m_1 - 1$，$f(m)$ 单调递减。

证明 由式（3.21）可得

$$\begin{aligned} \mathrm{Tc}_2(m-1) - \mathrm{Tc}_2(m) &= \left(w_1 \cdot \frac{P}{m-1} + w_2 \cdot \sum_{i=1}^{m-1} k_i\right) - \left(w_1 \cdot \frac{P}{m} + w_2 \cdot \sum_{i=1}^{m} k_i\right) \\ &= w_1 \cdot \frac{P}{m(m-1)} - w_2 \cdot k_m \end{aligned}$$

由 $P>0$，易知

$$\frac{P}{2(2-1)} > \frac{P}{3(3-1)} > \cdots > \frac{P}{(m_1-1)(m_1-2)}$$

又由 $k_1 \leqslant k_2 \leqslant \cdots \leqslant k_{m_1-1}$，有

$$w_1 \cdot \frac{P}{2(2-1)} - w_2 \cdot k_2 > w_1 \cdot \frac{P}{3(3-1)} - w_2 \cdot k_3 > \cdots > w_1 \cdot \frac{P}{(m_1-1)(m_1-2)} - w_2 \cdot k_{m_1-1}$$

可得

$$\mathrm{Tc}_2(1) - \mathrm{Tc}_2(2) > \mathrm{Tc}_2(2) - \mathrm{Tc}_2(3) > \cdots > \mathrm{Tc}_2(m_1-2) - \mathrm{Tc}_2(m_1-1)$$

即

$$f(2) > f(3) > \cdots > f(m_1-1)$$

因此，可证 $f(m) = \mathrm{Tc}_2(m-1) - \mathrm{Tc}_2(m)$ 在 $2 \leqslant m \leqslant m_1-1$ 内单调递减。 □

结合以上分析，接下来给出两阶段的近似算法 $H_{3.6}$。其中第一阶段是利用可中断调度确定机器数；第二阶段是在选定的机器数上对工件进行不可中断调度。

考虑固定成本的最小化 Makespan 与租用成本加权之和平行机调度算法 $\boldsymbol{H_{3.6}}$：

Step 1　输入权重 w_1。对工件 $\mathcal{J} = \{J_j | j=1,2,\cdots n\}$，计算 P，确定 $p_{\max}$。由 $m_1 = \left\lceil \dfrac{P}{p_{\max}} \right\rceil$ 计算出 m_1 的值。根据式 (3.21) 计算 $\mathrm{Tc}_1(m_1)$ 的值，并初始化 $m_{\mathrm{p}}^* = m_1$，$\mathrm{Tc}[S_{\mathrm{p}}^*(m_{\mathrm{p}}^*)] = \mathrm{Tc}_1(m_1)$。$m_{\mathrm{p}}^*$ 表示可中断条件下使得工件最大完工时间与机器租用成本加权和最小的机器数。

Step 2　for($i=2; i \leqslant m_1-1; i++$) { if($f(i)>0$) $m_2 = i$; else{ $m_2 = i-1$; break;}}，循环结束时输出 m_2。

Step 3　利用式（3.21）计算 $\mathrm{Tc}_2(m_2)$ 的值，若 $\mathrm{Tc}_2(m_2) < \mathrm{Tc}_1(m_1)$，则重新记 $m_{\mathrm{p}}^* = m_2$，$\mathrm{Tc}(S_{\mathrm{p}}^*(m_{\mathrm{p}}^*)) = \mathrm{Tc}_2(m_2)$。

Step 4　在求出的机器数量 m_{p}^* 上，利用 McNaughton 算法对工件进行可中断调度，得最优调度方案 $S_{\mathrm{p}}^*(m_{\mathrm{p}}^*)$，输出 $C_{\max}[S_{\mathrm{p}}^*(m_{\mathrm{p}}^*)]$。

Step 5　令 $m = m_{\mathrm{p}}^*$，对工件按加工时间非增排序，使得 $p_1 \geqslant p_2 \geqslant \cdots \geqslant p_n$。对于任意的 $i(1 \leqslant i \leqslant m)$，初始化 $S_i = \varnothing$，$t_i = 0$。S_i 表示第 i 个有序工件集合，t_i 表示第 i 个有序工件集合 S_i 总的加工时间长度。

Step 6　排序后的工件集 $\mathcal{J} = \{J_1, J_2, \cdots, J_n\}$，令 J_f 为当前工件集 $\mathcal{J}$ 的第一个工件，记其加工时间为 p_f。记集合 $B = \{i | t_i + p_f \leqslant C_{\max}[S_{\mathrm{p}}^*(m_{\mathrm{p}}^*)], 1 \leqslant i \leqslant m\}$。如果 $B \neq \varnothing$，则令 $l = \arg\max_{i \in B}\{t_i + p_f\}$；否则令

$l = \arg\min_{i=1}^{m}\{t_i\}$。若同时有多个满足条件的值，则选择租用价格小的机器。

Step 7 $S_l = S_l \cup \{J_f\}$ 且 $t_l = t_l + p_f$。$\mathcal{J} = \mathcal{J} \backslash \{J_f\}$，若 $\mathcal{J} \neq \varnothing$，则转 Step 6。

Step 8 对 $\forall i(1 \leqslant i \leqslant m)$，调度 S_i 到机器 M_i，令 $C_{\max}^i = t_i$，$C_{\max}[H_{3.6}(m)] = \max_{i=1}^{m}\{C_{\max}^i\}$，$\mathrm{Tc}[H_{3.6}(m)] = w_1 \cdot C_{\max}[H_{3.6}(m)] + w_2 \cdot \sum_{i=1}^{m} k_i$。

在算法 $H_{3.6}$ 中，Step1～Step 3 作为第一阶段，利用可中断调度确定机器数 m_{p}^*。其中，Step 2 利用了定理 3.8 中的结论快速输出 m_2。Step 5～Step 8 作为第二阶段，在选定的 m 台机器上，$m = m_{\mathrm{p}}^*$，对工件进行不可中断调度，输出每台机器上的完工时间 $C_{\max}^i$ $(1 \leqslant i \leqslant m)$、最大完工时间 $C_{\max}[H_{3.6}(m)]$ 及最大完工时间与机器租用成本的加权和 $\mathrm{Tc}(H_{3.6}(m))$。

定理 3.10 算法 $H_{3.6}$ 的时间复杂度为 $O(n^2)$。

证明 Step 1 中确定 $p_{\max}$ 需要的运行时间为 $O(n)$；Step 2 中求出 m_2 需要的最大运行时间为 $O(m_1)$；Step 3 中比较两个数的大小，需要的运行时间为 $O(1)$；Step 4 中最优调度 $S_{\mathrm{p}}^*(m_{\mathrm{p}}^*)$ 需要的运行时间为 $O(n)$；Step 5 中对工件进行非增排序需要的最大时间为 $O(n^2)$；Step 6～ Step 8 中工件分配需要的时间为 $O(nm)$。由于 $n \geqslant m$，因此，算法 $H_{3.6}$ 的时间复杂度为 $O(n^2)$。□

算例 3.11 设网络共享制造平台接收到一批工件，工件规模 $n = 10$，每个工件的加工时间已知，且平台可以获得共享机器的使用状态及租用价格，见表 3.8。

表 3.8 工件参数及机器租用价格

j	1	2	3	4	5	6	7	8	9	10
p_j	93	74	59	56	43	27	16	10	8	2
k_j	6	6	8	8	8	9	9	12	12	15

设 $w_1 = 0.5$，运行算法 $H_{3.6}$，可计算出

$$P = \sum_{j=1}^{10} p_j = 388,\ p_{\max} = \max_{j=1}^{10}\{p_j\} = 93$$

$$m_1 = \left\lceil \frac{P}{p_{\max}} \right\rceil = 5,\ m_2 = 4$$

$$\mathrm{Tc}_1(m_1) = w_1 \cdot p_{\max} + w_2 \cdot \sum_{i=1}^{m_1} k_i = 64.5$$

$$\mathrm{Tc}_2(m_2) = w_1 \cdot \frac{P}{m} + w_2 \cdot \sum_{i=1}^{m_2} k_i = 62.5$$

由于 $\mathrm{Tc}_1(m_1) < \mathrm{Tc}_2(m_2)$，因此 $m_\mathrm{p}^* = m_2 = 4$，$C_{\max}[S_\mathrm{p}^*(4)] = 97$。由算法 $H_{3.6}$ 的 Step 5～Step 8 可得，J_1、J_{10} 分配到 M_1 上加工；J_2、J_7、J_9 分配到 M_2 上加工；J_3、J_6、J_8 分配到 M_3 上加工；J_4、J_5 分配到 M_4 上加工，调度序列如图 3.16 所示。此时可得

$$C_{\max}^1=95,\ C_{\max}^2=98,\ C_{\max}^3=96,\ C_{\max}^4=99, C_{\max}(H_{3.6}(4))=\max_{i=1}^{4}\{C_{\max}^i\}=99$$

$$\mathrm{Tc}(H_{3.6}(4))=w_1\cdot C_{\max}(H_{3.6}(4))+w_2\cdot\sum_{i=1}^{4}k_i=63.5$$

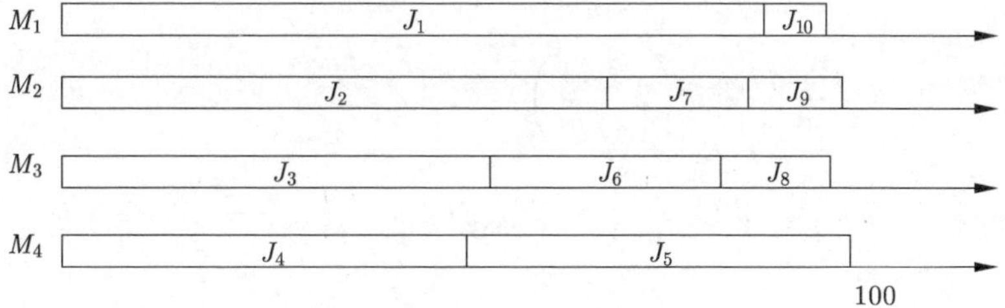

图 3.16　算例 3.11 的调度序列

引理 3.7 给出了算法 $H_{3.6}$ 中 Step 8 求出的不可中断情形最大完工时间 $C_{\max}[H_{3.6}(m)]$ 与可中断情形最大完工时间 $C_{\max}[S_\mathrm{p}^*(m)]$ 的比值。

引理 3.7　当 $C_{\max}[S_\mathrm{p}^*(m)] = \max\left\{p_{\max}, \dfrac{P}{m}\right\} = p_{\max}$ 时，式 (3.22) 成立；当 $C_{\max}[S_\mathrm{p}^*(m)] = \max\left\{p_{\max}, \dfrac{P}{m}\right\} = \dfrac{P}{m}$ 时，式 (3.23) 成立。

$$\frac{C_{\max}[H_{3.6}(m)]}{C_{\max}[S_\mathrm{p}^*(m)]} \leqslant \left(2-\frac{2}{m}\right) \tag{3.22}$$

$$\frac{C_{\max}[H_{3.6}(m)]}{C_{\max}[S_\mathrm{p}^*(m)]} \leqslant \left(2-\frac{2}{m+1}\right) \tag{3.23}$$

证明　设 p_k 为 $H_{3.6}(m)$ 调度方案的最迟完工工件所需要的加工时间，T 为 p_k 的开始加工时间。首先分析 $C_{\max}[S_\mathrm{p}^*(m)] = p_{\max}$ 的情况。由 $p_{\max} \geqslant \dfrac{P}{m}$，得 $P \leqslant m\cdot p_{\max}$，则有 $P-p_{\max} \leqslant (m-1)\cdot p_{\max}$。此时，由算法 $H_{3.6}$ 的 Step 5～Step 8 可知

$$p_k \leqslant p_m \leqslant \cdots \leqslant p_2 \tag{3.24}$$

$$T \leqslant \frac{P-p_{\max}-p_k}{m-1} \tag{3.25}$$

根据式 (3.24) 可推导出

$$p_k \leqslant \frac{\sum_{j=2}^{m} p_j + p_k}{m} \leqslant \frac{P - p_{\max}}{m} \tag{3.26}$$

根据式（3.25）和式（3.26），可得

$$\begin{aligned}
C_{\max}[H_{3.6}(m)] &= T + p_k \leqslant \frac{P - p_{\max} - p_k}{m-1} + p_k = \frac{P - p_{\max}}{m-1} + p_k \cdot \left(1 - \frac{1}{m-1}\right) \\
&\leqslant \frac{P - p_{\max}}{m-1} + \frac{P - p_{\max}}{m} \cdot \left(1 - \frac{1}{m-1}\right) \\
&= \frac{P - p_{\max}}{m-1} \cdot \left(2 - \frac{2}{m}\right) \\
&\leqslant p_{\max} \cdot \left(2 - \frac{2}{m}\right) = C_{\max}[S_{\mathrm{p}}^*(m)] \cdot \left(2 - \frac{2}{m}\right)
\end{aligned}$$

接着分析 $C_{\max}[S_{\mathrm{p}}^*(m)] = \dfrac{P}{m}$ 的情况。此时，由算法 $H_{3.6}$ 的 Step 5~Step 8 可得

$$p_k \leqslant p_m \leqslant \cdots \leqslant p_1 \tag{3.27}$$

$$T \leqslant \frac{P - p_k}{m} \tag{3.28}$$

根据式（3.27）可推导出

$$p_k \leqslant \frac{\sum_{j=1}^{m} p_j + p_k}{m+1} \leqslant \frac{P}{m+1} \tag{3.29}$$

根据式（3.28）和式（3.29），有

$$\begin{aligned}
C_{\max}[H_1(m)] &= T + p_k \leqslant \frac{P - p_k}{m} + p_k \leqslant \frac{P}{m} + p_k \cdot \left(1 - \frac{1}{m}\right) \\
&\leqslant \frac{P}{m} + \frac{P}{m+1} \cdot \frac{m-1}{m} \\
&= \frac{P}{m} \cdot \left(1 + \frac{m-1}{m+1}\right) = C_{\max}[S_{\mathrm{p}}^*(m)] \cdot \left(2 - \frac{2}{m+1}\right) \qquad \square
\end{aligned}$$

例如，假设有 m 台机器，$m+1$ 个工件，其中某一个工件的加工时间是 x，其他 m 个工件的加工时间均为 $\dfrac{x(m-1)}{m}$，则 $C_{\max}[H_{3.6}(m)] = x \cdot \left(2 - \dfrac{2}{m}\right)$，

$C_{\max}[S_{\rm p}^*(m)] = x$，此时式（3.22）成立。

再如，假设有 m 台机器，$m+1$ 个工件，每个工件的加工时间都为 x，则 $C_{\max}[S_{\rm p}^*(m)] = \dfrac{x \cdot (m+1)}{m}$，$C_{\max}[H_{3.6}(m)] = 2x$，此时式（3.23）成立。

结合引理 3.7 得出的结论，下面的定理 3.11 给出了算法 $H_{3.6}$ 的 $\mathrm{Tc}[H_{3.6}(m)]$ 在不同情况下的误差界。

定理 3.11 当 $m = m_{\rm p}^* = m_1$ 时，式（3.30）成立；当 $m = m_{\rm p}^* = m_2$ 时，式（3.31）成立。其中，$m_{\rm np}^*$ 表示不可中断情形下的最优机器数，$S_{\rm np}^*(m_{\rm np}^*)$ 表示在 $m_{\rm np}^*$ 台机器上的不可中断最优调度方案。

$$\frac{\mathrm{Tc}[H_{3.6}(m)]}{\mathrm{Tc}[S_{\rm np}^*(m_{\rm np}^*)]} \leqslant \left(2 - \frac{2}{m_1}\right) \tag{3.30}$$

$$\frac{\mathrm{Tc}[H_{3.6}(m)]}{\mathrm{Tc}[S_{\rm np}^*(m_{\rm np}^*)]} \leqslant \left(2 - \frac{2}{m_2+1}\right) \tag{3.31}$$

证明 由算法 $H_{3.6}$ 的 Step 1~Step 3 可得 $m = m_{\rm p}^*$，其中 $m_{\rm p}^* = m_1$ 或 m_2。显然，对于同一组加工工件，不可中断时的最大完工时间不小于可中断时的最大完工时间，即 $C_{\max}[S_{\rm np}^*(m_{\rm np}^*)] \geqslant C_{\max}[S_{\rm p}^*(m_{\rm np}^*)]$，因此

$$\mathrm{Tc}[S_{\rm np}^*(m_{\rm np}^*)] \geqslant \mathrm{Tc}[S_{\rm p}^*(m_{\rm np}^*)] \geqslant \mathrm{Tc}[S_{\rm p}^*(m_{\rm p}^*)] \tag{3.32}$$

（1）当 $m = m_{\rm p}^* = m_1$ 时，有 $p_{\max} \geqslant \dfrac{P}{m}$，结合式（3.21）、式（3.22）和式（3.32）可以推导出

$$\begin{aligned}\frac{\mathrm{Tc}[H_{3.6}(m)]}{\mathrm{Tc}[S_{\rm np}^*(m_{\rm np}^*)]} &\leqslant \frac{\mathrm{Tc}[H_{3.6}(m_1)]}{\mathrm{Tc}[S_{\rm p}^*(m_1)]} = \frac{\mathrm{Tc}[H_{3.6}(m_1)]}{\mathrm{Tc}_1(m_1)} \\ &= \frac{w_1 \cdot C_{\max}(H_{3.6}(m_1)) + w_2 \cdot \sum\limits_{i=1}^{m_1} k_i}{w_1 {\cdot} p_{\max} + w_2 {\cdot} \sum\limits_{i=1}^{m_1} k_i} \\ &\leqslant \frac{w_1 \cdot \left(2 - \dfrac{2}{m_1}\right) \cdot p_{\max} + w_2 \cdot \sum\limits_{i=1}^{m_1} k_i}{w_1 \cdot p_{\max} + w_2 \cdot \sum\limits_{i=1}^{m_1} k_i}\end{aligned}$$

由 $2-\dfrac{2}{m_1}\geqslant 1$，易知 $\dfrac{w_1\cdot\left(2-\dfrac{2}{m_1}\right)\cdot p_{\max}+w_2\cdot\sum\limits_{i=1}^{m_1}k_i}{w_1\cdot_{\max}+w_2\cdot\sum\limits_{i=1}^{m_1}k_i}$ 随 $\sum\limits_{i=1}^{m_1}k_i$ 单调递减。

因此可得

$$\frac{\mathrm{Tc}[H_{3.6}(m)]}{\mathrm{Tc}[S_{\mathrm{np}}^*(m_{\mathrm{np}}^*)]}\leqslant\frac{w_1\cdot\left(2-\dfrac{2}{m_1}\right)\cdot p_{\max}+w_2\cdot\sum\limits_{i=1}^{m_1}k_i}{w_1\cdot p_{\max}+w_2\cdot\sum\limits_{i=1}^{m_1}k_i}$$

$$\leqslant\frac{w_1\cdot\left(2-\dfrac{2}{m_1}\right)\cdot p_{\max}}{w_1\cdot p_{\max}}=2-\frac{2}{m_1}$$

(2) 当 $m=m_{\mathrm{p}}^*=m_2$ 时，有 $p_{\max}<\dfrac{P}{m}$，结合式(3.21)、式(3.23)和式(3.32)可以推导出

$$\frac{\mathrm{Tc}[H_{3.6}(m)]}{\mathrm{Tc}[S_{\mathrm{np}}^*(m_{\mathrm{np}}^*)]}\leqslant\frac{\mathrm{Tc}[H_{3.6}(m_2)]}{\mathrm{Tc}[S_{\mathrm{p}}^*(m_2)]}=\frac{\mathrm{Tc}[H_{3.6}(m_2)]}{\mathrm{Tc}_2(m_2)}$$

$$=\frac{w_1\cdot C_{\max}[H_{3.6}(m_2)]+w_2\cdot\sum\limits_{i=1}^{m_2}k_i}{w_1\cdot\dfrac{P}{m_2}+w_2\cdot\sum\limits_{i=1}^{m_2}k_i}$$

$$\leqslant\frac{w_1\cdot\left(2-\dfrac{2}{m_2+1}\right)\cdot\dfrac{P}{m_2}+w_2\cdot\sum\limits_{i=1}^{m_2}k_i}{w_1\cdot\dfrac{P}{m_2}+w_2\cdot\sum\limits_{i=1}^{m_2}k_i}$$

$$\leqslant\frac{w_1\cdot\left(2-\dfrac{2}{m_2+1}\right)\cdot\dfrac{P}{m_2}}{w_1\cdot\dfrac{P}{m_2}}=\left(2-\frac{2}{m_2+1}\right)\qquad\square$$

3.5.3 实验结果

为验证算法的实际性能，本小节进行了一系列的数值实验。实验通过 C++ 语言编程实现，编译器为 Visual Studio 2015。计算机配置如下：CPU

为 Intel(R)Core（TM）i5 3.20GHz，内存为 12.00GB。对 3.5.1 节中的混合整数规划模型 MIP，利用 CPLEX 求出其精确值。

假定工件加工时间 Pt 服从均匀分布，考虑两种取值范围，分别为 [1,40] 和 [1,100] 的随机整数。每台机器的租用价格 Mc 考虑两种情形，分别为 [3,7] 和 [5,15] 的随机整数。权重 w_1 设置三个不同的值，分别为 0.2、0.5、0.8。工件数 n 考虑 4 种取值，分别为 10、18、50、100。为评价算法的实际性能，对于工件数为 10 和 18 的小规模问题，将算法 $H_{3.6}$ 求出的解与精确解进行比较，对应于表 3.9 和表 3.10。通过先前的测试可知，当工件数 n=20 时，求出精确解所需时间大于 10min。所以，对于 50 和 100 的大规模问题，以可中断条件下的最优解作为下界，将算法 $H_{3.6}$ 的解与其进行比较，对应于表 3.11 和表 3.12。

表 3.9　工件数 $n=10$ 时的实验结果

Pt	Mc	w_1	Tc_p^*	Tc_{np}^*	Tc_{np}	Gap_1	Gap_2	Rt(s)
[1,40]	[3,7]	0.2	20.6350	20.9600	21.2600	3.0288%	1.4313%	3.4630
		0.5	28.5099	29.8000	30.4000	6.6296%	2.0134%	3.0570
		0.8	34.9000	35.2600	35.5800	1.9484%	0.9075%	1.6540
	[5,15]	0.2	29.3500	29.4400	29.6400	0.9881%	0.6793%	2.4180
		0.5	39.1000	40.6000	41.2500	5.4987%	1.6010%	2.6060
		0.8	40.3800	42.1000	42.3800	4.9529%	0.6651%	4.3990
[1,100]	[3,7]	0.2	35.3500	36.5600	36.8600	4.2627%	0.8206%	1.6380
		0.5	55.3767	55.9500	57.1000	3.1120%	2.0554%	1.4350
		0.8	77.6600	78.1800	82.5400	6.2838%	5.5769%	2.8080
	[5,15]	0.2	49.5450	50.6000	51.1200	3.1789%	1.0277%	3.7440
		0.5	65.2367	66.6000	67.3000	3.1628%	1.0511%	1.6840
		0.8	81.0933	81.9200	84.8400	4.6202%	3.5645%	1.7000
	平均值		46.4283	47.3308	48.3558	3.9723%	1.7828%	2.5505

表 3.10　工件数 $n=18$ 时的实验结果

Pt	Mc	w_1	Tc_p^*	Tc_{np}^*	Tc_{np}	Gap_1	Gap_2	Rt(s)
[1,40]	[3,7]	0.2	27.5657	27.6600	27.9400	1.3578%	1.0123%	116.6420
		0.5	38.4476	39.7000	40.2500	4.6879%	1.3854%	178.5900
		0.8	39.5560	40.4000	42.2400	6.7853%	4.5545%	129.3250
	[5,15]	0.2	35.0700	35.1400	35.2400	0.4847%	0.2846%	56.3480
		0.5	49.6435	50.0000	50.5500	1.8260%	1.1000%	137.4210
		0.8	46.5360	48.6800	49.3000	5.9395%	1.2736%	135.9400
[1,100]	[3,7]	0.2	47.1126	47.8400	48.6000	3.1571%	1.5886%	193.0040
		0.5	67.3805	70.6000	72.5000	7.5979%	2.6912%	227.5590
		0.8	82.3480	82.9600	86.0600	4.5077%	3.7367%	152.7870
	[5,15]	0.2	58.3993	58.5000	59.1200	1.2341%	1.0598%	156.6400
		0.5	82.6445	85.2000	86.0000	4.0602%	0.9390%	188.5110
		0.8	90.3058	92.1200	96.8600	7.2578%	5.1455%	155.8760
	平均值		55.4175	56.5667	57.8883	4.0747%	2.0643%	152.3869

表 3.11 工件数 $n=50$ 时的实验结果

Pt	Mc	w_1	Tc_p^*	Tc_{np}^*	Tc_{np}	Gap_1	Gap_2	Rt(s)
[1,40]	[3,7]	0.2	45.0023	—	45.1800	0.3949%	—	—
		0.5	58.7794	—	59.2500	0.8006%	—	—
		0.8	51.6384	—	53.4400	3.4889%	—	—
	[5,15]	0.2	57.9386	—	58.0200	0.1405%	—	—
		0.5	77.8308	—	78.1000	0.3459%	—	—
		0.8	66.3344	—	67.8800	2.3300%	—	—
[1,100]	[3,7]	0.2	71.5835	—	72.0400	0.6377%	—	—
		0.5	95.8444	—	98.4000	2.6664%	—	—
		0.8	97.8479	—	102.8000	5.0610%	—	—
	[5,15]	0.2	98.2773	—	98.7600	0.4912%	—	—
		0.5	125.5450	—	126.9000	1.0793%	—	—
		0.8	117.8830	—	124.2000	5.3587%	—	—
		平均值	80.3754	—	82.0808	1.8996%	—	—

表 3.12 工件数 n=100 时的实验结果

Pt	Mc	w_1	Tc_p^*	Tc_{np}^*	Tc_{np}	Gap_1	Gap_2	Rt(s)
[1,40]	[3,7]	0.2	61.9858	—	62.0600	0.1197%	—	—
		0.5	80.5146	—	80.8000	0.3545%	—	—
		0.8	69.8357	—	71.2200	1.9822%	—	—
	[5,15]	0.2	81.3193	—	81.4200	0.1238%	—	—
		0.5	108.3960	—	108.6000	0.1882%	—	—
		0.8	92.2650	—	92.8000	0.5799%	—	—
[1,100]	[3,7]	0.2	99.1944	—	99.4000	0.2073%	—	—
		0.5	132.2140	—	133.4000	0.8970%	—	—
		0.8	118.5980	—	122.7800	3.5262%	—	—
	[5,15]	0.2	132.2540	—	132.4200	0.1255%	—	—
		0.5	175.4700	—	176.2500	0.4445%	—	—
		0.8	153.1990	—	156.4600	2.1286%	—	—
		平均值	108.7705	—	109.8008	0.8898%	—	—

在实验中，工件数、工件加工时间、机器租用价格和权重 w_1 四者作为输入变量，构成一对实验组合。在每种组合下，随机生成 10 个算例，得到以下输出：

（1）Tc_p^*、Tc_{np}^*、Tc_{np}：Tc_p^* 表示加工过程可中断条件下运行 10 个算例得到的解的均值，Tc_{np}^* 表示运行 10 个算例求解整数规划模型 IP 得到的精确解的均值，Tc_{np} 表示算法 $H_{3.6}$ 运行 10 个算例得到的解的均值。

（2）Gap_1、Gap_2：分别表示算法 $H_{3.6}$ 得到的解的均值与可中断条件下得到的解的均值和混合整数规划模型 MIP 得到解的均值之间的偏差，分别如下：

$$Gap_1 = (Tc_{np} - Tc_p^*)/Tc_p^* \times 100\% \tag{3.33}$$

$$Gap_2 = (Tc_{np} - Tc_{np}^*)/Tc_{np}^* \times 100\% \tag{3.34}$$

由于可中断调度是不可中断调度的松弛，即 $Tc_p^* \leqslant Tc_{np}^*$，因此对于所有组合，都有 $Gap_1 \geqslant Gap_2$。

Rt(s)：表示每种组合下运行 CPLEX 求解 10 个算例所耗费的总时间，单位为 s。由于算法 $H_{3.6}$ 在求解 100 个工件规模问题时所耗费的时间小于 0.03s，因此对算法 $H_{3.6}$ 的运行时间不做分析。

本节对表 3.9~表 3.12 中的实验数据进行了方差分析。表 3.13 显示的是工件数 n 与权重 w_1 及交互作用对 Gap_1 和 Gap_2 的影响。

表 3.13　n 与 w_1 的双因素方差分析结果

类别	差异源	平方和	自由度	均方	F 值	P 值
Gap_1	n	0.008911	3^{α}	0.00297	16.77933	5.52×10^{-7}
	w_1	0.00685	2	0.003425	19.34814	1.97×10^{-6}
	交互	0.001953	6	0.000326	1.839088	0.118939
	误差	0.006373	36	0.000177		
	总计	0.024086	47			
		$R^2=65.43\%$				
Gap_2	n	4.75×10^{-5}	1^{β}	4.75×10^{-5}	0.296823	0.592567
	w_1	0.002041	2	0.00102	6.371822	0.008085
	交互	0.000157	2	7.83×10^{-5}	0.489259	0.621
	误差	0.002882	18	0.00016		
	总计	0.005127	23			
		$R^2=40.73\%$				

注：α 表示考虑的工件数 n 为 10、18、50、100；β 表示考虑的工件数 n 为 10、18。

综合表 3.9~表 3.13 可得到以下结论：

（1）对于工件数为 10 和 18 的小规模问题，Rt 的平均值分别为 2.5505 和 152.3869，说明获取精确解所需的时间随工件数 n 的增加而急剧增大。本节的近似算法求解工件数 n 为 100 的问题时，运行时间小于 0.03s。

（2）对于工件数 n 为 10 和 18 的小规模问题，Gap_2 的平均值分别为 1.7828%、2.0643%；对于工件数 n 为 50 和 100 的大规模问题，Gap_1 的平均值分别为 1.8996% 和 0.8898%，说明算法 $H_{3.6}$ 对于小规模和大规模问题都具有很好的性能。

（3）Gap_1 的最大值为 7.5979%，出现在工件数 n=18，Pt $\in$[1,100]，Mc $\in$[3,7]，w_1=0.5 组合中；Gap_2 的最大值为 5.5769%，出现在工件数 $n=10$，Pt $\in$[1,100]，Mc $\in$[3,7]，w_1=0.8 组合中。

（4）从表 3.13 可以看出，对于 Gap_1，w_1 对应的 F 值为 19.34814，表明 w_1 的不同取值对应的 Gap_1 的均值存在较大差异性，这点可从表 3.11 和表 3.12 中看出，w_1 取值越小，Gap_1 也越小；而对于 Gap_2，w_1 对应的 F 值为 6.371822，说明 w_1 的三个不同取值对 Gap_2 的结果影响相对较小。

本章小结

本章首先对网络共享环境下考虑机器固定使用成本约束的平行机调度的问题背景进行了分析，并对其国内外研究现状进行了回顾；然后重点研究了面向标准作业的考虑固定成本约束的最小化 Makespan平行机调度问题、面向普通作业的考虑固定成本约束的最小化 Makespan平行机调度问题、考虑固定成本约束的最小化最大延迟时间平行机调度问题、考虑固定成本约束的最小化 Makespan 与租用成本加权和的平行机调度问题。

具体而言，本章取得的研究成果如下：

（1）3.2 节研究了作业加工时间相同的最小化 Makespan调度问题。在不可中断条件下，提出了一种基于 ECT 规则的启发式算法 $H_{3.1}$，理论证明了该算法的最大误差界为 $2[1+1/(h-1)]$。在可中断条件下，提出了一个最大误差界为 $1+1/(h-1)$ 的启发式算法 $H_{3.2}$。

（2）3.3 节研究了作业加工时间不同的最小化 Makespan调度问题。在不可中断条件下，提出了一种基于 LPT 规则的启发式算法 $H_{3.3}$，通过理论证明了该算法的最大误差界为 $2[1+1/(h-1)]$。在可中断条件下，提出了一种基于 Level 规则的启发式算法 $H_{3.4}$，并通过两个实例展示了该算法的有效性。

（3）3.4 节研究了一类考虑机器成本的同类机调度问题，目标函数是在给定的成本预算里最小化最大延迟时间。为解决该问题，本节建立了 MIP 模型，设计了相关算法 $H_{3.5}$，并理论证明了 $[L_{\max}(H_{3.5})+d_{\max}]/[L_{\max}(\mathrm{OPT})+d_{\max}] \leqslant 3+2/(N-1)$，且通过大量实验检验了该算法解的有效性。

（4）3.5 节研究了最大完工时间与机器租用成本加权和最小化的平行机调度问题。本节为该问题建立了混合整数规划模型 MIP，设计了两阶段近似算法 $H_{3.6}$，并分析了该算法的误差界；最后进行了一系列随机数值实验，实验结果表明了算法的有效性。

本章针对网络共享环境下考虑制造资源外部性的平行机调度问题开展了研究，对外部制造资源使用权的定价采取了在调度周期内为恒定常数的固定成本假设。下一章将重点考虑外部制造资源租赁成本随使用时长变化的问题情形，以进一步完善并丰富考虑机器外部性的调度研究。另外，在网络共享环境下，共享的外部制造资源除同类资源之外，更多的是非同类型情形。这些非同类型制造资源更多地构成了串型调度问题，它们可以看作是传统的车间作业调度问题、流水作业调度问题、开放作业调度问题，以及混合调度问题等在网络共享环境下的拓展，也具有重要的研究价值。

参考文献

[1] RAUSCHECKER U, MEIER M, MUCKENHIRN R, et al. Cloud-based manufacturing-as-a-service environment for customized Products[C]. Echallenges e-2011 Conference Proceeding, 2011:1-8.

[2] LAILI Y, TAO F, ZHANG L, et al. A study of optimal allocation of computing resources in cloud manufacturing systems[J]. International Journal Advanced Manufacturing Technology, 2012, 63: 671-690.

[3] 李伯虎, 张霖, 王时龙, 等. 云制造：面向服务的网络化制造新模式 [J]. 计算机集成制造系统, 2010, 16(1): 1-7.

[4] 李伯虎, 张霖, 柴旭东. 云制造概论 [J]. 中兴通讯技术, 2010, 16(4): 5-8.

[5] 杨海成. 云制造是一种制造服务 [J]. 中国制造业信息化, 2010, 39(3): 22-23.

[6] TAO F, ZHANG L, VENKATESH V C. Cloud manufacturing:acomputing and service-oriented manufacturing model[J]. Journal of Engineering Manufacture, 2011, 225(10): 1969-1976.

[7] XU X. From cloud computing to cloud manufacturing[J]. Robotics and Computer Integrated Manufacturing, 2012, 28(1): 75-86.

[8] JOHNSON S M. Optimal two-and three-stage production schedules with setup times included[J]. Naval Research Logistics, 1954, 1(1): 61-68.

[9] IMREH C, NOGA J. Scheduling with machine cost[C]//Proceedings of the Third International Workshop on Approximation Algorithms for Combinatorial Optimization Problems: Randomization, Approximation, and Combinatorial Algorithms and Techniques, 1999: 168-176.

[10] HE Y, CAI S. Semi-online scheduling with machine cost[J]. Journal of Computer Science and technology, 2002, 17(6): 781-787.

[11] JIANG Y W, HE Y. Preemptive online algorithms for scheduling with machine cost[J]. Acta Informatica, 2005, 41(6): 315-340.

[12] JIANG Y W, HE Y. Semi-online algorithms for scheduling with machine cost[J]. Journal of Computer Science and Technology, 2006, 21(6): 984-988.

[13] DÓSA G, HE Y. Scheduling with machine cost and rejection[J]. Journal of Combinatorial Optimization, 2006, 12(4): 337-350.

[14] DÓSA G, TAN Z. New upper and lower bounds for online scheduling with machine cost[J]. Discrete Optimization, 2010, 7(3): 125-135.

[15] NAGY-GYÖRGY J, IMREH C. Online scheduling with machine cost and rejection[J]. Discrete Applied Mathematics, 2007, 155(18): 2546-2554.

[16] IMREH C. Online scheduling with general machine cost functions[J]. Discrete Applied Mathematics, 2009, 157(9): 2070-2077.

[17] LI K, ZHANG X, LEUNG J Y T. Parallel machine scheduling problems in green manufacturing industry[J]. Journal of Manufacturing Systems, 2016, 38: 98-106.

[18] LI K, ZHANG H J, CHENG B Y, et al. Uniform parallel machine scheduling problems with fixed machine cost[J]. Optimization Letters, 2018, 12(1): 73-86.

[19] LEUNG J Y T, LEE K, PINEDO M L. Bi-criteria scheduling with machine assignment costs[J]. International Journal of Production Economics, 2012, 139(1): 321-329.

[20] LEE K, LEUNG J Y T, JIA Z, et al. Fast approximation algorithms for bi-criteria scheduling with machine assignment costs[J]. European Journal of Operational Research, 2014, 238(1): 54-64.

[21] GUREL S, AKTURK M S. Scheduling parallel CNC machines with time/cost trade-off considerations[J]. Computers & Operations Research, 2007, 34(9): 2774-2789.

[22] VICKSON R G. Choosing the job sequence and processing times to minimize total processing plus flow cost on a single machine[J]. Operations Research, 1980, 28(5): 1155-1167.

[23] ALIDAEE B, AHMADIAN A. Two parallel machine sequencing problems involving controllable job processing times[J]. European Journal of Operational Research, 1993, 70(3): 335-341.

[24] CAO D, CHEN M, WAN G. Parallel machine selection and job scheduling to minimize machine cost and job tardiness[J]. Computers & Operations Research, 2005, 32(8): 1995-2012.

[25] RUSTOGI K, STRUSEVICH V A. Parallel machine scheduling: Impact of adding extra machines[J]. Operations Research, 2013, 61(5): 1243-1257.

[26] HORVATH E C, LAM S, SETHI R. A level algorithm for preemptive scheduling[J]. Journal of the ACM, 1977, 24(1): 32-43.

[27] GRAHAM R L, LAWLER E L, LENSTRA J K, et al. Optimization and approximation in deterministic sequencing and scheduling: a survey[J]. Annals of Discrete Mathematics. 1979, 5(1): 287-326.

[28] MCNAUGHTON R. Scheduling with deadlines and loss functions[J]. Management Science, 1959, 6(1): 1-12.

第 4 章　网络共享环境下考虑可变成本约束的平行机调度

制造资源网络共享模式下，制造资源以租代买的使用权获取形式带来了网络共享制造资源的外部性。第 3 章讨论了机器具有固定使用成本的平行机调度问题。与第 3 章不同，在现实中定价的另外一种常见形式是使用成本按实际使用时长收费，由此带来的成本通常称为可变成本。本章讨论网络共享的外部制造资源使用成本按使用时长收费的情形，研究机器具有可变成本约束的平行机调度问题。本章首先简述考虑可变成本约束的平行机调度问题的背景及研究现状；进而研究了考虑可变成本约束的最小化最大完工时间及总完工时间的平行机调度问题；之后研究了考虑可变成本的最小化最大延迟时间的平行机调度问题；最后研究了同时考虑固定成本与可变成本约束的两台机器的最小化总延迟时间同类机调度问题。

4.1　问题背景与研究现状

网络共享制造资源的外部性和在线性往往交织在一起并对其共享与调度产生影响。考虑机器的使用成本近些年受到生产调度领域学者的关注，其原因主要来自对生产过程资源及能源消耗，以及对环境影响的关注。经济社会快速发展的同时也带来了巨大的能源和资源消耗，减少制造过程的能源及资源消耗，促进绿色制造，得到了广泛共识。生产过程中，机器设备购置时间先后、使用时间长短、使用过程中的操作方法不同等形成了机器设备个体差异，使得即使具有相同生产效率的机器，也可能对应不同的能源消耗及维护成本。可见，在绿色制造中充分考虑机器设备个体差异带来的能源消耗成本及维护成本，尽可能实现生产效率与能源及维护成本的协调具有重要的现实意义。从模型构建的角度来看，传统生产过程消耗的能源、维护成本，以及网络共享环境下制造资源的租用成本等均可视为一种使用成本予以刻画。

尽管近几年部分学者开始关注考虑成本的机器调度问题，但由于该类问题的复杂性，大量研究成果主要考虑固定成本的情形。较为详细的文献综述可见 2.2.1 节和 3.1 节相关内容，此处不再赘述。

针对可变成本假设的文献相对匮乏。Leung 等 [1] 假定每个作业对应不同机器的使用成本不同，研究了几类双目标的非同类型机调度问题，可以反过来认为不同机器对同一作业的使用成本定价不同，是比按使用时长收费更为普适的一种假设。接着，Lee 等 [2] 拓展研究了最大完工时间与机器总使用成本同时最小化的双目标问题，为之提出了快速近似算法。Jiang 等 [3] 假定机器使用成本是凹函数，研究了可中断情形和不可中断情形的在线调度问题，并理论证明了这两种情形的最坏误差界至少为 1.5。近年来，作者团队针对考虑可变成本的平行机调度问题开展了研究工作。例如，Li 等 [4] 假定机器使用成本为该机器使用时长与其单位时间成本二者乘积，为可中断的最小化最大完工时间的平行机调度问题提出了改进的 Wrap-Around 算法，并证明了该算法能够获得问题的最优解；此外，为不可中断的最小化最大完工时间的平行机调度问题提出了一个最坏误差界为 2 的近似算法。李凯等 [5] 研究了考虑可变成本约束的最小化最大延迟时间的平行机调度问题，设计了改进的 EDD 算法，并理论证明了算法的最坏误差界，实验验证了算法的有效性。Li 等 [6] 研究了考虑可变成本约束情形下的两台同类机器调度问题，目标函数为最小化总延迟时间，设计了有效的模拟退火算法。

4.2 考虑可变成本的最小化 Makespan 及总完工时间平行机调度

本节研究制造资源共享环境下的考虑可变成本的平行机调度问题。假定机器的单位使用成本不同。面对多个订单任务，根据关于成本的预算上限从当前可用的机器中选择机器并调度，且最小化 Makespan 及总完工时间。

4.2.1 问题描述

本节研究制造资源网络共享环境下考虑可变成本的生产调度问题。假设网络共享的机器来自不同的制造企业，它们具有相同的加工能力，即它们的加工速度是相同的，但由于地理位置、员工工资、电力价格等差异而导致租用成本的定价不同。本章假定租用成本与使用时长相关。用 $M=\{M_i|i=1,2,\cdots,m\}$表示通过网络平台获得使用权的 m 个机器集合。l_i 为对应的机器 M_i 的单位时间加工费用，不失一般性，可以假设 $l_1 \leqslant l_2 \leqslant \cdots \leqslant l_m$。

现有 n 个作业需要加工，$J=\{J_j|j=1,2,\cdots,n,n\geqslant m\}$，每个作业 J_j（$1\leqslant j\leqslant n$）均可以被机器 M_i（$1\leqslant i\leqslant m$）加工，其加工时间为 p_j。一个机器在某个时刻最多只能加工一个作业，并且一个作业同一时刻最多只能被一个机器加工。假设 σ 是 n 个作业的可行调度，定义 $C_j(\sigma)$ 为 J_j 的完工时间，那么 σ 的 Makespan 可表示为 $C_{\max}(\sigma)=\max_{j=1}^{n}\{C_j(\sigma)\}$，总完工时间表示为 $\sum\limits_{i=1}^{n}C_j(\sigma)$。令 $C_{\max}^{i}(\sigma)$（$1\leqslant i\leqslant m$）为机器 M_i 的 Makespan，即 M_i 上的加工时长为 $C_{\max}^{i}(\sigma)$，此机器上的加工费用为 $U_i=l_i\times C_{\max}^{i}(\sigma)$，那么总的加工费用 $\mathrm{TC}(\sigma)=\sum\limits_{i=1}^{m}U_i(\sigma)$。在本节接下来的部分将 σ 省去，那么上式变为 $\mathrm{TC}=\sum\limits_{i=1}^{m}U_i$。本节的目标函数是在不超过给定成本上限 U 的情况下（$\mathrm{TC}\leqslant U$），最小化 Makespan 及总完工时间。

这两类问题用三参数表示法分别可以表示为 $P_m|\mathrm{TC}\leqslant U|C_{\max}$ 和 $P_m|\mathrm{TC}\leqslant U|\sum C_j$。为解决这两类问题，首先考虑 $P_m|\mathrm{TC}\leqslant U|C_{\max}$ 对应的可中断问题 $P_m|\mathrm{pmtn},\mathrm{TC}\leqslant U|C_{\max}$，其中 ptmn 表示该问题中作业是可中断的。我们基于可中断问题的结果提出启发式算法，由于 $P_m|\mathrm{pmtn},\mathrm{TC}\leqslant U|C_{\max}$ 是 $P_m|\mathrm{TC}\leqslant U|C_{\max}$ 的松弛问题，因此其结果也可作为 $P_m|\mathrm{TC}\leqslant U|C_{\max}$ 的下界。

4.2.2 算法设计

4.2.2.1 可中断的最小化 Makespan 问题

本小节首先解决可中断的最小化 Makespan 问题。令 n 个作业的总时长为 P，$P=\sum\limits_{j=1}^{n}p_j$；加工时间最长的作业时长为 $P_{\max}$，$P_{\max}=\max_{j=1}^{n}\{p_j\}$。当不考虑成本时，$P_m|\mathrm{pmtn},\mathrm{TC}\leqslant U|C_{\max}$ 退化为 $P_m|\mathrm{pmtn}|C_{\max}$ 问题，根据 Warp-Around 规则可知，该问题有最优解。用 F_{ncp}^{*} 表示该最优解，易知

$$F_{\mathrm{ncp}}^{*}=\max\left\{\frac{p}{m},p_{\max}\right\} \tag{4.1}$$

根据 Warp-Around 规则将 n 个作业随机安排在 m 个机器上，若某个机器的 $C_{\max}$ 达到 F_{ncp}^{*}，则该机器不再安排作业，更换机器接着安排剩余作业，直到所有作业都安排完。

记 $P_m|\mathrm{pmtn},\mathrm{TC}\leqslant U|C_{\max}$ 问题的最优解为 F_{cp}^{*}。

由于 $P_m|\text{pmtn}|C_{\max}$ 问题是 $P_m|\text{pmtn}, \text{TC} \leqslant U|C_{\max}$ 问题的松弛问题，因此可得

$$F_{\text{cp}}^* \geqslant F_{\text{ncp}}^* = \max\left\{\frac{p}{m}, p_{\max}\right\} \tag{4.2}$$

首先解决多个机器中最简单的例子 $m = 2$，并从中发现规律，拓展到 m 个机器的解决方案中。假设 $l_2 \geqslant l_1$ 且 $P \times l_1 < U < P \times l_2$，当不超过 U 时，尝试找到最优的 Makespan。由 $l_2 > l_1$ 易知 $C_{\max}^1 > C_{\max}^2$，可得

$$l_1 \times C_{\max}^1 + l_2 \times C_{\max}^2 = U \tag{4.3}$$

$$C_{\max}^2 = P - C_{\max}^1 \tag{4.4}$$

联立式（4.3）和式（4.4）可得

$$F_{\text{cp}}^* = C_{\max}^1 = \frac{l_2 \times P - U}{l_2 - l_1} \tag{4.5}$$

由上，我们给出求解 $P_2|\text{pmtn}, \text{TC} \leqslant U|C_{\max}$ 的算法。

考虑可变成本的可中断两个同型机调度算法 $\boldsymbol{H_{4.1}}$：

Step 1 若 $l_1 = l_2$，则 $F_{\text{cp}}^* = \max\left\{P_{\max}, \dfrac{P}{2}\right\}$；否则，$F_{\text{cp}}^* = \max\left\{P_{\max}, \dfrac{P}{2}, \dfrac{l_2 \times P - U}{l_2 - l_1}\right\}$。

Step 2 将 n 个作业按照随机顺序从 0 时刻开始依次排列在 M_1 上，直到 $C_{\max}^1 = F_{\text{cp}}^*$。

Step 3 将剩余作业及 M_1 上被截断的作业按任意顺序安排在 M_2 上。

定理 4.1 算法 $H_{4.1}$ 的时间复杂度为 $O(n)$。

接着，我们考虑 $m \geqslant 3$ 的情况。首先通过引理 4.1 展现 m 个机器最优调度的一些性质。

引理 4.1 当 $m \geqslant 3$ 时，假设 $M_k(1 \leqslant k \leqslant m)$ 是 m 个机器中被选中的最后一个机器，即共有 k 个机器被选用，那么最优调度具有如下性质；

（1）对于任意的 $i \in \{1, 2, \cdots, (k-1)\}$，存在 $C_{\max}^i = F_{\text{cp}}^*$；

（2）$C_{\max}^k \leqslant F_{\text{cp}}^*$；

（3）若 $k < m$，那么对于任意的 $i \in \{(k+1), (k+2), \cdots, m\}$，存在 $C_{\max}^i = 0$。

证明 由于 $l_1 \leqslant l_2 \leqslant \cdots \leqslant l_m$ 最优调度肯定会优先选择便宜的机器，如果

M_k 是被选中的最后一个机器，那么对于任意的 $i\,(k+1 \leqslant i \leqslant m)$，易知 $C_{\max}^i = 0$，即 (3) 可证。F_{cp}^* 是最优调度的 Makespan 值，那么 (2) 必然成立。假设存在一个机器 M_q $(1 \leqslant q \leqslant k-1)$ 使得 $C_{\max}^q < F_{\text{cp}}^*$，可令 $\delta = F_{\text{cp}}^* - C_{\max}^q$。那么将 $C_{\max}^q$ 增加 δ，同时 $C_{\max}^k$ 减少 δ，这样所有作业均被加工。但是根据 $l_q \leqslant l_k$，总费用将不会增加，因此调整后的调度仍然是一个可行调度，可得 (1)。由此 (1) ∼ (3) 均可证。 □

接着，我们考虑不超过给定成本值 U 时的最优调度的 Makespan 值。假设 M_k是最后一个加工时间非 0 的机器，且 $l_1 < l_k$，可得

$$l_1 \times C_{\max}^1 + l_2 \times C_{\max}^2 + \cdots + l_k \times C_{\max}^k = U \tag{4.6}$$

$$C_{\max}^k = P - (C_{\max}^1 + C_{\max}^2 + \cdots + C_{\max}^{k-1}) \tag{4.7}$$

由引理 4.1 可知

$$C_{\max}^1 = C_{\max}^2 = \cdots = C_{\max}^{k-1} \tag{4.8}$$

联立式 (4.7) 和式 (4.8) 可得

$$C_{\max}^k = P - (k-1) \times C_{\max}^1 \tag{4.9}$$

将式 (4.6)、式 (4.8) 和式 (4.9) 移项合并，可得

$$F_{\text{cp}}^* = C_{\max}^1 = \frac{l_k \times P - U}{(k-1) \times l_k - \sum\limits_{i=1}^{k-1} l_i} \tag{4.10}$$

此时，应当考虑到 U 作为一个约束条件，有其范围。定义 U 的上界与下界分别是 $\overline{U}$ 和 $\underline{U}$，可知 $\underline{U} \leqslant U \leqslant \overline{U}$。当 $U \leqslant \underline{U}$ 时，不存在可行调度；当 $U \geqslant \overline{U}$ 时，成本对调度失去约束性，此时令 $U = \overline{U}$。

定理 4.2　令 $x = \left\lceil \dfrac{P}{P_{\max}} \right\rceil$，$y = \left\lfloor \dfrac{P}{P_{\max}} \right\rfloor$，则

$$\underline{U} = l_1 \times P \tag{4.11}$$

$$\overline{U} = \begin{cases} \dfrac{P}{m} \times (\sum\limits_{i=1}^{m} l_i), & \dfrac{P}{m} \geqslant p_{\max} \\ P \times l_x - p_{\max} \times \left(y \times l_x - \sum\limits_{i=1}^{y} l_i\right), & \text{其他} \end{cases} \tag{4.12}$$

证明 显然，若将所有作业均安排在单位加工费用最低的机器上，可得 U 的下界。因为 l_1 是最小单位加工费用，所以可得式 (4.11)。对于上界，首先考虑 $\dfrac{P}{m} \geqslant p_{\max}$ 这种情形，此时 $F_{\text{ncp}}^* = \dfrac{P}{m}$。若令 $F_{\text{cp}}^* = F_{\text{ncp}}^*$，则有 $\overline{U} = \sum\limits_{i=1}^{m} U_i = \dfrac{P}{m} \times \sum\limits_{i=1}^{m} l_i$。其次考虑情形 $\dfrac{P}{m} \leqslant p_{\max}$，此时 $F_{\text{ncp}}^* = p_{\max}$。若令 $F_{\text{cp}}^* = F_{\text{ncp}}^* = p_{\max}$，则对任意 i $(1 \leqslant i \leqslant y)$ 均有 $C_{\max}^i = p_{\max}$ 且 $C_{\max}^x \leqslant p_{\max}$，由引理 4.1 得

$$\begin{aligned}\overline{U} = \sum_{i=1}^{m} U_i &= p_{\max} \times \sum_{i=1}^{y} l_i + (P - p_{\max} \times y) \times l_x \\ &= P \times l_x - p_{\max} \times (y \times l_x - \sum_{i=1}^{y} l_i)\end{aligned}$$ □

推论 4.1 当 $U = \underline{U}$ 时，若 $l_q = l_1$ 且 $l_{q+1} > l_1$，则 $k = q$；当 $U = \overline{U}$ 时，若 $\dfrac{P}{m} \geqslant p_{\max}$，则 $k = m$，否则 $k = \left\lceil \dfrac{P}{p_{\max}} \right\rceil$。

下面给出引理 4.2，用以帮助我们在定理 4.3 中在给定成本上限 U 时，确定选择的机器数 k 的值。

引理 4.2 若对于任意的 i $(1 \leqslant i \leqslant m)$，$l_i$ 是其非减函数，那么 $\dfrac{\sum\limits_{i=1}^{k} l_i}{k}$ 也是 k $(1 \leqslant k \leqslant m)$ 的非减函数。

证明 由于 l_i 是 i 的非减函数，可知对于任意的 k $(1 \leqslant k \leqslant m)$，存在 $\sum\limits_{i=1}^{k} l_i \leqslant k \times l_{k+1}$。因此，$\sum\limits_{i=1}^{k} l_i + k \times \sum\limits_{i=1}^{k} l_i \leqslant k \times l_{k+1} + k \times \sum\limits_{i=1}^{k} l_i$ 等价于 $(k+1) \times \sum\limits_{i=1}^{k} l_i \leqslant k \times (l_{k+1} + \sum\limits_{i=1}^{k} l_i) = k \times \sum\limits_{i=1}^{k+1} l_i$，因此可证。 □

定理 4.3 若 $\underline{U} \leqslant U \leqslant \overline{U}$，则 k 是 1～ m 中第一次满足不等式 (4.13) 的值。

$$\max\left\{\frac{P}{k}, p_{\max}\right\} \times \sum_{i=1}^{k} l_i \geqslant U \tag{4.13}$$

证明 由定义可知 $C_{\max}^k > 0$。若 $l_k = l_1$，则 k 是第一次满足 $\max\left\{\dfrac{P}{k}, p_{\max}\right\} \times \sum\limits_{i=1}^{k} l_i \geqslant U$ 该不等式的值。若 $l_k > l_1$，则 $C_{\max}^1 = C_{\max}^2 = \cdots = C_{\max}^{k-1}$，$C_{\max}^k =$

$P-(C_{\max}^1+C_{\max}^2+\cdots+C_{\max}^{k-1})$。因此，$\max\left\{\dfrac{P}{k-1},p_{\max}\right\}\times\sum\limits_{i=1}^{k-1}l_i<U$。

下面考虑两种情形：$\dfrac{P}{k-1}\geqslant p_{\max}$ 和 $\dfrac{P}{k-1}<p_{\max}$。

在第一种情形中，由引理 4.2 可得 $\dfrac{P}{k}\times\sum\limits_{i=1}^{k}l_i\geqslant\dfrac{P}{k-1}\times\sum\limits_{i=1}^{k-1}l_i$，所以 k 是第一次满足 $\max\left\{\dfrac{P}{k},p_{\max}\right\}\times\sum\limits_{i=1}^{k}l_i\geqslant U$ 的值。

在第二种情形中，可得 $p_{\max}\times\sum\limits_{i=1}^{k-1}l_i<U$，因此 $p_{\max}\times\sum\limits_{i=1}^{k}l_i>p_{\max}\times\sum\limits_{i=1}^{k-1}l_i$，$k$ 也是第一次满足 $\max\left\{\dfrac{P}{k},p_{\max}\right\}\times\sum\limits_{i=1}^{k}l_i\geqslant U$ 等式的值。　□

下面给出解决 $P_m|\text{pmtn},\text{TC}\leqslant U|C_{\max}$ 的算法。

考虑可变成本的可中断同型机调度算法 $H_{4.2}$：

Step 1　由定理 4.2 得 $\underline{U}$ 和 $\overline{U}$，若 $U<\underline{U}$，则无可行调度，结束；若 $U>\overline{U}$，则令 $U=\overline{U}$。

Step 2　若 $U=\underline{U}$ 或者 $U=\overline{U}$，则用定理 4.1 计算 k；否则，$k=\arg\min_{h=1}^{m}\left\{\max\left\{\dfrac{P}{h},p_{\max}\right\}\times\sum\limits_{i=1}^{h}l_i\geqslant U\right\}$。

Step 3　若 $l_k=l_1$，则 $F_{\text{cp}}^*=\max\left\{p_{\max},\dfrac{P}{k}\right\}$；否则，$F_{\text{cp}}^*=\max\left\{p_{\max},\dfrac{P}{k},\dfrac{l_k\times P-U}{(k-1)\times l_k-\sum\limits_{i=1}^{k-1}l_i}\right\}$。

Step 4　将 n 个作业从时刻 0 按随机顺序调度在 $M_1,M_2,\cdots,M_{k-1}$ 上，且对于任意的 $i(1\leqslant i\leqslant k-1)$，令 $C_{\max}^i=F_{\text{cp}}^*$。在调度过程中若有作业使得 $C_{\max}^i$ 超过 F_{cp}^*，则将该作业截断，作业的剩余部分调度到接下来的机器上。当前 $(k-1)$ 个机器调度完成后，剩余的所有作业均调度在 M_k 上。

定理 4.4　算法 $H_{4.2}$ 的时间复杂度为 $O(n)$。

简单说明如下：Step 1 和 Step 2 的时间复杂度为 $O(n)$，Step 3 的时间复杂度为 $O(n)$，Step 4 的时间复杂度为 $O(n)$，所以算法 $H_{4.2}$ 总的时间复杂度为 $O(n)$。

为了更好地说明可中断的最小化 Makespan 问题中的算法 $H_{4.2}$，接下来用算例 4.1 阐述该过程。

算例 4.1 考虑下面这样一个具体的问题。当前制造资源共享平台上有三台机器可用，它们的单位时间加工费用分别为 $l_1=1, l_2=2, l_3=3$。此时接收到一批订单作业，具体信息见表 4.1，考虑三种成本上限 U：

（1）$U=120$；

（2）$U=90$；

（3）$U=78$。

表 4.1 算例 4.1 作业参数取值

j	1	2	3	4	5	6	7	8
p_j	2	7	3	5	10	15	8	4

由作业信息可得 $p_{\max}=\max_{j=1}^{8} p_j=15, P=\sum\limits_{j=1}^{8} p_j=54, \dfrac{P}{m}=\dfrac{54}{3}=18$，成本下界 $\underline{U}=P\times l_1=54$，成本上界 $\overline{U}=\dfrac{P}{m}\times(\sum\limits_{i=1}^{m} l_i)=18\times 6=108$。

（1）$U=120$，$U>\overline{U}$，因此令 $U=\overline{U}=108$。由定理 4.3 可得 $k=m=3$。因为 $\dfrac{P}{m}>p_{\max}$，所以

$$F_{\mathrm{cp}}^{*}=\max\left\{p_{\max}, \frac{P}{k}, \frac{l_k\times P-U}{(k-1)\times l_k-\sum\limits_{i=1}^{k-1}}\right\}=\max\left\{15, 18, \frac{3\times 15-120}{2\times 3-3}\right\}=18$$

（2）$U=90$，$\underline{U}\leqslant U\leqslant\overline{U}, k=3$ 是第一次满足不等式（4.13）的值则

$$F_{\mathrm{cp}}^{*}=\max\left\{p_{\max}, \frac{P}{k}, \frac{l_k\times P-U}{(k-1)\times l_k-\sum\limits_{i=1}^{k-1} l_i}\right\}=\max\left\{15, 18, \frac{3\times 54-90}{2\times 3-3}\right\}=24$$

（3）$U=78$，$\underline{U}\leqslant U\leqslant\overline{U}$，$k=2$ 是第一次满足不等式（4.13）的值, 则

$$F_{\mathrm{cp}}^{*}=\max\left\{p_{\max}, \frac{P}{k}, \frac{l_k\times P-U}{(k-1)\times l_k-\sum\limits_{i=1}^{k-1} l_i}\right\}=\max\left\{15, 27, \frac{3\times 54-78}{1\times 2-1}\right\}=30$$

图 4.1 给出了三种情形下的调度方案。

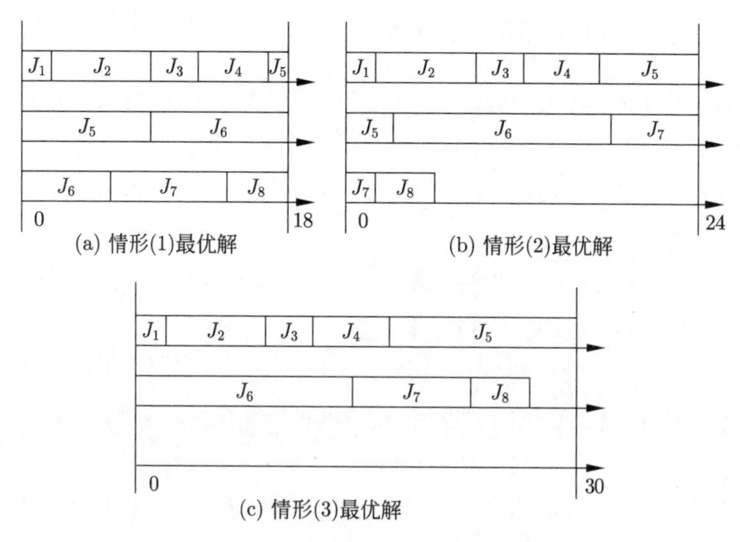

(a) 情形(1)最优解

(b) 情形(2)最优解

(c) 情形(3)最优解

图 4.1　算例 4.1 最优调度方案

4.2.2.2　不可中断的最小化 Makespan 问题

本小节给出启发式算法，用以解决 $P_m|\mathrm{TC} \leqslant U|C_{\max}$ 问题，并证明该算法的最大误差界。

众所周知，LPT 是用来解决 $P_m||C_{\max}$ 最常用的规则。由于 $P_m||C_{\max}$ 是 $P_m|\mathrm{TC} \leqslant U|C_{\max}$ 的松弛问题，因此本节基于 LPT 算法提出一种解决 $P_m|\mathrm{TC} \leqslant U|C_{\max}$ 的算法 $H_{4.3}$。

考虑可变成本的最小化 Makespan同型机调度算法 $H_{4.3}$:

Step 1　利用算法 4.2 解决 $P_m|\mathrm{TC} \leqslant U|C_{\max}$ 对应的 $P_m|\mathrm{pmtn}, \mathrm{TC} \leqslant U|C_{\max}$ 问题，可得 F^*_{cp}、k 和 $C^k_{\max}$，令 $R = C^k_{\max}$。

Step 2　作业集合 $J=\{J_1, J_2, \cdots, J_n\}$。将作业非增排序，得 $p_1 \geqslant p_2 \geqslant \cdots \geqslant p_n$。对于任意的 $i(1 \leqslant i \leqslant k)$，令 $S_i = \varnothing$，$t_i = 0$。S_i 表示第 i 个有序作业集合，t_i 表示第 i 个有序作业集合 S_i 总的加工时间。

Step 3　令 J_f 为当前作业集合 J 的第一个作业。设 $l = \arg\min_{i=1}^{k-1}\{t_i + p_f\}$，若有多个最小值，则选择单位时间加工费用最小的机器。

Step 4　若 $t_i + p_f > F^*_{\mathrm{cp}}$ 且 $t_k + p_f \leqslant R$，则 $S_k = S_k \cup \{J_f\}$ 且 $t_k = t_k + p_f$；否则，$S_l = S_l \cup \{J_f\}$ 且 $t_l = t_l + p_f$。$J = J \setminus \{J_f\}$，若 $J \neq \varnothing$，则转 Step 3。

Step 5　对于任意的 $i(1 \leqslant i \leqslant k-1)$，将 t_i 以非增排序，不失一般性，可表示为 $t_1 \geqslant t_2 \geqslant \cdots \geqslant t_{k-1}$。对于每一个 $i(1 \leqslant i \leqslant k-1)$，调度 S_i 到机器 M_i 上，令 $C^i_{\max} = t_i$。

Step 6 调度 S_k 到机器 M_k 上，令 $C_{\max}^k = t_k$，$C_{\max} = t_1$。

下面用定理 4.5 说明算法 $H_{4.3}$ 得到的调度方案是一个可行调度方案，即该调度方法的成本不会超过给定的成本上界 U。

定理 4.5 通过算法 $H_{4.3}$ 解决 $P_m|\text{TC} \leqslant U|C_{\max}$ 问题得到的调度方案是一个可行方案。

证明 设在 $P_m|\text{TC} \leqslant U|C_{\max}$ 最优调度中花费的成本为 V_{cp}，通过算法 $H_{4.3}$ 得到的调度花费的成本为 V_{c}，$\text{TC} = V_{\text{c}}$，显然 $V_{\text{cp}} \leqslant U$。

由 Step 5 可知，对于 $i(1 \leqslant i \leqslant k-1)$，$C_{\max}^i$ 是 i 的非增函数。假设存在 $q(1 \leqslant q \leqslant k-1)$，使得机器 M_q 是最后一个 $C_{\max}^q > F_{\text{cp}}^*$，即对于任意的 $i(1 \leqslant i \leqslant q)$，$C_{\max}^i > F_{\text{cp}}^*$；对于任意的 $i(q+1 \leqslant i \leqslant k)$，$C_{\max}^i \leqslant F_{\text{cp}}^*$。

设 $\varDelta$ 为算法 $H_{4.3}$ 得到的调度方案中 $C_{\max}^i$ 超过 F_{cp}^* 的机器中那些作业加工时间总和，因此可得 $\varDelta = \sum\limits_{i=1}^{q} C_{\max}^i - q \times F_{\text{cp}}^* > 0$，显然 $\varDelta = P - \sum\limits_{i=q+1}^{k} C_{\max}^i - q \times F_{\text{cp}}^*$。由于 $l_1 \leqslant l_2 \leqslant \cdots \leqslant l_m$，可知 $V_{\text{c}} - V_{\text{cp}} \leqslant \varDelta \times l_q - \varDelta \times l_{q+1} \leqslant 0$，所以 $V_{\text{c}} \leqslant V_{\text{cp}} \leqslant U$，即 $\text{TC} \leqslant V_{\text{cp}} \leqslant U$，可证算法 $H_{4.3}$ 获得的调度方案是可行的。 □

定理 4.6 设算法 $H_{4.3}$ 获得的 Makespan 值为 F_{c}，该问题的最优 Makespan 值为 F_{c}^*，p_k 是 n 个作业中第 k 长的加工时间，那么可得 $F_{\text{c}} - F_{\text{c}}^* \leqslant p_k$ 且 $F_{\text{c}}/F_{\text{c}}^* \leqslant 2$。

证明 令 $t_i(j)$ 为通过算法 $H_{4.3}$ 调度作业 J_j 之后机器 M_i 的完工时间。在算法 $H_{4.3}$ 中，在调度作业 J_j 时，首先会在 Step 3 中计算 $l = \arg\min_{i=1}^{k-1}\{t_i(j-1) + p_j\}$，则在 Step 4 中作业 J_j 存在两种情形：

情形 1：$t_l(j-1) + p_j > F_{\text{cp}}^*$ 且 $t_k(j-1) + p_j \leqslant R$。在这种情形下，$J_j$ 将会被调度到机器 M_k 上且 $t_k(j) \leqslant R \leqslant F_{\text{cp}}^*$。

情形 2：$t_l(j-1) + p_j \leqslant F_{\text{cp}}^*$ 或者 $t_k(j-1) + p_j > R$。在这种情形下，J_j 将会被调度到机器 M_i 上，做如下考虑：① $t_l(j-1)+p_j \leqslant F_{\text{cp}}^*$，② $t_l(j-1)+p_j > F_{\text{cp}}^*$，但是 $t_k(j-1) + p_j > R$。在①中，可得 $t_l(j) \leqslant F_{\text{cp}}^*$；在②中，可得 $t_l(j) > F_{\text{cp}}^*$。

下面用反证法证明若 J_j 是第一个使得 $t_l(j) > F_{\text{cp}}^*$ 的作业，那么对于任意的 r（$j+1 \leqslant r \leqslant n$），有 $t_l(r) = t_l(j)$。假设 J_r 是第一个使得 $t_l(r) > t_l(j)$ 的作业，那么作业 J_r 必将被调度到机器 M_l 上。由算法 $H_{4.3}$ 的 Step 3 可得，对于任意的 $i(1 \leqslant i \leqslant k-1)$，必有 $t_i(r-1) \geqslant t_l(r-1) = t_l(j) > F_{\text{cp}}^*$。由于 $P = (k-1) \times F_{\text{cp}}^* + R = \sum\limits_{j=1}^{r-1} p_j + \sum\limits_{j=r}^{n} p_j = \sum\limits_{i=1}^{k-1} t_i(r-1) + t_k(r-1) + \sum\limits_{j=r}^{n} p_j$，移

项合并得 $R - t_k(r-1) = \sum_{i=1}^{k-1} t_i(r-1) - (k-1) \times F_{\mathrm{cp}}^* + \sum_{j=r}^{n} p_j \geqslant \sum_{j=r}^{n} p_j$，接着 $R \geqslant t_k(r-1) + \sum_{j=r}^{n} p_j$，所以作业 $J_r, J_{r+1}, \cdots, J_n$ 均可以被调度到机器 M_k 上，这与假设调度到 M_l 矛盾，因此得证。

通过上述分析，可知对于任意的机器 M_l，若 $t_l(j-1) \leqslant F_{\mathrm{cp}}^*$ 且 $t_l(j) > F_{\mathrm{cp}}^*$，将不会有其他作业调度到该机器上，所以 $F_{\mathrm{c}} - F_{\mathrm{cp}}^* \leqslant p_j$。又因为对于任意的 $i(1 \leqslant i \leqslant k-1)$，存在 $t_i(k-1) \leqslant F_{\mathrm{cp}}^*$，所以 $F_{\mathrm{c}} - F_{\mathrm{cp}}^* \leqslant p_k$。易知 $F_{\mathrm{c}}^* \geqslant F_{\mathrm{cp}}^*$，所以 $F_{\mathrm{c}} - F_{\mathrm{cp}}^* \leqslant p_k$。更进一步，$F_{\mathrm{c}}/F_{\mathrm{c}}^* \leqslant 1 + p_k/F_{\mathrm{c}}^*$，$F_{\mathrm{c}}^* \geqslant p_k$，可得 $F_{\mathrm{c}}/F_{\mathrm{c}}^* \leqslant 2$。 □

注意：定理 4.6 证明了该问题的最大误差界小于等于 2，但是我们相信实际中该问题的最大误差界应当更小。例如，假设存在 3 台机器，其单位加工时间成本分别为 $l_1 = 1$、$l_2 = 2$、$l_3 = 3$。当前有 4 个作业，其加工时间分别为 $p_1 = 19$、$p_2 = 19$、$p_3 = 11$、$p_4 = 11$。令给定的成本为 $U = 120$，那么可知总加工时间为 $P = 60$，$P/m = 20$ 和 $p_{\max} = 19$。由于 $P/m > p_{\max}$，通过定理 4.2，可知给定成本的上限 $\overline{U} = \frac{P}{m} \times (\sum_{i=1}^{3} l_i) = 120 = U$。由推论 4.1 可得 $k = m = 3$。当使用算法 $H_{4.2}$ 时，可得 $F_{\mathrm{cp}}^* = \max\left\{p_{\max}, \frac{P}{k}, \frac{l_k \times P - U}{(k-1) \times l_k - \sum_{i=1}^{k} l_i}\right\} = 20$。算法 $H_{4.3}$ 将会把前 3 个作业分别调度到前 3 个机器上，每一个机器分配一个作业；第 4 个作业将被调度到第 1 个机器上，因此可知 $F_{\mathrm{c}} = 30$。而最优调度是将后面两个作业调度到第 2 个或者第 3 个机器上，这样最优调度方案得到的最优调度值为 $F_{\mathrm{c}}^* = 22$。因此，$F_{\mathrm{c}}/F_{\mathrm{c}}^* = 30/22 \approx 1.5$。4.2.3 节将进一步给出大量数据的实验结果及其分析。

4.2.2.3 最小化总完工时间问题

本小节考虑可变成本的最小化总完工时间同型机调度问题，即 $P_m|\mathrm{TC} \leqslant U|\sum C_j$ 问题。当不考虑成本时，SPT 规则能够得到 $P_m\|\sum C_j$ 问题的最优解。由于 $P_m\|\sum C_j$ 是 $P_m|\mathrm{TC} \leqslant U|\sum C_j$ 的松弛问题，因此我们基于 SPT 算法提出了算法 $H_{4.4}$。

考虑可变成本的最小化总完工时间的同型机调度算法 $H_{4.4}$：

Step 1 通过算法 $H_{4.2}$ 解决对应的 $P_m|\mathrm{pmtn}, \mathrm{TC} \leqslant U|C_{\max}$ 问题，获得 k 值和 $C_{\max}^k$，令 $R = C_{\max}^k$。

Step 2 将 n 个作业按加工时间非减排序，可得 $p_1 \leqslant p_2 \leqslant \cdots \leqslant p_n$。

Step 3 对于任意的 $i(1 \leqslant i \leqslant k)$，设 $S_i = \varnothing$，$t_i = 0$。

Step 4 令 $i = k$ 且 $j = 1$。

Step 5 若 $i = k$ 且 $t_i + p_j > R$，则有 $i = i - 1$。

Step 6 $S_i = S_i \cup \{J_j\}$，$t_i = t_i + p_j$，$C_j = t_i$，$j = j + 1$，$i = i - 1$。

Step 7 若 $i = 0$，则令 $i = k$。

Step 8 若 $j \leqslant n$，则转 Step 5。

Step 9 对任意的 $i(1 \leqslant i \leqslant k-1)$，将 S_i 按照 t_i 非增排序，可得 $t_1 \geqslant t_2 \geqslant \cdots \geqslant t_{k-1}$。将 S_i 调度到机器 M_i 上，S_k 调度到机器 M_k 上。对于所有的 i $(1 \leqslant i \leqslant k)$，令 $C_{\max}^i = t_i$。

Step 10 获得 $\sum\limits_{j=1}^{n} C_j$。

定理 4.7 算法 $H_{4.4}$ 获得的调度方案是可行调度，且其时间复杂度为 $O(n\log n)$。

证明 由于 $C_{\max}^k$ 未超过 R 且对于 i $(1 \leqslant i \leqslant k-1)$，$C_{\max}^i$ 是非增的，因此用定理 4.5 即可证明该算法的调度方案是可行方案。Step 1 的时间复杂度为 $O(n)$，Step 2 的时间复杂度为 $O(n\log n)$，Step 3~Step 8 的时间复杂度为 $O(n)$，Step 9 的时间复杂度为 $O(m\log m)$，Step 10 的时间复杂度为 $O(n)$。由于 $m \leqslant n$，所以总的时间复杂度为 $O(n\log n)$。 □

4.2.3 实验结果

本节算法通过 Java 编程实现，编译器为 Myeclipse 10。计算机配置如下：CPU 为 Intel(R) Core(TM) i5 2.40GHz，内存为 4.00GB，操作系统为 Mircosoft Windows 7 SP1。

4.2.3.1 最小化 Makespan 问题

通过 CPLEX 解决不可中断问题的线性规划模型并获得最优解，用以分析算法 $H_{4.3}$ 的有效性。对任意的作业 $J_j(i \leqslant j \leqslant n)$ 和任意的机器 $M_i(1 \leqslant i \leqslant m)$，若作业 J_j 被调度到机器 M_i 上，则变量 $x_{ij} = 1$，否则 $x_{ij} = 0$，从而构建如下整数规划模型：

$$\text{Minimize } C_{\max} \tag{4.14}$$

$$\text{s.t. } \sum_{i=1}^{m} x_{ij} = 1; \quad j = 1, 2, \cdots, n \tag{4.15}$$

$$\sum_{j=1}^{n} p_j \times x_{ij} \leqslant C_{\max}; \quad i=1,2,\cdots,m \tag{4.16}$$

$$\sum_{i=1}^{m}\sum_{j=1}^{n} l_i \times p_j \times x_{ij} \leqslant U \tag{4.17}$$

$$x_{ij} \in \{0,1\}; i=1,2,\cdots,m; \quad j=1,2,\cdots,n \tag{4.18}$$

式 (4.14) 为目标函数；式 (4.15) 保证每个作业只能被调度到唯一的一个机器上；式 (4.16) 使得任意的机器 $C_{\max}^{i} \leqslant C_{\max}$；式 (4.17) 确保总成本不会超过给定的成本上限 U；式 (4.18) 保证 x_{ij} 只能为 1 或 0。

令算法 $H_{4.2}$ 获得的最优可中断值为 $F_{\rm cp}^*$，通过 CPLEX 获得的最优不可中断值为 $F_{\rm c}^*$，通过算法 $H_{4.3}$ 得到的不可中断值为 $F_{\rm c}$。

这里设定了 4 种机器数，$m \in \{2,3,4,5\}$。机器费用呈随机分布 $U[1,5]$。作业数对应机器数随机从 $U[2m,3m]$ 产生。作业加工时间呈随机分布，在 [10, 20] 中随机产生。由于成本上限对算法结果存在影响，因此设定参数 λ 来控制成本。令 $U=\underline{U}+\lambda\times(\overline{U}-\underline{U})$，$\lambda$ 可选 3 种值，分别为 0.2、0.5、0.8。每一组 m、n、λ 相对应，随机产生 10 组数据。计算这 10 组数据的 $F_{\rm c}^*$、$F_{\rm c}$ 的平均值，以及 Gap_1、Gap_2 和 Gap_3 的值，其中 $\text{Gap}_1=\dfrac{F_{\rm c}-F_{\rm cp}^*}{F_{\rm cp}^*}\times 100\%$，$\text{Gap}_2=\dfrac{F_{\rm c}-F_{\rm c}^*}{F_{\rm c}}\times 100\%$，$\text{Gap}_3=\dfrac{F_{\rm c}^*-F_{\rm cp}^*}{F_{\rm cp}^*}\times 100\%$。

表 4.2～表 4.4 分别展示了 $p_j \in [10,20]$ 情形下，$\lambda=0.2$、$\lambda=0.5$、$\lambda=0.8$ 时算法 $H_{4.3}$ 的实验结果。

表 4.2　加工时间分布在 [10,20] 和 $\boldsymbol{\lambda}=0.2$ 情形时算法 $\boldsymbol{H_{4.3}}$ 的实验结果

m	n	$F_{\rm cp}^*$	$F_{\rm c}^*$	$F_{\rm c}$	Gap_1	Gap_2	Gap_3
2	4	38.1	41.2	41.6	9.5%	1.0%	8.1%
	5	56.0	61.4	62.5	11.6%	1.8%	9.6%
	6	59.6	64.1	64.9	8.9%	1.2%	7.6%
3	6	64.3	65.8	67.9	5.6%	3.2%	2.3%
	7	81.3	82.9	85.4	5.0%	3.1%	1.8%
	9	90.3	91.8	96.2	6.5%	4.8%	1.7%
4	9	83.0	83.8	88.2	6.3%	5.3%	1.0%
	10	90.0	90.9	96.2	6.8%	5.8%	1.0%
	12	95.2	95.9	101.5	6.6%	5.8%	0.7%
5	11	83.1	83.8	88.3	6.3%	5.4%	0.8%
	13	84.1	85.0	89.1	6.0%	4.8%	1.1%
	14	109.9	110.8	115.9	5.5%	4.6%	0.8%

表 4.3 加工时间分布在 [10,20] 和 $\lambda=0.5$ 情形时算法 $H_{4.3}$ 的实验结果

m	n	F^*_{cp}	F^*_c	F_c	Gap_1	Gap_2	Gap_3
2	4	34.6	35.9	36.3	5.0%	1.1%	3.8%
	5	48.4	49.9	53.8	11.2%	7.8%	3.1%
	6	53.3	54.9	57.7	8.3%	5.1%	3.0%
3	6	45.0	46.0	50.0	11.1%	8.7%	2.2%
	7	59.8	61.2	66.6	11.4%	8.8%	2.3%
	9	69.0	69.6	75.2	9.0%	8.0%	0.9%
4	9	54.0	54.9	60.0	11.1%	9.3%	1.7%
	10	58.7	59.7	64.9	10.6%	8.7%	1.7%
	12	69.3	60.0	73.8	8.0%	7.0%	1.0%
5	11	53.4	54.0	58.0	8.6%	7.4%	1.1%
	13	54.9	55.7	59.4	8.2%	6.6%	1.5%
	14	68.8	69.7	74.6	8.4%	7.0%	1.3%

表 4.4 加工时间分布在 [10,20] 和 $\lambda=0.8$ 情形时算法 $H_{4.3}$ 的实验结果

m	n	F^*_{cp}	F^*_c	F_c	Gap_1	Gap_2	Gap_3
2	4	32.0	34.3	35.8	11.9%	4.4%	7.2%
	5	40.7	42.6	44.5	9.3%	4.5%	4.7%
	6	47.0	48.2	51.5	10.0%	6.8%	2.6%
3	6	35.0	37.0	40.4	15.4%	9.2%	5.7%
	7	43.4	44.3	48.2	11.1%	8.8%	2.1%
	9	52.9	53.5	58.9	11.3%	10.1%	1.1%
4	9	40.9	42.0	45.1	10.3%	7.4%	2.7%
	10	43.7	44.6	48.2	1.0%	8.1%	2.1%
	12	51.0	51.7	57.6	12.9%	11.4%	1.4%
5	11	38.8	40.1	43.7	12.6%	9.0%	3.4%
	13	44.4	45.3	48.6	9.5%	7.3%	2.0%
	14	49.9	51.0	56.7	13.6%	11.2%	2.2%

通过表 4.2~表 4.4 中的数据，可以发现：

（1）Gap_1 始终比 Gap_2、Gap_3 大，说明了作业可中断情形下其解作为不可中断问题的下界的正确性。

（2）当 m、n 相同时，F_c 的值随着 λ 值的增大而减小。验证了成本会对算法取得的解具有约束作用。

（3）对最优不可中断值和最优可中断值做了对比。Gap_3 的范围为 [0.7%,9.6%]。算法 $H_{4.3}$ 的值和最优可中断值的对比 Gap_1 的取值范围为 [5.0%,15.4%]。

4.2.3.2　最小化总完工时间问题

本小节通过大量数据实验验证算法 $H_{4.4}$ 的有效性。为了测试算法 $H_{4.4}$ 的结果，这里给出总完工时间的整数规划模型，并用 CPLEX 求解其最优值，将该值与算法 $H_{4.4}$ 的结果进行对比。整数规划模型如下，其中对于任意的 i $(1 \leqslant i \leqslant m)$、$j$ $(1 \leqslant j \leqslant n)$、$k$ $(1 \leqslant k \leqslant n)$，$x_{ikj}$ 表示作业 J_j 被调度到机器 M_i 上倒数第 k 个位置。

$$\text{Minimize} \ \sum_{i=1}^{m}\sum_{k=1}^{n}\sum_{j=1}^{n} k \times p_j \times x_{ikj} \tag{4.19}$$

$$\text{s.t.} \ \sum_{i=1}^{m}\sum_{k=1}^{n} x_{ikj} = 1; \quad j = 1, 2, \cdots, n \tag{4.20}$$

$$\sum_{j=1}^{n} x_{ikj} \leqslant 1; \quad i = 1, 2, \cdots, m; k = 1, 2, \cdots, n \tag{4.21}$$

$$\sum_{i=1}^{m}\sum_{k=1}^{n}\sum_{j=1}^{n} l_i \times p_j \times x_{ikj} \leqslant U \tag{4.22}$$

$$x_{ikj} \in \{0, 1\}; \quad i = 1, 2, \cdots, m; k = 1, 2, \cdots, n; j = 1, 2, \cdots, n \tag{4.23}$$

式 (4.19) 给出了目标函数最小化总完工时间的表达式；式 (4.20) 表示每个作业会被调度到一个机器的一个位置上；式 (4.21) 确保对于每个机器上的每个位置只能有一个作业；式 (4.22) 保证总的成本不会超过给定的预算；式 (4.23) 表示 x_{ikj} 只能取整数 0 或 1。

与 4.2.3.1 小节类似，在考虑最小化总完工时间问题的实验中也设定了 4 种机器数，$m \in \{2, 3, 4, 5\}$。单位时间成本在 $U[1, 5]$ 中随机生成。作业加工时间呈随机分布，在 $U[2m, 3m]$ 随机产生。本小节考虑两种情形，在第 1 种情形中，加工时间在 $[1, 20]$ 中随机产生；在第 2 种情形中，加工时间在 $[10, 20]$ 中随机产生。由于成本上限对算法结果存在影响，因此设定参数 λ 来控制成本。令 $U = \underline{U} + \lambda \times (\overline{U} - \underline{U})$，$\lambda$ 选 3 种值，分别为 0.2、0.5、0.8。

记 CPLEX 获得的最优值为 H^*，算法 $H_{4.4}$ 获得的值为 H。对于每一次 m、n、λ 的组合，均产生 10 组例子，计算这 10 个例子中 H^*、H 的平均值。对于每一次组合，均计算其 Gap 值，$\text{Gap} = \dfrac{H - H^*}{H} \times 100\%$。

表 4.5 给出了加工时间在 [1,20] 随机分布的实验结果。由表 4.5 可知：

（1）当 $\lambda = 0.2$ 时，其 Gap 值的取值范围为 0.0%~9.5%，说明此时两者之间的差距较小，算法 $H_{4.4}$ 可以取得较为理想的解。

表 4.5 加工时间分布在 [1,20] 的总完工时间实验结果

m	n	$\lambda=0.2$			$\lambda=0.5$			$\lambda=0.8$		
		H^*	H	Gap	H^*	H	Gap	H^*	H	Gap
2	4	79.6	79.6	0.0%	72.1	68.6	5.1%	66.3	60.4	9.8%
	5	106.7	104.7	1.9%	92.8	85.9	8.0%	83.3	77.7	7.2%
	6	142.0	139.6	1.7%	120.4	118.6	1.5%	120.4	109.6	9.9%
3	6	114.8	106.9	7.4%	96.4	86.9	10.9%	82.6	75.5	9.4%
	7	156.2	143.8	8.6%	126.1	110.7	13.8%	107.6	95.0	13.3%
	9	282.4	274.3	3.0%	233.2	207.2	12.6%	197.8	175.3	12.8%
4	9	208.0	190.3	9.3%	169.0	145.8	15.9%	135.6	122.9	10.3%
	10	234.9	220.1	6.7%	186.3	173.4	7.4%	162.6	156.4	4.0%
	12	388.9	355.0	9.5%	285.5	259.3	10.1%	241.1	220.0	9.6%
5	11	242.7	229.8	5.6%	193.8	171.8	12.8%	165.4	148.6	11.3%
	13	364.3	339.3	7.4%	287.5	250.0	15.0%	234.5	209.0	12.3%
	14	367.4	341.0	7.7%	269.9	245.1	10.1%	237.1	215.3	10.1%

（2）当 $\lambda=0.5$ 时，其 Gap 值的取值范围为 1.5%~15.9%，范围相比 $\lambda=0.2$ 时略大，但依然是可接受的。

（3）当 $\lambda=0.8$ 时，其 Gap 值的取值范围为 4.0%~13.3%，与 $\lambda=0.5$ 时范围差不多。这说明当 $\lambda=0.5$ 时，其 Gap 值的范围已经趋于稳定，此时的 Gap 值也并不是很大。

（4）当 m、n 固定时，H 值随着 λ 的增加而降低。这是因为更小的 λ 使用更少的机器，所以 H 增大。

表 4.6 给出了加工时间在 [10,20] 随机分布的实验结果。由表 4.6 知：

表 4.6 加工时间分布在 [10,20] 的总完工时间实验结果

m	n	$\lambda=0.2$			$\lambda=0.5$			$\lambda=0.8$		
		H^*	H	Gap	H^*	H	Gap	H^*	H	Gap
2	4	137.3	137.3	0.0%	104.0	100.6	3.4%	104.0	95.7	8.7%
	5	206.7	206.1	0.3%	165.1	153.8	7.3%	135.1	132.5	2.0%
	6	264.5	264.5	0.0%	220.5	207.3	6.4%	186.2	179.0	4.0%
3	6	210.0	204.6	2.6%	164.7	155.8	5.7%	147.1	135.6	8.5%
	7	289.4	274.7	5.5%	227.3	207.4	9.6%	193.1	174.0	11.0%
	9	400.7	388.9	3.0%	326.9	304.7	7.3%	297.3	267.0	11.3%
4	9	357.0	337.8	5.7%	278.3	249.9	11.4%	233.1	213.7	9.1%
	10	415.3	399.1	4.1%	337.0	302.1	11.6%	273.6	252.9	8.2%
	12	619.8	593.9	4.4%	450.8	420.8	7.1%	369.7	246.8	6.6%
5	11	489.0	460.9	6.1%	372.1	329.6	12.9%	292.0	263.9	10.6%
	13	660.3	625.9	5.5%	494.1	429.5	15.0%	376.4	347.4	8.3%
	14	794.8	750.3	6.0%	565.3	491.8	45%	429.8	385.1	11.4%

（1）总体来看，Gap 值的范围为 0.0%~15.0%，其结果和表 4.5 基本一致，说明加工时间的范围对解的影响并不大。

（2）当 m、n 固定时，H 值同样随着 λ 增大而减小。进一步验证了当 λ 更小时，会使用更少的机器，此时 H 不可避免地增大。

4.3　考虑可变成本的最小化最大延迟时间平行机调度

本节研究一类考虑可变成本约束的平行机调度问题，调度的目标是最小化最大延迟时间。本节为该问题建立了 MIP 模型，改进和应用 EDD 规则设计了算法 $H_{4.5}$，证明了该算法的可行性，进而理论分析了算法的最坏误差界，同时也采用大量随机数据实验验证了算法的性能。

4.3.1　问题描述

本节假设相同生产效率的机器具有不同的单位使用成本，研究了一类考虑成本的最小化最大延迟时间的平行机调度问题。给定平行机集合 $\mathcal{M} = \{M_i \mid i = 1, 2, \cdots, m\}$。这里将能源消耗成本及维护成本统称为机器的使用成本。假定机器 M_i 的单位时间使用成本为 $l_i (l_i > 0)$，即若机器 M_i 使用时间为 $t_i (t_i \geqslant 0)$，则产生成本为 $l_i \cdot t_i$。不失一般性，假定 $0 < l_1 \leqslant l_2 \leqslant \cdots \leqslant l_m$。给定作业集合 $\mathcal{J} = \{J_j \mid j = 1, 2, \cdots, n\}$。每个作业均可被任意机器加工，作业 J_j 的加工时间为 $p_j (p_j > 0)$。一个作业在同一时刻只能被一台机器加工，并且每台机器在同一时刻只能加工一个作业。作业不允许中断。用 σ 表示某一可行调度方案，$C_j(\sigma)$ 表示作业 J_j 的完工时间。假定 $d_j (d_j \geqslant p_j)$ 是作业 J_j 的预交付时间，则可行调度 σ 中作业 J_j 的延迟时间为 $L_j(\sigma) = C_j(\sigma) - d_j$。最大延迟时间 $L_{\max}(\sigma) = \max_{j=1}^{n}\{L_j(\sigma)\}$，令 $C_{\max}^i(\sigma)$ 为机器 M_i 所加工作业的最大完工时间，即 M_i 在时间区间 $[0, C_{\max}^i(\sigma)]$ 内加工作业，则 $t_i(\sigma) = C_{\max}^i(\sigma)$，机器 M_i 的使用成本为 $U_i(\sigma) = l_i \cdot C_{\max}^i(\sigma)$，从而可行调度方案 σ 的总使用成本为 $U(\sigma) = \sum\limits_{i=1}^{m} U_i(\sigma)$。在不产生歧义的前提下，本节表述将省略 σ。本节研究的问题是在给定成本上限 $\hat{U} (\hat{U} > 0)$ 的前提下找到最优的调度方案 σ^*，最小化最大延迟时间。参照 Graham 等 [7] 提出的 $\alpha|\beta|\gamma$ 三参数表示法，本节问题可表示为 $P_m|\text{TC} \leqslant \hat{U}|L_{\max}$，其中 P_m 表示平行机，TC 表示加工完所有作业所产生的机器使用成本，$\hat{U}$ 为给定的总成本预算，$L_{\max}$ 表示调度的目标为最小化最大延迟时间。

因调度方案产生之前无法确定作业对应的机器编号，为此引入符号 p_{ij} 和 d_{ij}。对 $\forall i \in \{1,2,\cdots,m\}$，令 $p_{ij}=p_j$，$d_{ij}=d_j$。用 n_i 表示机器 M_i 上的作业个数，$n_i \geqslant 0$，$\sum\limits_{i=1}^{m} n_i = n$。引入 0-1 变量 x_{ikj} 用于表示作业 J_j 是否在机器 M_i 的位置 k 上加工，若加工则为 1，否则为 0，从而为 $P_m|\mathrm{TC} \leqslant \hat{U}|L_{\max}$ 问题构建如下 MIP 模型，记为 MIP。

$$\text{Minimize} \quad L_{\max} \tag{4.24}$$

$$\text{s.t.} \quad \sum_{i=1}^{m}\sum_{k=1}^{n_i} x_{ikj} = 1; \quad j=1,2,\cdots,n \tag{4.25}$$

$$\sum_{j=1}^{n} x_{ikj} \leqslant 1; \quad i=1,2,\cdots,m;\ k=1,2,\cdots,n_i \tag{4.26}$$

$$d_{ik} = \sum_{j=1}^{n} x_{ikj} \cdot d_{ij}; \quad i=1,2,\cdots,m;\ k=1,2,\cdots,n_i \tag{4.27}$$

$$C_{ik} \geqslant C_{i,k-1} + \sum_{j=1}^{n} x_{ikj} \cdot p_{ij}; \quad i=1,2,\cdots,m;\ k=1,2,\cdots,n_i \tag{4.28}$$

$$L_{\max} \geqslant C_{ik} - d_{ik}; \quad i=1,2,\cdots,m;\ k=1,2,\cdots,n_i \tag{4.29}$$

$$\sum_{i=1}^{m}\sum_{k=1}^{n_i}\sum_{j=1}^{n} x_{ikj} \cdot l_i \cdot p_j \leqslant \hat{U} \tag{4.30}$$

$$x_{ikj} \in \{0,1\}; \quad i=1,2,\cdots,m;\ j=1,2,\cdots,n;\ k=1,2,\cdots,n_i \tag{4.31}$$

式（4.24）表示规划模型的目标函数；约束（4.25）表示每个作业会被调度到一个机器的一个位置上；约束（4.26）确保对于每个机器上的每个位置只能有一个作业；约束（4.27）和约束（4.28）分别表示第 i 台机器的 k 位置上作业的工期和完工时间；约束（4.29）规定作业的最大延迟时间要大于或等于完工时间与工期的差值；约束（4.30）确保总成本不会超过给定的成本上限；约束（4.31）表示 x_{ikj} 只能为 1 或 0，且每个变量必须大于或等于 0。

若将 MIP 模型中的整数约束条件（4.31）松弛为线性约束条件（4.32），并将对应的线性规划模型记作 MLP, 那么 MLP 为 MIP 的松弛问题。

$$0 \leqslant x_{ikj} \leqslant 1;\ i=1,2,\cdots,m;\ j=1,2,\cdots,n;\ k=1,2,\cdots,n_i \tag{4.32}$$

4.3.2 算法设计

本节假定平行机具有不同的使用成本，研究给定成本上限 $\hat{U}(\hat{U}>0)$ 的最小化最大延迟时间问题。为描述方便，定义所有作业的加工时间总和为 $P=\sum_{j=1}^{n} p_j$；作业的最大加工时间为 $p_{\max}$，即 $p_{\max}=\max_{j=1}^{n} p_j$；作业的最大预交付时间为 $d_{\max}=\max_{j=1}^{n} d_j$。若同时忽略成本及交付期约束，则 $P_m|\mathrm{TC}\leqslant\hat{U}|L_{\max}$ 退化为 $P_m||C_{\max}$。由于后者是NP-难问题，因此本节研究的问题也是NP-难的。

为解决 $P_m|\mathrm{TC}\leqslant\hat{U}|L_{\max}$ 问题，我们主要的思路是针对 EDD 规则进行改进。

性质 4.1[8]　EDD 规则对 $1||L_{\max}$ 是最优的。

性质 4.2[8]　用 σ_{EDD} 表示 EDD 算法获得的解，$d_{\max}$ 为最大的预交付时间，则对于 $P_m||L_{\max}$ 问题，EDD 的最坏误差界可表示为

$$[L_{\max}(\sigma_{\mathrm{EDD}})-L_{\max}(\sigma^*)]/[L_{\max}(\sigma^*)+d_{\max}]\leqslant 1-1/m \tag{4.33}$$

成本预算制约着解的可行性，由定理 4.2 可知，若令 $\alpha=\left\lceil\dfrac{P}{p_{\max}}\right\rceil$，$\beta=\left\lfloor\dfrac{P}{p_{\max}}\right\rfloor$，则可通过式（4.34）和式（4.35）分别计算总成本预算 $\hat{U}$ 的下限和上限。也就是说，若 $\hat{U}<\underline{U}$，则问题无可行解；若 $\hat{U}>\overline{U}$，则问题可忽略成本约束，退化为 $P_m||L_{\max}$ 问题。

$$\underline{U}=l_1\cdot P \tag{4.34}$$

$$\overline{U}=\begin{cases}\dfrac{P}{m}\cdot\left(\displaystyle\sum_{i=1}^{m} l_i\right), & P/m\geqslant p_{\max}\\ P\cdot l_\alpha-p_{\max}\cdot(\beta\cdot l_\alpha-\displaystyle\sum_{i=1}^{\beta} l_i), & P/m<p_{\max}\end{cases} \tag{4.35}$$

为解决 $P_m|\mathrm{TC}\leqslant\hat{U}|L_{\max}$ 问题，本节结合上述性质，设计了一个改进的 EDD 算法 $H_{4.5}$。首先在给定的预算 $\hat{U}$ 下选择机器 k；然后应用 EDD 规则于平行机，并严格控制成本在预算范围内；最后，运用算法调度所有作业，实现最小化最大延迟时间的目标。

$P_m|\mathrm{pmtn}|L_{\max}$ 问题是 $P_m||L_{\max}$ 问题的松弛问题，$P_m||L_{\max}$ 问题是 $P_m|\mathrm{TC}\leqslant\hat{U}|L_{\max}$ 问题。因此，若作业可中断且不考虑机器使用成本，则 $P_m|\mathrm{TC}\leqslant\hat{U}|L_{\max}$

问题退化为 $P_m|\text{pmtn}|L_{\max}$ 问题。因为 $L_j = C_j - d_j$，若令 $L_{\max} = Z$，则 $C_j \leqslant d_j + Z$。假定 $d_j + Z$ 是最后期限 $\bar{d}_j$，从最后期限开始逆向进行调度，$P_m|\text{pmtn}|L_{\max}$ 问题的 $\bar{d}_j$ 与逆向问题中的提交日期 r_j 的作用相同，其中 $r_j = d_{\max} - d_j$，那么 $P_m|\text{pmtn}|L_{\max}$ 问题与 $P_m|r_j,\text{pmtn}|C_{\max}$ 问题等价。当令所有释放时间都为 0 时，$P_m|r_j,\text{pmtn}|C_{\max}$ 问题退化为 $P_m|\text{pmtn}|C_{\max}$ 问题。退化问题的最优值为 $C^*_{\text{ncp}} = \max\left\{\dfrac{P}{m}, p_{\max}\right\}$，从而 $P_m|r_j,\text{pmtn}|C_{\max}$ 问题的最优值不小于 $\max\left\{\dfrac{P}{m}, p_{\max}\right\}$。

若作业可中断且考虑机器使用成本，结合上一节中提出的机器数选择法，确定机器选取数量 k 的取值。当 $\hat{U} = \underline{U}$ 时，若 $l_q = l_1$ 且 $l_{q+1} > l_1$，则 $k = q\ (1 \leqslant q \leqslant m)$；当 $\hat{U} = \overline{U}$ 时，若 $\dfrac{P}{m} \geqslant p_{\max}$，则 $k = m$，否则 $k = \left\lceil \dfrac{P}{p_{\max}} \right\rceil$。当 $\underline{U} \leqslant \hat{U} \leqslant \overline{U}$ 时，取 k 为 1~m 第一个满足 $\max\left\{\dfrac{P}{x}, p_{\max}\right\} \cdot \sum\limits_{i=1}^{x} l_i \geqslant \hat{U}$ 的值，并采用式 (4.36) 计算 $P_m|\text{TC} \leqslant \hat{U}|C_{\max}$ 问题的最优值 C^*_{cp}，为 $P_m|\text{TC} \leqslant \hat{U}|L_{\max}$ 问题初步估算每个机器的最大工作量。

$$C^*_{\text{cp}} = \begin{cases} \max\left\{p_{\max}, \dfrac{P}{k}, \dfrac{l_k \cdot P - \hat{U}}{(k-1) \cdot l_k - \sum\limits_{i=1}^{k-1} \cdot l_i}\right\}, & l_k \neq l_1 \\ \max\left\{p_{\max}, \dfrac{P}{k}\right\}, & l_k = l_1 \end{cases} \tag{4.36}$$

由此，基于对经典 EDD 规则的改进和应用，针对作业不可中断且考虑机器可变成本的约束，为最小化最大延迟时间的平行机调度问题构建算法 $H_{4.5}$。下面给出该算法的具体描述。

考虑可变成本的最小化最大延迟时间平行机调度算法 $H_{4.5}$：

Step 1 给定成本 $\hat{U}$，若 $\hat{U} < \underline{U}$，则无可行调度，结束；若 $\hat{U} > \overline{U}$，则令 $\overline{U} = \hat{U}$。

Step 2 根据定理 4.3 确定 k，得到 C^*_{cp}，且第 k 台机器的最大完工时间 $C^k_{\max} = P - (k-1) \cdot C^*_{\text{cp}}$。

Step 3 对任意的 $i\ (1 \leqslant i \leqslant k)$，令 $g_i = \varnothing$，$h_i = 0$。其中，g_i 表示第 i 个有序作业集合，h_i 表示 g_i 总的加工时间长度。设有集合 A、B，对于任一作业 j，若 $p_j \leqslant C^k_{\max}$，则将之放入集合 A；否则，放入集合 B。

Step 4　将集合 A 中的作业按 p_j 非增排序，若有作业 p_j 相等，则按 d_j 非减排序。令 J_a 为当前作业集合 A 的第一个作业，若 $h_k+p_a\leqslant C_{\max}^k$，则 $g_k=g_k\cup\{J_a\}$，且 $h_k=h_k+p_a$；否则，$B=B\cup\{J_a\}$，之后 $A=A\setminus\{J_a\}$。若 $A\neq\varnothing$，转 Step 4；否则，转 step 5。

Step 5　将集合 B 中的作业按 d_j 非减排序，若有作业 d_j 相等，则按 p_j 非增排序。令 J_b 为当前作业集合 B 的第一个作业，设 $s=\arg\min_{i=1}^{k-1}\{h_i+p_b\}$，则 $g_s=g_s\cup\{J_b\}$，且 $h_s=h_s+p_b$，之后 $B=B\setminus\{J_b\}$。若 $B\neq\varnothing$，则转 Step 5；否则，转 Step 6。

Step 6　对任意的 $i\ (1\leqslant i\leqslant k-1)$，将 h_i 以非增排序，依次编号为 h_i'，即 $h_1'\geqslant h_2'\geqslant\cdots\geqslant h_{k-1}'$。对于每一个 i，将 h_i' 对应的作业集合调度到机器 M_i 上，调度 g_k 到机器 M_k 上。若对任意的 $i\ (1\leqslant i\leqslant k)$ 有作业 d_j 相等，则按 p_j 非减排序。

Step 7　对于每一个作业 j，计算 $L_j=C_j-d_j$，得到 $L_{\max}$。

本节首先对所提算法 $H_{4.5}$ 进行理论分析，然后通过算例说明算法的执行情况。

定理 4.8　算法 $H_{4.5}$ 对于 $P_m|\mathrm{TC}\leqslant\hat{U}|L_{\max}$ 能得到可行调度。

证明　设 $P_m|\mathrm{TC}\leqslant\hat{U},\mathrm{pmtn}|L_{\max}$ 最优调度中花费的成本为 U^*，则 $U^*=C_{\mathrm{cp}}^*\cdot\sum\limits_{i=1}^{k-1}l_i+C_{\max}^k\cdot l_k\leqslant\hat{U}$。在不可中断条件下，$P_m|\mathrm{TC}\leqslant\hat{U}|L_{\max}$ 通过算法 $H_{4.5}$ 得到的调度花费的成本为 U_M，即 $\mathrm{TC}=U_M$。假设存在 $i'[1\leqslant i'\leqslant(k-1)]$，令 $M_{i'}$ 是最后一个 $h_{i'}>C_{\mathrm{cp}}^*$ 的机器。由算法 $H_{4.5}$ 的 Step 6 可知，每个作业集合都是按 $h_i(1\leqslant i\leqslant(k-1))$ 非增排序调度到 M_i 上的，且由于 $h_k\leqslant C_{\max}^k$，$l_1\leqslant l_2\leqslant\cdots\leqslant l_k$，$\sum\limits_{i=1}^{i'}\varDelta_i=\sum\limits_{i=i'+1}^{k}\nabla_i+h_k$，则成本 $U_M=\sum\limits_{i=1}^{k}l_i\cdot h_i=C_{\mathrm{cp}}^*\cdot\sum\limits_{i=1}^{i'}l_i+\sum\limits_{i=1}^{i'}\varDelta_i\cdot l_i+\sum\limits_{i=i'+1}^{k}\nabla_i\cdot l_i\leqslant C_{\mathrm{cp}}^*\cdot\sum\limits_{i=1}^{i'}l_i+C_{\mathrm{cp}}^*\cdot\sum\limits_{i=i'+1}^{k-1}l_i+C_{\max}^k\cdot l_k=U^*\leqslant\hat{U}$。其中，$\varDelta_i(1\leqslant i\leqslant i')$ 是调度方案中单台机器超过 C_{cp}^* 的作业加工时间，$\nabla_i(i'+1\leqslant i\leqslant k)$ 是调度方案中单台机器未超过 C_{cp}^* 的作业加工时间。 □

定理 4.9　设 J_e 是第一个满足 $h_s(e)>C_{\mathrm{cp}}^*$ 的作业，那对任意的作业 $r(e+1\leqslant r\leqslant n)$，将不会调度在作业 e 所在的机器上。

证明　要证定理 4.9，只需证当作业 J_e 调度在机器上后，再在该机器上调度作业 r 时，若 $h_i(r-1)\geqslant h_s(r-1)=h_s(e)>C_{\mathrm{cp}}^*$，则 $C_{\max}^k\leqslant h_k(r-1)+\sum\limits_{j=r}^{n}p_j$

必成立即可。因 $P=(k-1)\cdot C_{\mathrm{cp}}^{*}+C_{\max}^{k}=\sum_{i=1}^{k-1}h_i(r-1)+h_k(r-1)+\sum_{j=r}^{n}p_j$，故 $C_{\max}^{k}=h_k(r-1)+\sum_{j=r}^{n}p_j+\sum_{i=1}^{k-1}h_i(r-1)-(k-1)\cdot C_{\mathrm{cp}}^{*}$，显然，当 $h_i(r-1)>C_{\mathrm{cp}}^{*}$ 时，$\sum_{i=1}^{k-1}h_i(r-1)>(k-1)\cdot C_{\mathrm{cp}}^{*}$，则得 $C_{\max}^{k}\leqslant h_k(r-1)+\sum_{j=r}^{n}p_j$。 □

定理 4.10 假设由算法 $H_{4.5}$ 获得的某个工件j 的延迟时间 L_j 取最大值 $L_{\max}^{M}$，由最优排序得到的最大延迟为 $L_{\max}^{*}$，则 $(L_{\max}^{M}-L_{\max}^{*})/(L_{\max}^{*}+d_{\max})\leqslant 1$。

证明 设最优排序的最大完工时间为 $C'_{\max}$，且 J_l 为最后一个加工的作业，则 $L_{\max}^{*}\geqslant C'_{\max}-d_l\geqslant C'_{\max}-d_{\max}$。设算法 $H_{4.5}$ 获得的最大完工时间为 $C_{\max}^{M}$，则 $L_{\max}^{M}\leqslant C_{\max}^{M}-d_{\min}$。由定理 4.9 得知，$C_{\max}^{M}-C_{\mathrm{cp}}^{*}\leqslant p_j$，又 $C'_{\max}\geqslant C_{\mathrm{cp}}^{*}$，则 $C_{\max}^{M}-C'_{\max}\leqslant p_j$，即 $C_{\max}^{M}/C'_{\max}\leqslant 1+p_j/C'_{\max}$。又 $C'_{\max}\geqslant p_j$，则 $C_{\max}^{M}/C'_{\max}\leqslant 2$，即得 $C_{\max}^{M}\leqslant 2C'_{\max}$。由 Masuda 等 [8] 可推知 $L_{\max}^{M}=C_{\max}^{M}-d_{\max}$，则 $(L_{\max}^{M}-L_{\max}^{*})/(L_{\max}^{*}+d_{\max})\leqslant[C_{\max}^{M}-d_{\max}-(C'_{\max}-d_{\max})]/(L_{\max}^{*}+d_{\max})\leqslant(C_{\max}^{M}-C'_{\max})/(L_{\max}^{*}+d_{\max})\leqslant(2C'_{\max}-C'_{\max})/C'_{\max}\leqslant 1$。 □

算例 4.2 设有 3 台机器可用，它们的单位时间加工成本分别为 $l_1=1$、$l_2=2$、$l_3=3$。此时接收到一批订单作业，见表 4.7。

表 4.7 算例 4.2 作业和预交付时间参数取值

j	1	2	3	4	5	6	7	8
p_j	11	11	18	16	12	16	2	7
d_j	26	28	25	22	25	25	6	20

给定 3 种成本上限 $\hat{U}$，找到最优调度方案，使得最大延迟 $L_{\max}$ 最小化。

算法 $H_{4.5}$ 求解：由作业和工期信息知，$p_{\max}=\max_{j=1}^{8}p_j=18$，$P=\sum_{j=1}^{8}=93$，$\frac{P}{m}=\frac{93}{3}=31$，则成本下界 $\underline{U}=P\cdot l_1=93$，成本上界 $\overline{U}=\frac{P}{m}\times(\sum_{i=1}^{m}l_i)=186$。

情形 1： 当 $\hat{U}=\underline{U}+0.2(\overline{U}-\underline{U})=111.6$ 时，得 $k=2$，$C_{\max}^{k}=18.59$，得到 $L_{\max}=47$。此时，MIP 模型的最优值 $L_{\max}^{*}=47$。

情形 2： 当 $\hat{U}=\underline{U}+0.5(\overline{U}-\underline{U})=139.5$ 时，得 $k=2$，$C_{\max}^{k}=46.5$，得到 $L_{\max}=21$。此时，MIP 模型的最优值 $L_{\max}^{*}=20$。

情形 3： 当 $\hat{U}=\underline{U}+0.8(\overline{U}-\underline{U})=167.4$ 时，得 $k=3$，$C_{\max}^{k}=18.6$，得到 $L_{\max}=13$。此时，MIP 模型的最优值 $L_{\max}^{*}=11$。

图 4.2～图 4.4 分别给出 3 种情形下的 MIP 模型及算法 $H_{4.5}$ 调度方案。

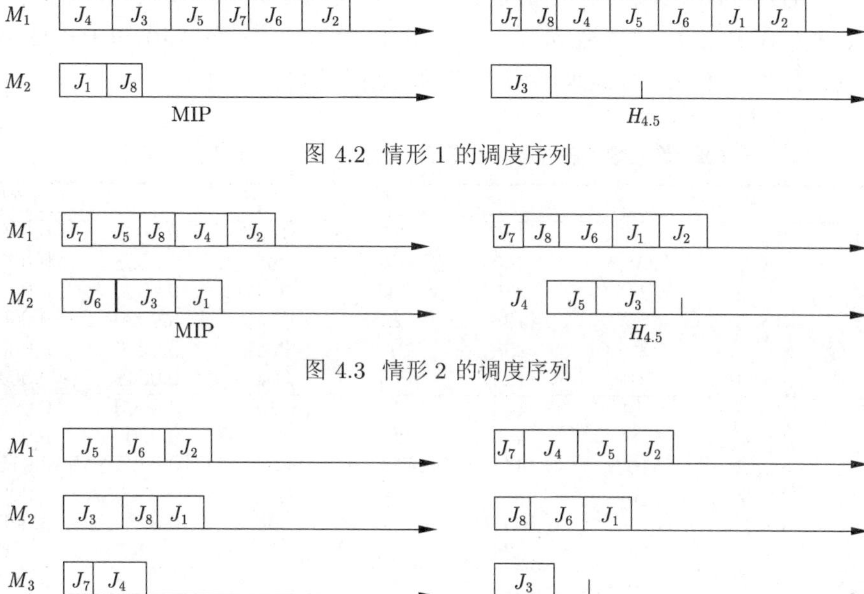

图 4.2　情形 1 的调度序列

图 4.3　情形 2 的调度序列

图 4.4　情形 3 的调度序列

4.3.3　实验结果

为了验证算法的有效性，本节设计并测试了一系列实验算例。实验算法通过 Python 编程实现，编译器为 Python 2.7.10 Shell，计算机配置如下：CPU 为 Intel(R) Core(TM) i5 3.30GHz，内存为 8.00GB。线性规划模型由 LINGO 解决。

本节实验假定加工时间 p_j 在 $[1,50]$ 随机产生，预交付时间 d_j 对应的两个样本区间为 $[p_j, p_j+20]$ 和 $[p_j+20, p_j+40]$，且机器单位时间费用呈随机分布 $U[1,10]$。因为成本上限对算法结果有影响，所以设定参数 $\hbar$ 控制成本。令 $U=\underline{U}+\hbar(\bar{U}-\underline{U})$，$\hbar$ 可选 3 种值，分别为 0.2、0.5、0.8。令通过 LINGO 获得的最优延迟为 $L^*_{\max}$，对应机器加工成本是 cost^*；通过启发式算法得到的最优延迟为 $L^M_{\max}$，对应机器加工成本是 cost^M。当机器数和作业数增加时，LINGO 软件不一定能够在合理的时间范围内得到模型 MIP 的整数解，但可以得到模型 MLP 的最优值。又 MLP 为 MIP 的松弛问题，故用模型 MLP 的最优值，即带“^”的值，来代替该约束条件下的最优值。

因为 $L_{\max}$ 可正可负，当 $L^*_{\max}>0$ 时，定义 $\text{Gap}=(L^M_{\max}-L^*_{\max})/L^*_{\max}\times 100\%$，显然，Gap 表示算法 MEDD 偏离最优值的百分比。当 $L^M_{\max}$ 和 $L^*_{\max}$ 都小于零时，所有作业均提前完成，因此不再比较。用符号“–”表示此情况下使用机器

产生的成本值及 Gap 值。此外，用另一变量 $G^M=(L_{\max}^M-L_{\max}^*)/(L_{\max}^*+d_{\max})$ 表示算法 $H_{4.5}$ 得出的最大延迟时间与最优值之间的比值。表 4.8 和表 4.9 给出了作业数分布在 [1,20]，机器数 m 为 2 和 3 时的实验结果；表 4.10 和表 4.11 给出作业数分布在 [100,300]，机器数 m 为 5 和 10 时的实验结果。

表 4.8 作业数分布在 [1,20]、$d_j\sim(p_j,p_j+20)$ 的实验结果

$\hbar$	$m\times n$	$L_{\max}^*$	cost*	$L_{\max}^M$	cost^M	Gap	G^M
0.2	2×5	37	120	37	115	0.0000	0.0000
	2×15	254.5	400	257	365	0.0098	0.0076
	2×20	245	389	245	354	0.0000	0.0000
	3×5	22	135	22	115	0.0000	0.0000
	3×15	218	438	218	365	0.0000	0.0000
	3×20	210	424	211	354	0.0048	0.0035
0.5	2×5	14	143	14	115	0.0000	0.0000
	2×15	200	456	204	365	0.0200	0.0146
	2×20	192	442	196	354	0.0208	0.0150
	3×5	0	—	0	—	—	0.0000
	3×15	109.2^	547.1	120	365	0.0989	0.0590
	3×20	104	530	114	354	0.0961	0.0562
0.8	2×5	0	—	6	—	—	0.0822
	2×15	145	511	153	365	0.0551	0.0365
	2×20	139	495	149	354	0.0719	0.0469
	3×5	0	—	0	—	—	0.0000
	3×15	82.67^	657.1	88	568	0.0644	0.0340
	3×20	69^	637	71	564	0.0289	0.0140

表 4.9 作业数分布在 [1,20]、$d_j\sim(p_j+20,p_j+40)$ 的实验结果

$\hbar$	$m\times n$	$L_{\max}^*$	cost*	$L_{\max}^M$	cost^M	Gap	G^M
0.2	2×5	25	85	25	80	0.0000	0.0000
	2×15	247	364	248	331	0.0041	0.0033
	2×20	220	333	220	303	0.0000	0.0000
	3×5	20	90	20	80	0.0000	0.0000
	3×15	214	397	216	331	0.0093	0.0075
	3×20	190	363	197	303	0.0368	0.0280
0.5	2×5	12	98	12	80	0.0000	0.0000
	2×15	198	413	198	331	0.0000	0.0000
	2×20	175	378	186	303	0.0628	0.0460
	3×5	3	107	3	80	0.0000	0.0000
	3×15	115.2^	494	119	331	0.0329	0.0228
	3×20	101	454	111	303	0.0990	0.0609
0.8	2×5	0	—	0	—	—	0.0000
	2×15	148	463	150	331	0.0135	0.0099
	2×20	129	424	141	303	0.0930	0.0619
	3×5	0	—	3	—	—	0.0385
	3×15	87.07^	593	94	517	0.0795	0.0478
	3×20	73^	544	79	481	0.0821	0.0455

表 4.10　作业数分布在 [100,300]、$d_j \sim (p_j, p_j + 20)$ 的实验结果

$\hbar$	$m \times n$	$L^*_{\max}$	cost*	$L^M_{\max}$	cost^M	Gap	G^M
0.2	5×100	1338	3255	1343	2325	0.0037	0.0036
	5×200	2309.2^	5525.8	2318	3947	0.0038	0.0037
	5×300	3627.4^	8601.6	3636	6144	0.0024	0.0023
	10×100	795.5^	4417.5	805	3790	0.0119	0.0111
	10×200	1389.6^	7496.7	1404	6435	0.0104	0.0099
	10×300	2194.1^	11672.4	2205	10030	0.0050	0.0048
0.5	5×100	718.2^	4648	736	3859	0.0248	0.0230
	5×200	1258.7^	7894.11	1271	6570	0.0098	0.0093
	5×300	1989.7^	12284	1999	10236	0.0047	0.0045
	10×100	369.7^	7555.9	386	7273	0.0441	0.0382
	10×200	667.3^	10877.6	684	12418	0.0250	0.0230
	10×300	1068.5^	19963	1088	19369	0.0182	0.0173
0.8	5×100	501.3^	5576	514	5923	0.0253	0.0227
	5×200	890.7^	10262.2	904	10056	0.0149	0.0140
	5×300	1416.5^	15974.4	1433	15665	0.0116	0.0112
	10×100	228.2^	8134.2	236	10477	0.0342	0.0273
	10×200	426.9^	18156.1	442	17798	0.0354	0.0311
	10×300	693.3^	28282.3	708	27914	0.0212	0.0195

表 4.11　作业数分布在 [100,300]、$d_j \sim (p_j + 20, p_j + 40)$ 的实验结果

$\hbar$	$m \times n$	$L^*_{\max}$	cost*	$L^M_{\max}$	cost^M	Gap	G^M
0.2	5×100	1055.2^	2640.2	1066	1887	0.0102	0.0095
	5×200	2300	5553.8	2309	3967	0.0039	0.0037
	5×300	3745.8^	8922.2	3753	6373	0.0019	0.0019
	10×100	615.2^	3585.28	638	3066	0.0371	0.0329
	10×200	1375.2^	7537.3	1387	6473	0.0086	0.0081
	10×300	2259.4^	12102.3	2274	10398	0.0650	0.0062
0.5	5×100	552.5^	3772	568	3137	0.0281	0.0246
	5×200	1243.5^	7928	1263	6598	0.0157	0.0147
	5×300	2047.5^	12744	2065	10610	0.0085	0.0082
	10×100	270.7^	6032.7	284	5904	0.0491	0.0383
	10×200	649.2^	12892.5	666	12471	0.0259	0.0230
	10×300	1092.1^	20710	1108	20096	0.0146	0.0136
0.8	5×100	376.9^	4510.8	397	4770	0.0533	0.0443
	5×200	873.58^	10314.2	888	10096	0.0165	0.0151
	5×300	1453.1^	16569	1464	16279	0.0075	0.0071
	10×100	156.9^	7480	167	8439	0.0644	0.0431
	10×200	407.6^	18248	428	17940	0.0500	0.0418
	10×300	703.2^	29315.6	718	28930	0.0210	0.0189

综合表 4.8~表 4.11 能够发现：

（1）当 $\hbar$ 分别为 0.2、0.5、0.8 时，采用算法 $H_{4.5}$ 求解 $P_m|\mathrm{TC} \leqslant \hat{U}|L_{\max}$ 问题，机器的使用成本均未超过给定的成本 $\hat{U}$，充分说明算法的可行性。

（2）虽然 $L_{\max}^M$ 的值均不小于模型 MIP 的值，但算法 $H_{4.5}$ 所耗费的机器成本要低。由于 MIP 模型的目标只是尽可能在满足成本的条件下最小化最大延迟时间；而算法 $H_{4.5}$ 是尽可能在给定成本的条件下用最低的成本实现最小化最大延迟时间，这使得当 $L_{\max}^M = L_{\max}^*$ 时，算法 $H_{4.5}$ 所产生的成本较低。此外，同一条件下，算法 $H_{4.5}$ 产生的成本均比 MIP 模型产生的成本要低，验证了成本会对算法取得的解具有约束作用。

（3）当 m、n 和预交付时间固定时，$L_{\max}^M$ 的值随着 $\hbar$ 值的增大而减小，进一步验证了成本会对算法取得的解具有约束作用。

（4）由于利用 MLP 模型求得的问题最优值必定不大于 MIP 模型所得的最优值，因此在松弛情况下获得的 Gap 值不大于算法与问题最优值的偏离程度。当作业数分布在 $[1, 20]$ 时，算法 $H_{4.5}$ 获得的最好误差为 0.0000，最差误差为 0.0989，实验获得的平均误差为 0.0273，算法 $H_{4.5}$ 的求解结果与最优值之间的偏离程度不大；当作业数分布在 $[100, 300]$ 时，算法 $H_{4.5}$ 获得的最好误差为 0.0019，最差误差为 0.0644，且实验获得的平均误差为 0.0203，可见算法 $H_{4.5}$ 的求解结果与最优值之间的偏离程度也不大。作业数越多，算法 $H_{4.5}$ 的性能越好。

（5）由于 MIP 模型松弛为 MLP 模型，致使模型所得的值与最优值的误差增大，但问题中的作业数 n 一定时，机器 m 越大，变量 Gap 和 G^M 有增大趋势。另外，当作业数分布在 $[100, 300]$ 时，Gap 和 G^M 值严格增大。显然，机器数对实验结果有一定的影响。

（6）当 $\hbar$=0.2、0.5、0.8 时，G^M 全部落在 [0,1] 范围内，则 $G^M \leqslant 1$ 恒成立。

4.4 同时考虑固定成本与可变成本的最小化总延迟时间平行机调度

本节假设机器使用成本由两部分组成，一部分是机器的固定成本，现实中有时又称为启动成本，不同加工质量和加工速度的机器固定成本不同；另一部分为单位加工成本，即这部分可变成本是加工作业长度的线性单调增函数。本节进而研究了同时考虑机器固定成本与可变成本的最小化总延迟时间平行机调度问题，这里主要针对两台同类机的问题情形。

4.4.1 问题描述

假定存在 n 个作业和两台速度不同的平行机，每个作业都有独立的加工时间和交付期。不失一般性，假设一台机器同一时刻只能加工一个作业，一个作业在同一时刻只能被一台机器加工，作业在加工过程中不可以被中断。机器使用权的定价包括固定成本与可变成本两部分，这里假设效率越高的机器使用成本越高。为描述问题方便，本节使用表 4.12 中定义的符号。

表 4.12　符号及定义

符号	含　义
M_i	第 i 个机器
J_j	第 j 个作业
s_i	机器 i 的速度
p_j	作业 j 的长度
d_j	作业 j 的交付期
C_j	作业 j 的完工时间
p_{ij}	作业 j 在机器 i 上的实际加工时间
C_{ik}	机器 i 第 k 个位置上的作业的完工时间
d_{ik}	机器 i 第 k 个位置上的作业的交付期
T_{ik}	机器 i 第 k 个位置上的作业的延迟
n_i	安排到机器 i 上作业的数量
f_i	机器 i 的启动成本
v_i	机器 i 上单位作业的加工成本
$\hat{U}$	总成本上限
$\sum T_j$	所有作业的总延迟
S	可行的调度方案
y_i	0/1 变量，若机器 i 被使用，则为 1；否则为 0
x_{ij}	0/1 变量，若作业 j 在机器 i 上加工，则为 1；否则为 0
x_{ikj}	0/1 变量，若作业 j 在机器 i 的第 k 个位置上加工，则为 1；否则为 0

本节的目标是找到一个可行调度，在满足机器使用总成本不高于阈值 $\hat{U}$ 的情形下最小化所有作业的总延迟。这类问题在现实中是很常见的。令 $M=\{M_1,M_2\}$ 表示两台机器组成的集合，$J=\{J_1,J_2,\cdots,J_n\}$ 表示 n 个作业组成的集合。如果作业 J_j 在机器 M_i 上加工，那么该作业的实际加工时间可以表示为 p_{ij}。用 T_j 表示作业 J_j 的延迟，$T_j=\max\{C_j-d_j,0\}$。很明显，所有作业的总延迟为 $\sum\limits_{j=1}^{n}T_j$，两台机器的成本函数如下：

（1）机器 M_1 的成本函数：$c_1 = f_1 + v_1 \sum_{j=1}^{n} p_j x_{1j}$；

（2）机器 M_2 的成本函数：$c_2 = f_2 + v_2 \sum_{j=1}^{n} p_j x_{2j}$ 。

假设机器 M_2 的速度更快，通常在现实生产活动中，效率越高的机器使用费用更高，因此不妨设 $f_2 > f_1$ 和 $v_2 > v_1$。用 π_{ms} 表示通过修改的短作业优先规则（modified shortest processing time first，MSPT）产生的调度方案，用 π_{me} 表示通过修改的最短交付期优先规则（modified earliest due date first，MEDD）产生的调度方案。根据 Graham 等 [7] 提出的经典的三参数表示法 $\alpha|\beta|\gamma$，本节问题可以表示为 $Q_2|\text{TC} \leqslant \hat{U}|\sum T_j$。其中，$Q_2$ 代表两台速度不同的平行机；$\text{TC} \leqslant \hat{U}$ 表示总成本约束，即可用的总成本不超过给定的阈值 $\hat{U}$；$\sum T_j$ 用于指示调度目标是最小化总延迟时间。

$Q_2|\text{TC} \leqslant \hat{U}|\sum T_j$ 是一个NP-难问题，因为在仅考虑一台机器且不考虑机器成本的情况下，该问题都已经被证明是NP-难的[9]。由于其NP-难特性，在合理的时间内求解出大规模问题的最优解是不可能的，因此本节重点关注启发式规则的设计。首先，为 $Q_2|\text{TC} \leqslant \hat{U}|\sum T_j$ 建立了一个整数规划模型，该模型表示如下：

$$\text{Minimize} \quad \sum_{i=1}^{2}\sum_{k=1}^{n} T_{ik} \tag{4.37}$$

$$\text{s.t.} \quad \sum_{i=1}^{2}\sum_{k=1}^{n} x_{ikj} = 1; \quad j = 1, 2, \cdots, n \tag{4.38}$$

$$\sum_{j=1}^{n} x_{ikj} \leqslant 1; \quad i = 1, 2;\ k = 1, 2, \cdots, n \tag{4.39}$$

$$d_{ik} = \sum_{j=1}^{n} x_{ikj} \cdot d_j; \quad i = 1, 2;\ k = 1, 2, \cdots, n \tag{4.40}$$

$$C_{ik} = C_{i,k-1} + \sum_{j=1}^{n} x_{ikj} \cdot p_j / s_i; \quad i = 1, 2;\ k = 1, 2, \cdots, n \tag{4.41}$$

$$T_{ik} = \max\{0, C_{ik} - d_{ik}\}; \quad i = 1, 2;\ k = 1, 2, \cdots, n \tag{4.42}$$

$$y_i = \sum_{j=1}^{n} x_{i1j}; \quad i = 1, 2 \tag{4.43}$$

$$\sum_{i=1}^{2}\sum_{k=1}^{n}\sum_{j=1}^{n} x_{ikj} \cdot p_j \cdot v_i + \sum_{i=1}^{2} y_i \cdot f_i \leqslant \hat{U} \tag{4.44}$$

$$x_{ikj} \in \{0, 1\}; \quad i = 1, 2;\ j = 1, 2, \cdots, n;\ k = 1, 2, \cdots, n \tag{4.45}$$

式 (4.37) 给出了调度目标，式 (4.38) 保证每个作业只能调度到一台机器的一个位置；式 (4.39) 保证一个机器的任意一个位置至多只能加工一个作业；式 (4.40) ~式 (4.42) 分别描述了在机器 M_i 上第 k 个位置加工的作业的交付期、完工时间与延迟时间，特别地，$C_{i,0}=0$；式 (4.43) 表示本节中的两台机器是否被使用；式 (4.44) 为总成本约束；式 (4.45) 保证了 x_{ikj} 是 0-1 变量。

为了保证成本设置有意义，给定的 $\hat{U}$ 必须大于所有作业都安排在使用成本低的机器的情况下所产生的成本，同时要小于所有作业都安排在使用成本高的机器的情况下所产生的成本。最终的调度方案必须满足如下条件：

$$\begin{aligned}&v_1\sum_{j=1}^{n}\sum_{k=1}^{n}p_j\cdot x_{1kj}+f_1\cdot\min\left\{1,\sum_{j=1}^{n}\sum_{k=1}^{n}x_{1kj}\right\}\\&+v_2\sum_{j=1}^{n}\sum_{k=1}^{n}p_j\cdot x_{2kj}+f_2\cdot\min\left\{1,\sum_{j=1}^{n}\sum_{k=1}^{n}x_{2kj}\right\}\leqslant\hat{U}\end{aligned}\tag{4.46}$$

$$\sum_{j=1}^{n}\sum_{k=1}^{n}p_j\cdot x_{1kj}+\sum_{j=1}^{n}\sum_{k=1}^{n}p_j\cdot x_{2kj}=\sum_{j=1}^{n}p_j\tag{4.47}$$

实际上，效率高（成本高）的机器上可以加工的最大作业长度可以根据下面简化后的集合求出：

$$v_1x_1+f_1+v_2x_2+f_2=\hat{U}\tag{4.48}$$

$$x_1+x_2=\sum_{j=1}^{n}p_j\tag{4.49}$$

式中，x_1 和 x_2 分别为在低成本和高成本机器上加工的作业长度。

如果某台机器上没有安排作业，则该台机器不会产生固定成本。由于固定成本的存在，可能导致 x_1、x_2 的值为负数。如果 x_2 是一个负数，x_1 的值大于作业的总长度，则令 $x_2=0$，$x_1=\sum_{j=1}^{n}p_j$；如果 x_1、x_2 是正小数，那么令 $x_1=\lceil x_1\rceil$，$x_2=\lfloor x_2\rfloor$。由此，可以得到成本高的机器的最大加工长度，用 $X_{\max 2}$ 表示。

为方便描述，如果 J_i 和 J_j 调度到同一台机器，则使用符号 “$J_i\leftarrow J_j$” 表示 J_i 在最优调度方案中优先于 J_j。令 A_i 和 B_i 分别表示 J_i 之前和之后的所有作业的集合，记为 “$J_i\leftarrow A_i$” 和 “$B_i\leftarrow J_i$”。类似地，使用 “$J_i\in M_k$” 表示在机器 M_k 上加工作业 J_i。在以下命题中，均假设 $s_1<s_2$。

定理 4.11 如果在同一台机器 M_k 上加工两个作业 J_i 和 J_j，并且满足 $p_i/s_k \leqslant p_j/s_k$，$d_i \leqslant d_j$，则存在最优调度 $J_i \leftarrow J_j$。

证明过程从略。通过交换 J_i 和 J_j 的位置则可以验证此定理。

定理 4.12 假设 J_i 和 J_j 在同一台机器 M_k 上加工。如果 $d_i \leqslant d_j$ 和 $d_j + p_j/s_k \geqslant \sum\limits_{J_t \in A_i'} p_t/s_k$，其中 $A_i' = \{J_l | J_l \notin A_i, J_l \in M_k\}$，那么 $J_i \leftarrow J_j$。

证明 使用 E 和 W 表示 J_i 的完成时间和 J_j 的开始时间，S 和 S' 分别表示调度方案 $J_j \leftarrow J_i$ 和 $J_i \leftarrow J_j$。$\sum T$ 是左右作业的总延迟。$\sum T(S') - \sum T(S) = \max\{E-d_j, 0\} - \max\{W+p_j/s_k-d_j, 0\} + \max\{E-p_j/s_k-d_i, 0\} - \max\{E-d_i, 0\} \leqslant \max\{E-d_j, 0\} + \max\{E-p_j/s_k-d_i, 0\} - \max\{E-d_i, 0\} = \max\{2E-d_j-p_j/s_k-d_i, E-d_j, E-p_j/s_k-d_i, 0\} - \max\{E-d_i, 0\} \leqslant \max\{E-d_j-p_j/s_k, d_i-d_j, -p_j/s_k, 0\}$。由 $d_j + p_j/s_k \geqslant \sum\limits_{J_t \in A_i'} p_t/s_k \geqslant E$ 可以推断出 $E - d_j - p_j/s_k \leqslant 0$。由于 $d_i \leqslant d_j \leqslant 0$ 和 $-p_j/s_k < 0$，因此 $\sum T(S') - \sum T(S) \leqslant 0$。 □

定理 4.13 对于所有的 $j = 1, 2, \cdots, n$，如果 $d_j \leqslant \min\limits_{k \in M} p_j/s_k$，那么作业应该按 SPT 顺序进行排列。

证明 $d_j \leqslant \min\limits_{k \in M} p_j/s_k$ 意味着对于所有的 $j = 1, 2, \cdots, n$，$d_j \leqslant C_j$，可以得到 $\sum\limits_{j=1}^{n} T_j = \sum\limits_{j=1}^{n} \max(C_j - d_j, 0) = \sum\limits_{j=1}^{n} C_j - \sum\limits_{j=1}^{n} d_j$。显然，每台机器上的作业应按 SPT 顺序进行加工，可以最大限度地减少总延误。 □

根据该性质，如果作业的交付期非常小，则应通过 MSPT 算法生成初始解决方案，后面将对它进行说明。

定理 4.14 对于一个可行调度，$J_j \in M_1$ 和 J_j 满足 $p_j \leqslant X_{\max 2} - \sum\limits_{J_i \in M_2} p_i$，那么存在一个更好的调度方案，即将 J_j 从 M_1 中删除并插入 M_2 上。

证明 令 e_l 表示 $J_l \in A_j$ 减少的延迟时间。如果 $T_l \geqslant p_j/s_1$，那么很容易得到 $e_l = p_j/s_1$；如果 $T_l = 0$，那么 $e_l = 0$；如果 $0 < T_l < p_j/s_1$，那么 $e_l = T_l$。如果 $\sum\limits_{J_l \in A_j} e_l > \sum\limits_{J_i \in M_2} p_i/s_2 + p_j/s_2 - d_j$，那么在 M_1 上减少的延迟时间大于在 M_2 上增加的延迟时间，J_j 应该从 M_1 转移到 M_2。 □

定理 4.15 假设一对作业 $J_i \in M_1$ 和 $J_j \in M_2$ 满足 $p_i \geqslant p_j$ 和 $X_{\max 2} - \sum\limits_{J_l \in M_2} p_l \geqslant p_i - p_j$。令 S' 表示 J_i 和 J_j 交换后的调度序列。如果 $\sum T_1(S) - \sum T_1(S') > \sum T_2(S') - \sum T_2(S)$，则交换 J_i 和 J_j 的位置。其中：

(1) $\sum T_1(S)-\sum T_1(S')=\sum_{t=i'+1}^{n_1}\max\{E_1+\sum_{k=i'+1}^{t}p_k/s_1-d_t,0\}+\max\{E_1+p_i/s_1-d_i,0\}-\sum_{t=i'+1}^{n_1}\max\{E_1+\sum_{k=i'+1}^{t}p_k/s_1-(p_i-p_j)/s_1-d_t,0\}-\max\{E_1+p_j/s_1-d_j,0\}$;

(2) $\sum T_2(S')-\sum T_2(S)=\sum_{t=j'+1}^{n_2}\max\{E_2+\sum_{k=j'+1}^{t}p_k/s_2+(p_i-p_j)/s_2-d_t,0\}+\max\{E_2+p_i/s_2-d_i,0\}-\sum_{t=j'+1}^{n_2}\max\{E_2+\sum_{k=j'+1}^{t}p_k/s_2-d_t,0\}-\max\{E_2+p_j/s_2-d_j,0\}$。

证明　在该命题中，S 代表 $J_i\in M_1$ 和 $J_j\in M_2$ 的调度序列。在调度序列 S' 中交换 J_i 和 J_j 的位置。E_1 和 E_2 分别表示 M_1 上 J_i 的开始加工时间和 M_2 上 J_j 的开始加工时间。为方便表述，令 i' 和 j' 分别代表 J_i 在 M_1 上的位置及 J_j 在 M_2 上的位置（图 4.5）。J_k 表示机器上的第 k 个作业。该命题是很直观的，$X_{\max 2}-\sum_{J_l\in M_2}p_l\geqslant p_i-p_j$ 保证了调度方案的可行性。□

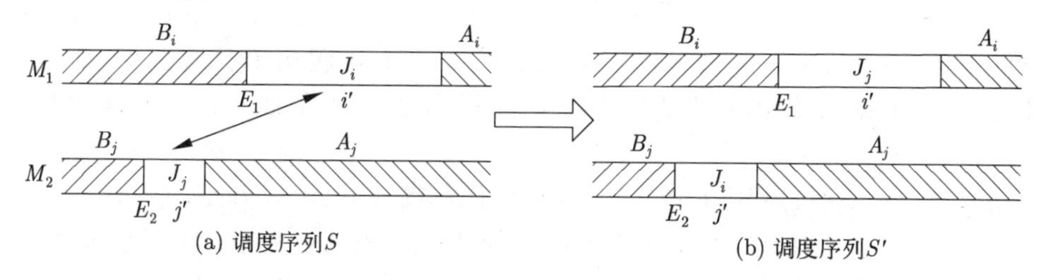

图 4.5　定理 4.15 作业交换

4.4.2　算法设计

4.4.2.1　初始解

对于问题 $Q_2|\mathrm{TC}\leqslant\hat{U}|\sum T_j$，本节根据作业的交付期及前面提到的性质设计了两个启发式规则。如果任意作业的交付期都不大于所有作业总长度的平均值，那么初始解由 MSPT 规则得到，通常情况下初始解的质量更好；否则通过 MEDD 算法得到初始解。大量的数值实验已经验证了其合理性。

$Q_2|\mathrm{TC}\leqslant\hat{U}|\sum T_j$ 问题的 MEDD 算法（$H_{4.6}$）：

Step 1　将两台机器按速度非减的顺序排列，得到机器集合 MList=$\{M_1,M_2\}$。

Step 2 计算成本下限 $\underline{U}=\sum_{j=1}^{n} p_j \cdot v_1 + f_1$，以及成本上限 $\overline{U} = \sum_{j=1}^{n} p_j \cdot v_2 + f_2$。设置成本阈值 $\hat{U} = \underline{U} + \alpha \cdot (\overline{U} - \underline{U})$，其中 α 服从 [0,1] 上的均匀分布。

Step 3 根据式 (4.48) 和式 (4.49) 计算机器 M_2 上可加工的最大作业长度 $X_{\max 2}$。

Step 4 将作业按照 EDD 规则排序，得到作业集合 JList$=\{J_1, J_2, \cdots, J_j, \cdots, J_n\}$。如果出现交付期相同的作业，那么将这些作业按照 SPT 规则排序。

Step 5 对于任意作业 $J_j(1 \leqslant j \leqslant n)$，令 $\text{JList}_i = \varnothing$，$\text{JList}_i$ 表示调度在机器 $M_i(1 \leqslant i \leqslant 2)$ 上的作业。如果 $C_{1j} > d_j C_{1j} > C_{2j}$ 并且 $C_{2j} \leqslant C_{\max 2}$，那么将作业 J_j 调度到机器 M_2 上，$\text{JList}_2 \bigcup J_j$；否则 $\text{JList}_1 \bigcup J_j$。

Step 6 对于每一个作业 $J_j(1 \leqslant j \leqslant n)$，计算 $T_j = \max\{0, C_j - d_j\}$，并求出所有作业的总延迟 $\sum_{j=1}^{n} T_j$。

$Q_2|\text{TC} \leqslant \hat{U}|\sum T_j$ 问题的 MSPT 算法（$H_{4.7}$）：

Step 1 将两台机器按速度非减的顺序排列，得到机器集合 MList$=\{M_1, M_2\}$。

Step 2 计算成本下限 $\underline{U}=\sum_{j=1}^{n} p_j \cdot v_1 + f_1$，以及成本上限 $\overline{U} = \sum_{j=1}^{n} p_j \cdot v_2 + f_2$。设置成本阈值 $\hat{U} = \underline{U} + \alpha \cdot (\overline{U} - \underline{U})$，其中 α 服从 [0,1] 上的均匀分布。

Step 3 根据式 (4.48) 和式 (4.49) 计算机器 M_2 上可加工的最大作业长度 $X_{\max 2}$。

Step 4 将作业按照 SPT 规则排序，得到作业集合 JList$=\{J_1, J_2, \cdots, J_j, \cdots, J_n\}$。如果出现交付期相同的作业，那么将这些作业按照 EDD 规则排序。

Step 5 对于任意作业 $J_j(1 \leqslant j \leqslant n)$，令 $\text{JList}_i = \varnothing$，$\text{JList}_i$ 表示调度在机器 $M_i(1 \leqslant i \leqslant 2)$ 上的作业。如果 $C_{1j} > d_j, C_{1j} > C_{2j}$ 并且 $C_{2j} \leqslant C_{\max 2}$，那么将作业 J_j 调度到机器 M_2 上，$\text{JList}_2 \bigcup J_j$；否则 $\text{JList}_1 \bigcup J_j$。

Step 6 对于每一个作业 $J_j(1 \leqslant j \leqslant n)$，计算 $T_j = \max\{0, C_j - d_j\}$，并求出所有作业的总延迟 $\sum_{j=1}^{n} T_j$。

算例 4.3 对于问题 $Q_2|\text{TC} \leqslant \hat{U}|\sum T_j$，有两台机器，速度分别是 $s_1 = 1$、$s_2 = 2$，固定成本 f_i 和可变成本 v_i 分为 10、20 和 5、6。作业相关信息见表 4.13。假设 $\hat{U}$ 是 183.44($\alpha = 0.88$)，因此可以计算出机器 M_2 可以加工的最大作业长度为 13。根据之前的分析，采用算法 $H_{4.6}$ 和 $H_{4.7}$ 分别生成初始解。初始调度方案见表 4.14 和表 4.15。

表 4.13 算例 4.3 的作业参数取值

j	1	2	3	4	5
p_j	2	8	11	5	2
d_j	3	5	4	3	5

表 4.14 算法 $H_{4.6}$ 得到的算例 4.3 初始解

机器	调度方案	总延迟
1	$J_1(2,3) \rightarrow J_3(11,4) \rightarrow J_2(8,5)$	25
2	$J_4(5,3) \rightarrow J_5(2,5)$	0

表 4.15 算法 $H_{4.7}$ 得到的算例 4.3 初始解

机器	调度方案	总延迟
1	$J_1(2,3) \rightarrow J_5(2,5) \rightarrow J_3(11,4)$	11
2	$J_4(5,3) \rightarrow J_2(8,5)$	1.5

很明显，对于算例 4.3，算法 $H_{4.7}$ 的性能更好。

算例 4.4 在算例 4.3 其他条件不变的情形下修改作业的交付期，见表 4.16。表 4.17 和表 4.18 给出了算法 $H_{4.6}$ 和 $H_{4.7}$ 为算例 4.4 生成的初始解。

表 4.16 算例 4.4 的作业参数取值

j	1	2	3	4	5
p_j	2	8	11	5	2
d_j	6	8	4	5	6

表 4.17 算法 $H_{4.6}$ 得到的算例 4.4 初始解

机器	调度方案	总延迟
1	$J_4(5,5) \rightarrow J_5(2,6) \rightarrow J_2(8,8)$	8
2	$J_3(11,4) \rightarrow J_1(2,6)$	2

表 4.18 算法 $H_{4.7}$ 得到的算例 4.4 初始解

机器	调度方案	总延迟
1	$J_1(2,6) \rightarrow J_5(2,6) \rightarrow J_3(11,4)$	11
2	$J_4(5,5) \rightarrow J_2(8,8)$	0

对比算例 4.3 与算例 4.4 可以看出，如果改变作业的交付期，则算法 $H_{4.6}$ 会为算例 4.4 获得更好的初始解。

4.4.2.2 初始解的修正

考虑下面的情况，根据 EDD 规则，一个具有较小交付期和较长加工长度的作业被安排在一台机器上较靠前的位置上进行加工，然而这种调度方式会使得后续作业产生很大的延迟。因此，该调度方案需要进一步优化。对于每台机器，将分配在它上面加工的作业重新编号为 $J_1, \cdots, J_{n_i}(i=1,2)$。任意两个作业，如果它们满足式（4.50）～ 式（4.52）中任何一个松弛的 Emmons 条件 [10]，则存在一个最佳序列，J_j 应该在作业 J_k 之前加工。接下来，使用预排序算法确定每台机器上的部分作业的次序关系。

$$p_j \leqslant p_k, d_j \leqslant d_k + \sum_{i \in B_k} p_i \tag{4.50}$$

$$d_j \leqslant d_k, d_k + p_k \geqslant \sum_{i \in A_j'} p_i \tag{4.51}$$

$$d_k \geqslant \sum_{i \in A_j'} p_i \tag{4.52}$$

$Q_2|\mathrm{TC} \leqslant \hat{U}|\sum T_j$ 问题的预排序算法（$H_{4.8}$）：

Step 1 对任意 $i, j = 1, 2, \cdots, n$，初始化 $T_{ij}=0$，$BP_i=0$，$AP_i'=\sum_{j=1}^{n} p_j$，$T_{ii}=3$。

Step 2 $F=0$，$j=1$。

Step 3 $k=1$。

Step 4 如果 $T_{jk} \neq 0$，那么转 Step 11。

Step 5 如果 J_j 和 J_k 不满足松弛的 Emmons 条件，$T_{jk}=1$，那么转 Step 11。

Step 6 $T_{jk}=2$，$T_{kj}=3$，$\mathrm{BP}_k=\mathrm{BP}_k+p_j$，$\mathrm{AP}_j'=\mathrm{AP}_j'-p_k$。

Step 7 $l=1$。

Step 8 如果 $T_{jl}=1$，那么 $T_{jl}=0$，$F=1$。

Step 9 如果 $T_{lk}=1$，那么 $T_{lk}=0$，$F=1$。

Step 10 如果 $l<n$，那么 $l=l+1$，转 Step 8。

Step 11 如果 $k<n$，那么 $k=k+1$，转 Step 4。

Step 12 如果 $j<n$，那么 $j=j+1$，转 Step 3。

Step 13 如果 $F=1$，那么转 Step 2；否则，终止算法，得到集合 $\{(j,k)|T_{jk}=2; j,k=1,2,\cdots,n\}$，从而确定作业之间的次序关系。

预排序算法 $H_{4.8}$ 使用 Emmons 提出的 3 个条件重新调度每台机器上的作业，从而缩小了最佳调度方案的搜索空间，并显著提高了效率。

4.4.2.3　邻域搜索方法

定义基于当前解的两种邻域生成方式——交换和插入。这两种方式都将用于后面构建模拟退火算法。定义交换操作为从同一个或者不同的两个机器上随机选择两个作业，交换它们的位置。图 4.6 描述了交换两个作业位置的过程。定义插入操作为从同一个或者不同的两个机器上随机选择两个作业，将其中一个作业插入另一个作业的前面。图 4.7 描述了插入邻域的生成过程。在图 4.6 和图 4.7 中，均假设机器 M_2 的速度快于机器 M_1。

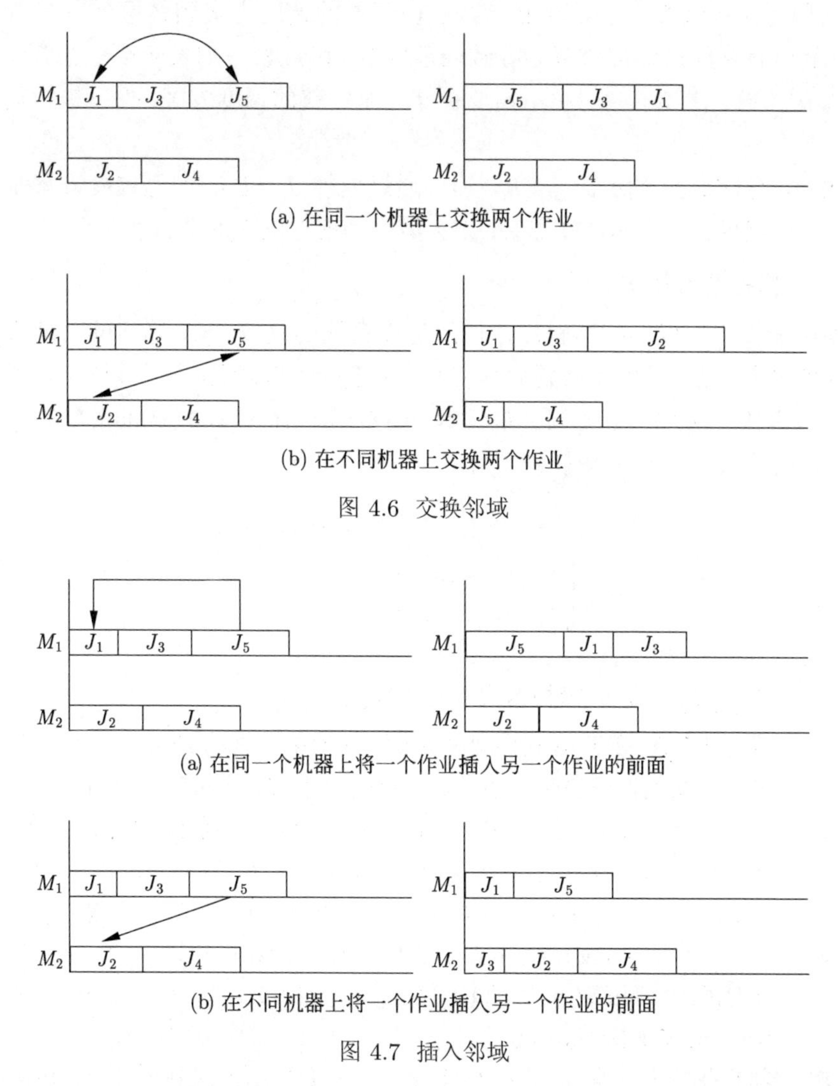

(a) 在同一个机器上交换两个作业

(b) 在不同机器上交换两个作业

图 4.6　交换邻域

(a) 在同一个机器上将一个作业插入另一个作业的前面

(b) 在不同机器上将一个作业插入另一个作业的前面

图 4.7　插入邻域

当初始调度方案的更新次数较少时，可以通过单个交换或插入操作产生更好的解。但是，如果初始调度方案已经经历过多次改进，那么它容易陷入局部最优。

单次邻域变换难以进一步改进解的质量。为了避免更新停滞，使用 sigmoid 函数 $p_N = \dfrac{1}{1+\mathrm{e}^{-x}} - 0.5$ 表示允许通过两次邻域变换生成新解的概率，其中 x 记录调度方案的更新次数。相应地，$1 - p_N$ 表示仅允许单次交换或插入操作的概率。这种方法有更大的概率来重构调度方案，有利于跳出局部最优。

4.4.2.4 禁忌表

迭代改进算法的主要问题之一是一个调度方案将会被多次搜索。避免不必要搜索过程的一种有效方法是存储已经被访问过的调度方案到禁忌列表 T 中。然而，存储所有访问过的邻域解会导致效率低下，因此禁忌列表应该只包含最后检查过的 k 邻域。在禁忌列表中不需要存储一个完整的调度方案，保证被访问过的解不会被再次访问即可。

例如，存储交换邻域 $J_i \Leftrightarrow J_k$，那么通过交换 J_i 和 J_k 产生调度方案是被禁止的。一旦获得了更好的调度方案，则会清空当前温度下的禁忌列表。

4.4.2.5 模拟退火算法

使用前文中生成的初始解加速模拟退火算法的收敛。SA 算法的灵感来自固体退火的过程。通常，优化问题的解空间存在多个局部最优，SA 算法可以通过以一定的概率接受劣解来避免局部最优解。随着温度的下降，问题的解将趋向于全局最优。接受从当前解 S 变换到新解 S' 的概率如下：

$$P = \begin{cases} 1, & f(S') \leqslant f(S) \\ \exp\left[\dfrac{f(S)-f(S')}{\text{Temperature}}\right], & \text{其他} \end{cases} \tag{4.53}$$

$Q_2|\mathrm{TC} \leqslant \hat{U}|\sum T_j$ 问题的模拟退火算法（$H_{4.9}$）：

Step 1 通过 EDD/SPT 规则构建初始解，并使用改进的 Emmons 算法进行调整。记初始调度方案为 S，求出总延迟 $\sum T_j$，同时令 $x = 0$。

Step 2 随机给定初始温度一个很大的值，如 T_{init}，记当前温度为 t，刚开始时，令 $t = T_{\text{init}}$。设置温度下限为 $T_{\min}$=10^{-6}。K 为某一温度下的迭代次数，$K = n^2$。为了算法效率和算法性能的均衡，设置冷却速率为 0.95。

Step 3 如果 $t > T_{\min}$，则转 Step 4；否则停止并计算总延迟 $\sum T_j$。

Step 4 生成两个随机数 $\eta_1 \sim U(0,1)$、$\eta_2 \sim U(0,1)$。如果 $\eta_1 \leqslant 0.8$，那么转 Step 5；否则转 Step 6。

Step 5 随机生成两个整数 $r_1 \sim U(1,n)$、$r_2 \sim U(1,n)$，交换作业 r_1 和作业 r_2 的位置，计算出新的总延迟 $\sum T_j'$，得到一个新的调度方案 S'。如果 $\eta_2 \leqslant p_N$，那么执行上述过程两次，然后转 Step 7。

Step 6　随机生成两个整数 $r_3 \sim U(1,n)$、$r_4 \sim U(1,n)$，插入作业 r_3 到作业 r_4 前面，获得新的调度方案 S'，计算出新的总延迟 $\sum T_j'$。如果 $\eta_2 \leqslant p_N$，则再次执行上述步骤，然后转 Step 7。

Step 7　设置 $\Delta T = \sum T_j' - \sum T_j$，如果 $\Delta T \leqslant 0$ 并且 $\sum\limits_{j=1}^{n_2} p_j \leqslant X_{\max 2}$，那么更新调度方案，$S = S'$；否则，产生一个随机数 $\beta \sim U(0,1)$，如果 $\beta \leqslant \operatorname{Exp}(-\Delta T/t)$，且同时满足 $\sum\limits_{j=1}^{n_2} p_j \leqslant X_{\max 2}$，那么 $S = S'$。如果更新了调度方案，则使用改进的 Emmons 算法为每台机器上的作业进行重新排列，得到序列 S，并设置 $x = x + 1$，同时清空禁忌表 T；否则，在禁忌列表中记录该邻域。

Step 8　令 $K = K - 1$，如果 $K > 0$，则转 Step 4；否则，转 Step 9。

Step 9　令 $K = n^2$，t=θt，转 Step 3。

4.4.3　实验结果

本节通过计算机模拟数据进行仿真实验，将算法得出的解与 MIP 模型获得的最优解进行对比，以测试算法的性能。该实验的编程语言为 Java，开发工具为 MyEclipse 10。计算机配置环境如下：CPU 为 Intel(R) Core(TM) i5 3.20GHz，内存为 12.00 GB，操作系统为 Microsoft Windows 10。

由于数学规划软件 CPLEX 对变量数量有限制，且随着决策变量数量的增加，求解速度会变得很慢，对于大规模问题很难求出最优解，因此这里选择的作业数量较小。作业数量 $n \in \{8,10,15,20,25,30\}$，对于每个作业 J_j，其加工长度为整数，且服从 [1,20] 的均匀分布；对于两台平行机，其加工速度为整数，且服从 [1,4] 的均匀分布。给定的成本阈值 $\hat{U}$ 会对算法产生一定的影响。令 $\hat{U} = \underline{U} + \alpha \times (\overline{U} - \underline{U})$，其中 $0 < \alpha < 1$。考虑四种不同的 α 的值，分别为 0.5、0.65、0.8 和 1.0。

作业交付期的范围可参考文献 [11]，交付期的生成主要依赖于两个参数：交付期范围和交付期均值。交付期范围由交付期因子 Q 和总作业长度决定，$\Delta d = Q\sum\limits_{j=1}^{n} p_j$。交付期均值为 $d_m = 0.5 \times (1 - C)\sum\limits_{j=1}^{n} p_j$，其中 C 表示延迟因子，延迟因子衡量了不能够及时完工的作业比例。因此，每个作业的交付期服从 $(d_m - \Delta d/2, d_m + \Delta d/2)$ 的均匀分布。实验中设计了三组 Q 和 C 的值，分别为 0.2、0.5、0.8 和 0.4、0.6、0.8。通过 Q 和 C 的组合，可以得到九组不同的交付期的设计。

众所周知，随着作业数量的增加，解决整数规划问题的时间会越来越长，因此，当求解该整数规划问题的时间达到 3h 时，就中断求解过程并将解决方案表示为 OPT*；否则，将求出的最优解描述为 OPT。OPT 列中的值表示通过 IP 模型求解得到的总延迟。对于每一个 n、Q 和 C 的组合，产生了 10 个实例并运行 SA 算法 40 次。将 10 个实例计算得到的最小值、平均值、初始解，Emmons 算法改进后的解分别存储在 SA、Mean、IS 和 ISWA 列中。为了进行比较，当 $\alpha = 0.5$、0.65、0.8、1.0 时，使用相同的实例。

表 4.19~表 4.22 给出部分实验结果。所有实验结果的比较如图 4.8~图 4.11 所示。作业的长度服从在 [1,20] 之间的均匀分布，作业的交付期服从区间 $(d_m - \Delta d/2, d_m + \Delta d/2)$ 内的均匀分布。对于每一个 n 和 α 的组合，计算出 Gap_1，$\text{Gap}_1 = \dfrac{\overline{\text{OPT}} - \overline{\text{SA}}}{\overline{\text{OPT}}} \times 100\%$，上标 "-" 代表平均值。也就是说，$\text{Gap}_1$ 是 OPT 和算法 $H_{4.9}$ 的差异的百分比。此外，还需要计算 Gap_2，$\text{Gap}_2 = \overline{\text{OPT}} - \overline{\text{SA}}$，即 OPT 和算法 $H_{4.9}$ 的实际差异。图 4.8 和图 4.9 绘制了 Gap_1 和 Gap_2 的相关情况。类似地，可以计算 $\text{Gap}_3 = \dfrac{\overline{\text{Mean}} - \overline{\text{OPT}}}{\overline{\text{OPT}}} \times 100\%$ 和 $\text{Gap}_4 = \overline{\text{Mean}} - \overline{\text{OPT}}$（图 4.10 和图 4.11）。

表 4.19 α=0.5、Q=0.2 的实验结果

C	n	OPT	$H_{4.9}$	Mean	ISWA	IS	Time
0.4	6	41.2	42.7	42.8	43.0	48.2	34
	8	40.6	44.0	45.3	46.1	49.1	41
	10	36.8	38.8	39.1	40.0	44.3	52
	13	64.5	64.8	72.7	79.0	84.8	83
	16	91.4	95.7	99.6	99.9	128.3	120
	20	81.3	88.7	90.7	91.5	143.5	189
0.6	6	47.6	48.0	48.6	48.7	52.7	31
	8	63.0	63.8	64.7	65.0	74.5	45
	10	64.1	70.3	74.0	77.1	79.2	54
	13	92.9	102.1	105.6	109.2	136.5	72
	16	141.0	144.3	146.7	148.1	196.7	124
	20	192.1	198.7	205.5	209.2	274.6	229
0.8	6	95.3	97.8	101.6	103.4	112.7	34
	8	118.9	128.8	134.2	137.7	166.2	42
	10	187.5	198.1	206.9	211.3	236.7	51
	13	206.8	226.3	228.6	231.4	281.8	76
	16	214.5	218.1	223.2	226.0	288.5	123
	20	326.3	344.5	354.7	357.4	378.9	209

表 4.20　α=0.5、Q=0.8 的实验结果

C	n	OPT	$H_{4.9}$	Mean	ISWA	IS	Time
0.4	6	23.0	23.2	23.4	23.5	25.1	35
	8	14.9	18.2	23.1	26.9	29.0	43
	10	35.5	42.2	47.1	53.5	54.5	49
	13	14.5	17.6	22.9	25.1	28.5	119
	16	32.1	33.5	34.9	35.2	41.4	133
	20	43.2	44.7	45.0	45.1	49.3	212
0.6	6	42.1	42.4	42.4	42.5	53.4	32
	8	39.8	40.9	41.3	42.0	60.3	45
	10	84.5	86.4	87.5	87.8	127.6	54
	13	81.8	89.2	98.5	102.1	106.7	79
	16	69.8	74.0	85.3	88.2	95.6	129
	20	40.9	42.6	42.8	43.0	46.9	211
0.8	6	41.5	44.1	47.3	47.7	64.3	35
	8	59.8	63.6	64.3	65.0	78.6	43
	10	120.3	127.4	128.3	129.5	154.4	52
	13	99.5	106.6	112.7	115.4	131.9	83
	16	289.3	296.8	297.3	299.5	365.1	127
	20	206.1	214.5	216.8	218.2	285.3	215

表 4.21　α=0.8、Q=0.2 的实验结果

C	n	OPT	$H_{4.9}$	Mean	ISWA	IS	Time
0.4	6	3.5	4.0	4.6	9.0	15.2	34
	8	0.0	0.0	0.0	0.0	0.0	41
	10	0.0	0.0	0.0	0.0	0.0	53
	13	0.0	0.0	0.0	0.0	0.0	80
	16	0.5	1.0	2.3	3.3	3.8	129
	20	0.0	0.0	0.0	0.0	0.0	213
0.6	6	12.6	13.4	14.3	15.0	16.0	35
	8	20.9	23.1	26.4	27.8	31.9	46
	10	10.8	13.7	17.1	17.5	19.7	53
	13	33.7	34.6	34.9	34.9	40.0	82
	16	54.0	54.4	55.6	56.0	66.3	128
	20	65.8	69.1	69.8	70.1	80.1	202
0.8	6	48.8	50.3	51.0	51.8	57.4	37
	8	72.5	74.2	75.8	76.0	78.5	56
	10	129.6	131.4	132.8	133.0	154.0	68
	13	139.7	142.9	146.6	147.2	188.1	101
	16	143.2	153.4	161.1	162.5	212.3	148
	20	201.5	205.0	218.7	222.3	243.5	244

表 4.22 α=0.8、Q=0.8 的实验结果

C	n	OPT	$H_{4.9}$	Mean	ISWA	IS	Time
0.4	6	2.1	2.3	3.5	7.2	11.0	36
	8	5.0	5.3	5.4	5.5	5.8	43
	10	25.0	26.2	26.5	26.5	29.4	58
	13	8.5	9.0	9.4	9.5	10.5	85
	16	0.0	0.0	0.0	0.0	0.0	132
	20	26.2	27.3	27.8	28.0	31.2	247
0.6	6	18.2	19.0	21.1	21.9	23.2	36
	8	9.0	9.3	10.2	10.4	14.1	45
	10	46.7	47.5	47.8	48.0	53.6	57
	13	51.3	53.8	54.5	54.7	61.5	89
	16	49.0	50.3	51.9	52.3	60.5	134
	20	28.7	29.8	32.1	32.4	35.0	229
0.8	6	21.3	21.5	23.3	24.0	27.3	33
	8	26.0	26.7	27.3	27.5	29.5	46
	10	66.6	70.8	71.9	73.0	77.8	58
	13	49.3	51.4	52.2	52.4	59.7	87
	16	199.8	202.0	204.5	206.9	255.1	130
	20	119.2	121.5	123.8	124.5	143.0	231

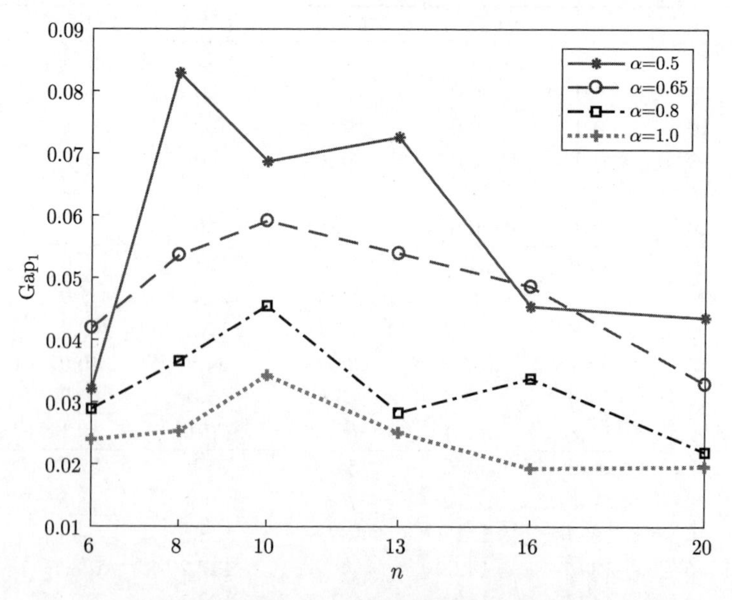

图 4.8 最优解和 SA 算法最优解的平均误差率

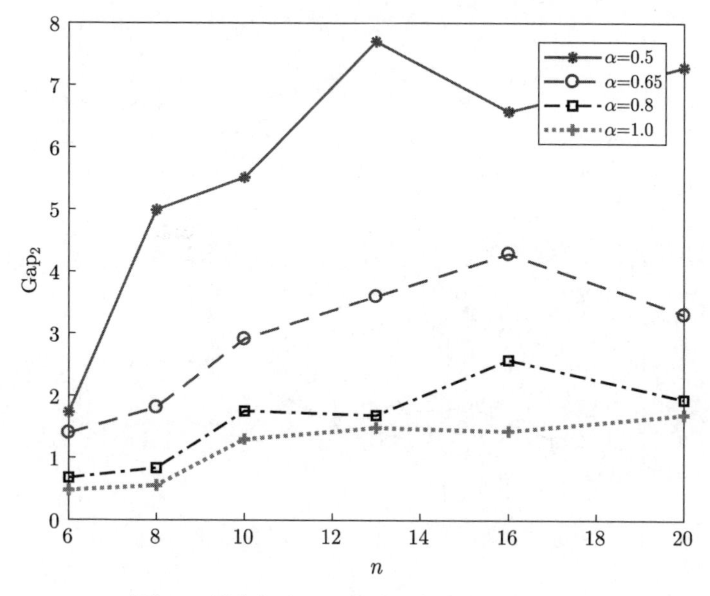

图 4.9　最优解和 SA 算法最优解的平均误差

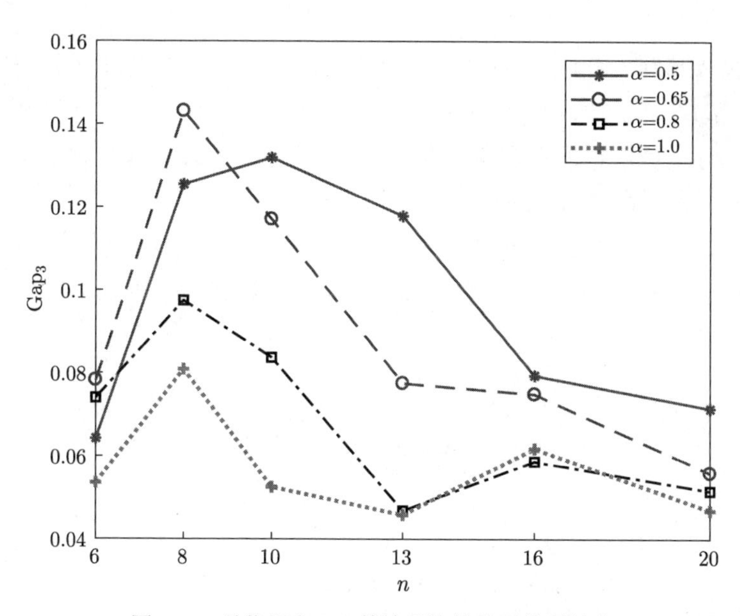

图 4.10　最优解和 SA 算法平均值的平均误差率

数值实验结果表明，当 α 从 0.5 增加到 1.0 时，算法生成的解越来越接近最优解，这表明在成本预算很大时，算法的性能更高，由此推断所提算法可以在没有成本约束的情况下获得近似最优解。然而，当 $\alpha = 0.8$ 及 $\alpha = 1.0$ 时，结果非

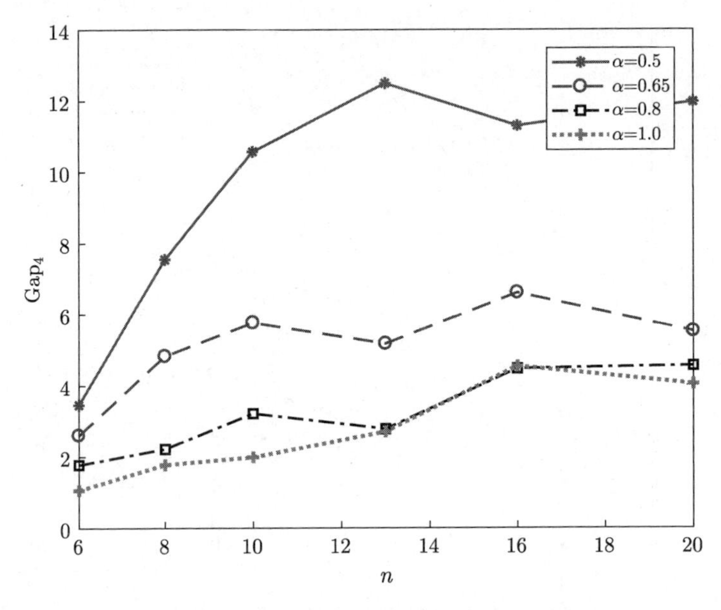

图 4.11 最优解和 SA 算法平均值的平均误差

常接近，这是因为将作业全部安排到速度快的机器上未必能产生更好的解。同时，当 C=0.4 和 C=0.6（作业交付期很大），尤其是当不同作业的交付期相差很大时，总延迟比较小，算法也能得到更优的解。总体而言，当成本预算越高或者作业交付期相差很大时，算法的表现通常更好。

很明显，运行算法 $H_{4.9}$ 所需要的时间是很短的，在实际生产活动中是可以接受的。相对于一些传统的精确算法（如分支定界方法和动态规划方法），本算法并不总能得到最优解，但是算法的运行时间大大缩短。

本章小结

本章研究了制造资源网络共享环境下考虑可变成本的平行机调度问题。首先研究了考虑可变成本约束的最小化 Makespan 及总完工时间的同型机调度问题，为可中断的最小化 Makespan问题提出了算法 $H_{4.2}$，该算法能够获得最优解；进而基于可中断问题最优解决方案为不可中断的最小化 Makespan问题提出了算法 $H_{4.3}$，证明了该算法的最坏误差界在 2 以内；同时也基于可中断最小化 Makespan问题的最优解决方案构建了不可中断情形下最小化总完工时间问题的解决算法 $H_{4.4}$。然后研究了考虑可变成本的最小化最大延迟时间的平行机调度问题。基于对经典 EDD 规则的应用与改进，为之构建了启发式算法 $H_{4.5}$，并证明了算法的最坏误差界。最后还研究了同时考虑固定成本与可变成本约束的两台机器的最小化总延迟时间平行机调度问题。通过建模与分析，提出了最优解应该具备的一些性质，设计了初始解生成算法 $H_{4.6}$ 和 $H_{4.7}$，以及预排序算法 $H_{4.8}$，并进一步用于构建模拟退火算法 $H_{4.9}$。通过大量随机数据实验验证和分析了算法的有效性。

本章针对网络共享环境下考虑制造资源外部性的平行机调度问题开展了研究。与第 3 章不同，本章对外部制造资源使用成本的计算方式采取了随使用时长变化的可变成本假设。对于考虑制造资源外部性的平行机调度问题，假定机器使用成本为固定成本与可变成本两部分之和将更具现实意义，本章虽有一节涉及，但研究尚不够深入，仍有大量的研究空间。

参 考 文 献

[1] LEUNG J Y T, LEE K, PINEDO M L. Bi-criteria scheduling with machine assignment costs[J]. International Journal of Production Economics, 2012, 139(1): 321-329.

[2] LEE K, LEUNG J Y T, JIA Z H, et al. Fast approximation algorithms for bi-criteria scheduling with machine assignment costs[J]. European Journal of Operations Research, 2014, 238(1): 54-64.

[3] JIANG Y, HU J, LIU L, et al. Competitive ratios for preemptive and non-preemptive online scheduling with nondecreasing concave machine cost[J]. Information Sciences An International Journal, 2014, 269(11): 128-141.

[4] LI K, ZHANG X, LEUNG J Y T. Parallel machine scheduling problems in green manufacturing Industry[J]. Journal of Manufacturing Systems, 2016, 38: 98-106.

[5] 李凯, 徐淑玲, 程八一, 等. 考虑成本限制的最小化最大延迟时间平行机调度问题 [J]. 系统工程理论与实践, 2019, 39(1): 165-173.

[6] LI K, XIAO W, YANG S L. Minimizing total tardiness on two uniform parallel machines considering a cost constraint[J]. Expert Systems with Applications, 2019, 123(7): 143-153.

[7] GRAHAM R L, LAWLER E L, LENSTRA J K, et al. Optimization and approximation indeterministic sequencing and scheduling: A survey[J]. Annals of Discrete Mathematics, 1979, 5: 287-326.

[8] MASUDA T, ISHII H, NISHIDA T. Some bounds on approximation algorithms for n/m/I/Lmax and n/2/F/Lmax scheduling problems[J]. Journal of the Operations Research Society of Japan, 1983, 26(3): 212-225.

[9] DU J, LEUNG J Y T. Minimizing total tardiness on one machine is NP-hard[J]. Mathematics of Operations Research, 1990, 15(3): 483-495.

[10] EMMONS H. One-machine sequencing to minimize certain functions of job tardiness[J]. Operations Research, 1969, 17(4): 701-715.

[11] FRANÇA P M, MENDES A, MOSCATO P. A memetic algorithm for the total tardiness single machine scheduling problem[J]. European Journal of Operational Research, 2001, 132 (1): 224-242.

第 5 章　网络共享环境下具有不可用时段的平行机调度

本书把网络共享制造资源因分属不同企业而在生产周期内加入或退出生产系统，以及由此造成的调度周期内可用状态变化的现象定义为网络制造资源的在线性。制造资源网络共享时在资源的提供方和使用方之间通常具有提前约定的合同，即在生产调度周期内，网络共享的制造资源数量、不可用时间段等加工信息可提前预知，此类情形可将考虑在线性的调度问题抽象为一类具有不可用时段的平行机调度问题。由于具有不可用时段的平行机调度在传统的考虑机器维护时段的生产环境中也有广泛的应用并且受到研究学者的关注，本章首先对具有不可用时段的平行机调度问题的背景及国内外研究现状进行综述；接着仅考虑不可用时段对平行机调度的影响，研究具有不可用时段的一般平行机调度问题；然后针对一些特殊生产环境，研究一类考虑原材料变质的具有不可用时段的平行机调度问题。

5.1　问题背景与研究现状

5.1.1　问题背景

假定通过网络共享平台获得的同类制造资源数量为 $m(m \geqslant 1)$，并事先能够确定各制造资源的可供（或不可供）使用的具体时间区间，则可将这种静态的同类制造资源网络共享调度抽象为具有不可用时段的平行机调度问题，其中当 $m=1$ 时为其特例单机调度问题。

事实上，具有不可用时段的平行机调度问题在传统的调度理论中已经受到了大家的关注，其主要原因是当企业考虑对机器进行预防性维护时，通常也可将维护时段视为机器的不可用时段。对制造企业来说，机器是其能够正常生产经营的必备物质基础，对制造企业的生产制造环节有至关重要的影响。在经典的调度模型中，一般假设机器在一个调度周期内能够一直使用。然而现实中往往并非如此，企业中的机器在运行过程中会因出现故障而停机，制造商会因为考虑延长机器使用寿命、降低故障率等原因进行维护而暂停使用。机器故障一旦出现，不仅会影响产品的生产及产品质量，而且当制造商不能够在规定时间内将客户的订单保质保量完成时，也会给企业造成巨大的经济损失。企业选择合适的时间对内部机器进行预防性维护，一方面能够降低故障的发生率，另一方面能够延长机器寿命且提高利用率。考虑故障和维护等原因所致的机器具有不可用时段的制造资源优化更加贴近生产实际。

关于具有不可用时段的平行机调度问题，现有文献采用动态规划、分支定界等精确算法，以及模拟退火、遗传算法及粒子群等亚启发算法构建优化方法。同时，通过分析目前的研究成果也可以看出，对于一般的调度环境，大都集中在研究单机及同型机情形下的具有不可用时段的机器调度问题。本章在现有文献的基础上，将拓展考虑具有不可用时段的同类机调度问题。

另外，现实中一些特殊的生产环境会对机器的可用性提出更高的要求。例如，在冷链型企业这种现象尤为突出，其主要原因在于冷链企业进行产品加工时，对作业环境要求比较严格，如制冷设备的运转及特定加工温度要求等，稍有不恰当的配置都会导致机器出现故障，产生机器不能使用的现象，因而致使机器具有不可用时段的情形在冷链型企业中更加普遍。另外，较一般生产环境，冷链环境下机器的故障将会给企业带来更加重大的损失。这是因为处于冷链环境下时，原材料及产成品容易发生变质。因此，对冷链型企业来说，机器出现不可用时段除了会造成不能按时交货的缺货成本以外，还需要承担原材料及产成品腐坏产生的变质成本。因而，对于冷链型企业的设备来说，不管是预防性维护还是网络共享带来的不可用时段，同时考虑原材料变质对调度问题的影响将更具现实意义。

本章研究两类具有不可用时段的平行机调度问题。首先考虑在一般的调度环境下具有不可用时段的同类平行机（同类机）调度问题，调度的目标是最小化最大完工时间，以此缩短客户等待时间，提高客户的满意度，提升企业的竞争力。

然后针对冷链型企业等原材料变质及其对机器不可用时段更加敏感等现象，拓展研究了同时考虑原材料变质和机器具有不可用时段的同类机调度问题。为解决这类问题，我们从考虑原材料变质和机器不可用时段的单机调度问题入手，对问题进行分析，然后进一步拓展到多台机器的同类机情形。由于原材料变质可能给企业带来巨大损失，因此将调度的目标设置为在这两种约束条件下最小化总的作业变质成本，以期从降低企业总变质成本的角度提升企业的竞争力。

5.1.2 研究现状

经典的调度问题中，通常假设机器在一个调度周期内一直可用，但在实际的生产加工过程中往往不能满足此假设，即生产过程中使用的机器常常会由于故障或维护等类似因素导致存在不可用时段，这类现象最早于 1984 年受到 Schmidt[1] 的关注。制造商拥有的制造资源因故障、维护而致使机器有不可用时段的情况在企业中很常见，也正因为如此，渐渐有更多的学者对这类问题进行深入研究。网络共享的制造资源同样具有这类特点。对于这一类问题，依据它不可用时段的具体特征，可将具有机器可用限制的调度问题分为不可用时段固定的调度问题和不可用时段可调的调度问题两类，其中针对第一类问题的研究成果相对丰富。

第一类研究成果基于不可用时段固定的假设。当机器数目为 1 时，Adiri 等 [2] 研究了作业在加工过程中不可中断约束下，机器在运行过程中存在一个不可用时段的最小化总完工时间问题，首先给出了此问题是NP-难问题的证明，然后证明了使用短作业优先（shortest processing time first，SPT）排序方法求解此问题的最坏相对误差界是 1/4。Lee[3] 同样研究了带有一个不可用时段的单机调度问题，与上述文献不一致的地方在于，他将目标函数设定为最小化总加权完工时间，证明了此问题是NP-难问题，与此同时得出了 WSPT 算法应用在此问题中误差界无穷大的结论。Kacem 和 Chu[4] 对此结论进行了修正，提出在某种特殊条件下，WSPT 算法求解此问题最坏误差界可以为 2，并针对此问题提出了一个改进的 WSPT 算法，最坏误差界为 2。

以上研究都围绕在最坏误差界的证明或者近似算法的设计上，近年来解决这类问题的有关精确算法成果也大量涌现。Kacem 和 Chu[5] 将分支定界算法应用到该问题中来求解。在另一篇文献中，Kacem 等 [6] 针对同样的目标函数应用了三种经典精确算法来求解，并指出文章提出的精确算法能够在合理的时间内有效解决作业规模大至 3000 的调度问题。同样在作业不可中断假设下，Lee[3] 证明了长作业优先（longest processing time first，LPT）算法求解 Makespan 问题的最坏相对误差紧界是 1/3，并进一步将目标函数拓展为最小化最大延迟时间，说明了此问题是NP-难问题，证明了用最紧急作业优先（earliest due date first，EDD）顺序求解此问题的绝对误差界为 $p_{\max}$ ，这里 $p_{\max}=\max\{p_i|i=1,2,\cdots,n\}$ 为最大作业加工时间。李刚刚等 [7] 在考虑机器有可用限制的基础上同时考虑了作业有释放时间的情况，针对最小化最大完工时间目标函数，给出了一个最坏误差界为4/3的近似算法和一个动态规划算法求解方法。

上述研究都考虑机器在调度期内只有一个不可用时段，也有一些学者考虑了调度周期内存在多个不可用时段的情形。Leon 和 Wu[8] 考虑了此类情形，并且在考虑机器存在不可用时段约束的基础上，增加工件有准备时间的约束，利用分枝定界方法解决此问题。Chen[9] 研究了机器在调度期内存在周期性维护的问题，即机器在调度期内存在周期性不可用时段，此问题同样是NP-难问题，采用分支定界等精确算法为中小规模的问题寻求最优解。鉴于分支定界算法求解问题规模的局限性，他又为此问题提出了一种启发式算法，并用实验证明此算法获得的解是很高效的。Zade 和 Fakhrzad[10] 也研究了作业不可中断情形下周期维护的问题，给出了两个可选择的策略安排维护时间和作业的加工，并提出了一种动态遗传算法，实验结果表明此算法性能较优，能够在大多数情况下取得最优解。

与以上假设不同，在实际的生产加工过程中存在作业在被中断后仍然能够在机器恢复使用后继续加工，即作业可中断的情形。对于作业可中断情形的研究，当只考虑有一台机器并且机器在调度期内仅有一个不可用时段时，有学者证明这种情形下利用 SPT 规则、EDD 规则或者任意规则求解最小化最大完工时间问题及最小化误工工件问题都能够得到最优解，但目标函数设定为总加权完工时间时，即便假设 $w_i = p_i$ 的可中断情形仍然是NP-难问题 [3]。Batsyn等 [11] 同样研究了可中断情形下的最小化总加权完工时间问题，考虑的是在线调度的情形，并为解决此问题构建了一种基于加权最短剩余处理时间启发式算法。基于同一目标，Wang 等 [12] 将假设机器的不可用时段从一个拓展到多个的情形，主要对此问题是强NP-难的结论做了证明，并针对几种特殊情形给出了启发式算法求解，此外还对提出的启发式算法的误差表现进行了分析。

绝大多数学者对于这类问题的研究都是在可中断和不可中断的假设条件下，Lee[13] 在 1999 年第一次提出部分可持续的概念。之后，马英等 [14] 对作业是部分可持续情形下机器含有一个不可用时段的资源调度问题展开研究，文章首先证明了利用 LPT 规则求解此问题的相对误差界是 $\alpha/2(0 \leqslant \alpha \leqslant 1)$，其中 α 代表机器能够重新使用之后，中断之前已加工的部分需要再进行加工的比例，给出了此界是紧的证明；另外还设计了一个基于 LPT 规则的启发式算法。

随着研究的不断深入，学者们的视角渐渐由单机问题转向了平行机调度问题，具有不可用时段的平行机调度问题也获得了学者们广泛深入的研究。Lee[15] 考虑了 n 个作业需要放在 m 台机器上加工的情形，文章假定这 m 台机器的速度相同，并且部分机器在初始时刻不能加工作业，给出了利用 LPT 方法求解最大完工时间问题的最坏误差界是 $3/2 - 1/(2m)$，该界被证明是紧的；之后，为了解决此问题，还构造出一个改进的界是 4/3 的 MLPT 算法。马英等 [16] 假定机器有不同的加工速度，考虑了机器在起始时刻不能使用情况下的同类机问题，在经典算法 LPT 的基础上应用交换性质提出了一个较优的启发式算法。与上述文献不同，Hwang 和 Chang[17] 研究了在一个完整的调度周期内，每一台机器都有出现不可用的情形。他们在文章中详细分析了 LPT 算法的最坏性能比，分析中指出，影响 LPT 算法优劣的关键因素是在同一时刻同时允许不可用机器的数目，证明了当同时允许机器不可用数目小于或等于整个调度期使用机器数目的一半，即 $m/2$ 时，可以得出此时用 LPT 规则求解此问题最坏误差界为 2，并给出了此界是紧的证明。

也有一些学者研究了机器数目为 2 的特殊情形，如 Liao 等 [18] 研究了两台机器中其中一台机器一直可用，另一台机器存在一个不可用时段的情形，文章通过将问题划分为 4 个子问题来求解作业不可中断情形下的最小化 Makespan 问题，运用两机优化调度（two-machine optimal scheduling，TMO）算法求解子问题。文章在说明算法高效的同时对算法的复杂性进行了分析，证明了提出的每个算法都具有指数复杂性。Tan 等 [19] 从分析 LPT 算法性能的角度对此问题进行了分析，讨论了两种情况：一是当两台机器中仅有一台机器存在不可用时段，作业不可中断，此时用 LPT 算法求解最小化Makespan 问题，最坏误差界是 3/2，此界是紧的；二是两台机器各存在一个不可用时段，并且两个不可用时段不存在重叠，此时 LPT 的界是 2，不确定是否为紧。Sun 和 Li[20] 同样分析了机器数目为 2 的同型机问题，与以上研究不同的是，他们对两台机器都需要周期维护的情况进行了分析，并给出了降序首次适应（first fit decreasing, FFD）算法求解最小化Makespan 问题的最坏误差界是 $\max\{1.6 + 1.2r/T, 2\}$ ，其中 T 表示两个相邻维护周期，即两个相邻不可用时段之间的时间间隔。

当目标函数为总完工时间时，Lee 和 Liman[21] 考虑了两台机器的情形，他们假设两台机器中的一台只能在某个固定的时间段可用，其余时间不可用，文章在一开始证明此问题是NP-难的，并随后提出一个动态规划算法和一个启发式算法。Mellouli 等 [22] 研究了 m 台平行机的情形，文章讨论了 m 台机器每台机器都有一个不可用时段的最小化总完工时间问题，使用 MIP、分支定界和动态规划等精确的算法获得了此问题较满意的解。

也有一些学者对非同类机的最小化总完工时间问题进行了研究，例如 Wang 等 [23] 和 Yang 等 [24] 所做的研究，其中文献 [23] 考虑了 n 个作业需要在 m 个带有恶化维护的非同类机上进行加工，它们的目标是最小化总完工时间，文章给出了一个时间复杂度为 $O(n^{2m+3})$ 的算法；文献 [24] 对此结论做了修正，并且提出一个时间复杂度为 $O(n^{m+3})$ 的更为高效的算法。

除了以上基于作业加工时间固定情形的研究以外，作业加工时间可变的情形也有学者考虑。Lee 和 Wu[25] 研究的就是作业加工时长可变的情形，在 m 台平行机都有一个固定不可用时段的约束基础上增加了一个约束条件，即作业加工时间是该作业开工时间的线性函数。此问题较仅有机器不可用时间约束调度问题更为复杂，通过对问题的仔细分析，文章在最大恶化率（largest deterioration rate first，LDR）规则的基础上构造了一种启发式算法求解。

针对作业可中断的问题情形，Lee[3] 讨论了 m 台平行机的最大完工时间问题，文章假定 m 台机器至少有一台机器是一直可以加工作业的，另外的机器每台都有一个不可用时段，证明了即使是只有两台机器的情形下，LPT 规则也不能获得较优的目标函数值，并且给出了误差界是无穷的证明。Liao 等 [18] 研究了两台机器的情形，作业可中断，两台机器中的一台有不可用时段，目标函数为最小化最大完工时间，首先将问题划分为 4 个子问题，然后分别为相应问题设计精确算法以获得最优解。

对于不可用时段固定的调度问题，除了在单机、平行机方面吸引了许多学者的目光以外，流水作业调度问题、自由作业调度问题及异序作业调度问题近年来也相继被学者们广泛研究。对于流水作业调度问题，两个机器的问题相关研究相对较多，Lee[26] 在 1997 年第一次研究了具有可用限制的两机流水作业，考虑的是机器间的缓存库存无限大，当作业可中断并且求解问题的目标设为最大完工时间最小时，文章提出了即使只有一台机器上有一个不可用时段，此问题也是NP-难的。由于不可用时段出现的机器顺序不同，往往会对资源优化结果产生不同的影响，文章对不可用时段出现在 M_1 和 M_2 的情况都进行了讨论，分析了算法的误差界。Kubzin 和 Strusevich[27] 研究了有缓冲库存的情形，对不可用时段在 M_1 和 M_2 的情形分别进行了讨论，得出了无论作业是否允许中断或部分可中断，只要两台机器中有一个存在不可用时段，问题便是NP-难的结论。Faten 等 [28] 在考虑机器有可用限制的同时增加了作业有不同释放时间的约束，两台机器不可用时段有重合，即存在同时不可用情形，此时问题变得更加复杂，文章为此问题的求解设计了一个分支定界算法。

对于自由作业调度问题，两台机器调度的研究成果相对较多，优化的目标主要集中于最小化最大完工时间。Lu 和 Posner[29] 对两机调度问题进行了分析，在作业可中断的前提条件下，两台机器中的一台在初始时刻不能处理作业的约束下，最大完工时间问题可在多项式时间内求解。Breit 等 [30] 研究了更一般的情形，即其中一台机器存在不可用时段，并未限制不可用时段出现的位置，文章证明了此问题是NP-难的。并在此基础上构造了一个启发式算法，证明其最坏误差界为 4/3。Breit 等 [31] 证明了作业不可中断的情形下，当机器存在不止一个不可用时段时，除非在 $P = NP$ 的情形下，否则不能在多项式的时间内得到近似解；文章还为两台机器中一台有不可用时段的情形设计了一个启发式算法，并在文章中给出了其求解问题最坏误差界为 4/3 的证明。

对于异序作业调度的问题，问题愈加复杂，此类问题的相关研究成果非常少。Mati[32] 研究了作业不可中断的情形下，每台机器存在若干不可用时段的调度问题，求解的目标是最小化最大完工时间，文章为此问题构造了一个禁忌阈值算法。对于作业可中断情形的调度问题，Mauguière 等 [33] 研究了最小化最大完工时间问题，通过分支定界方法对问题进行了求解。

第二类成果基于不可用时段可调的假设，此类问题的研究成果相对于不可用时间固定的调度问题来说较少。不可用时段可调的调度问题一般基于作业不可中断的前提，且机器不可用时段可调的类型主要有两种情形：一是机器的可用时段对应一个时间窗，二是机器在连续作业后工作时间受限制。Yang 等 [34] 研究了单机情形下，机器只有一个维护时段，维护时段对应时间窗，求解问题的目标函数是最小化最大完工时间，此问题在文章中被证明是NP-难的，在此基础上基于 LPT 方法设计了一个启发式算法对问题进行求解。Aggoune[35] 研究了每台机器上的不可用时段不止一个的情形，作业流水加工且不可中断，文章将禁忌搜索以及遗传算法作为基础设计了启发式算法，以实现对 Makespan 的优化。

对于机器在连续作业后工作时间受限制的情形，Mosheiov 和 Sarig[36] 做了相关研究，并得出在单机情形下仅仅有一个维护时段，最小化总加权完工时间问题也是NP-难问题的结论。Lee 和 Chen[37] 将此问题拓展到同型机的情形下，当 m 台机器任一时刻只有一台进行维护时，即使所有作业具有相同的权重，此情形的加权时间和问题也是NP-难问题；当 m 台机器允许出现同时进行维护的情形时，此时的最小化总加权完工时间问题同样是NP-难的。文章分别为求解这两种情形下的问题提供了一种分支定界算法。以上研究都只考虑了每台机器仅存在一个维护时间窗的情况，Qi 等 [38] 将问题拓展到了每台机器有多个维护时段的情况，首先证明这种情形下的最小化总完工时间问题是NP-难的，并从构造精确算法和近似算法两个角度分别提出了相应的算法。在另一篇文献中 [39]，他们对 SPT 算法和 EDD 算法求解此问题的相对误差界进行了分析。

关于原材料或产品变质的现象在调度领域也受到了学者们的关注，但一般很少与具有不可用时段的机器调度相结合。Arbib 等 [40] 最早对原材料和产成品同时具有变质特性的情况进行了分析，他们假设每个产品都具有限制的最早开工和最晚完工时间，调度的目标是在满足产品开工、完工时间的约束下最大化完成工件数。Zhang 等 [41] 则从对冷冻食品冷链配送环节优化的角度考虑，提出了一种禁忌搜索算法，调度目标是寻找一个调度方案，能够使得运输成本及库存成本最小。Tarantilis 和 Kiranoudis[42] 基于车队有时间窗约束的前提，通过优化车辆路径的方式降低配送成本。Chung 和 Norback[43] 立足于食品服务商的视角，通过减少配送路程、优化路线条数、减少时间三个角度削减配送总成本。王海丽等 [44] 分析了针对易变质产品使用冷藏车配送的优化问题，文中假设配送货品的冷藏车同速，其配送成本的计算在一般的固定车辆成本和运输费用的基础上多增加了一项制冷成本，更能够符合冷链环境配送的真实场景。

以上研究都基于生产、配送两个独立的过程单独进行考虑，也有一些学者从将这两个部分结合起来的角度进行优化。Chen 等 [45] 讨论了这种生产与配送联合考虑的情形，文章分析了产品一旦生产完成即会发生变质的情形，他们将供应商的期望总收益最大化作为优化目标。李娜和王首彬 [46] 也建立了基于时间窗的生产与配送集成优化的问题模型，需求是未知的，文中考虑多余生产的产品会发生腐坏增加成本，目标是总成本最小化。这里的总成本包括 5 个部分：多余产品变坏损失成本、产品量不足时的缺货成本、生产成本、配送成本及产品未能在时间窗内送达的惩罚成本。上述文献对问题的分析都基于制造商仅拥有一条生产线的情况，对于多条生产线的情形，Poorya 等 [47] 进行了相关研究，考虑了客户下单的产品类型、数量是提前预知的，即确定的。以上文献中考虑的都是有客户下订单便会进行生产，没有进行订单决策的过程，Huo 等 [48] 考虑企业收到很多客户的订单，在易变质性的前提下，对这批订单进行决策，选出部分订单进行加工来实现收益最大化，而不是以往考虑的全部加工的情形，文章基于这种假设对单机及平行机的情形都进行了分析。

通过以上文献综述我们可以了解到，虽然已有很多学者对考虑机器具有不可用时段的相关调度问题做了比较深入的研究，但仍有一些情况没有被考虑进来，仍有一些问题需要进一步深入研究。首先，当前对于考虑机器具有不可用时段的平行机调度问题的研究成果大都基于同型机调度的假设，对于同类机的研究成果还比较少。同类机作为一种重要的机器类型普遍存在于现实的生产环境中，而且通过网络共享平台 获得的共享同类制造资源具有制造能力的恒定差异也是非常常见的，因此对具有不可用时段的同类机调度问题进行研究是非常必要且重要的。其次，当前对机器具有不可用时段的问题研究大多基于经典的调度背景，如不考虑原材料、产成品变质情形。然而对于冷链等具体行业制造资源共享与调度问题，有必要同时考虑机器具有不可用时段与原材料变质的研究背景，以期寻找更优决策方案。

5.2 具有不可用时段的一般平行机调度

此部分在一般调度环境下，针对不考虑原材料发生变质的情形下机器具有不可用时段的平行机调度问题进行分析。这里，我们针对同类机的情形，同型机或单机问题可以看作其特例。调度的目标是最小化最大完工时间，其中机器的起始不可用时间长度不同。针对该问题，本章首先对问题进行形式描述并构建了相应的整数规划模型，在此基础上，将 FFD 算法应用到此问题的求解中，结合 FFD 算法上界及所提性质为问题的求解设计了一个启发式算法。

5.2.1　问题描述

本节研究一般调度环境下机器具有不可用时段的同类机调度问题，不考虑原材料的变质情况。假定有 m 台机器（$M=\{M_1,M_2,\cdots,M_m\}$），机器在调度期起始阶段存在不可用时段，不可用时段不一定相同。同时，这 m 台机器拥有不同的加工能力，即它们的加工速度不同，这里用 r_j 和 ν_j 分别表示机器起始不可用时段长度和机器的加工速度，不失一般性，假定 $\nu_1 \geqslant \nu_2 \geqslant \cdots \geqslant \nu_m$。现有 n 个作业需要加工，每个作业都在 0 时刻到达，每个作业都可以被这 m 台机器中的任意某一机器加工，并且每个作业只需在这 m 台机器中任意一台加工一次。我们考虑的是加工过程中不可以间断的情形。每个作业对应自己的加工时长，作业 J_i 的标准加工时间用 p_i 表示，不失一般性，我们假定 $p_1 \geqslant p_2 \geqslant \cdots \geqslant p_n$。由于每台机器加工速度不同，作业在不同的机器上进行处理则会有不同的实际加工时长，如作业 J_i 在 M_j 上的实际加工时间为 p_i/ν_j。本节的目标是在机器速度不同和机器起始不可用时长不同两者共同约束下寻求一个比较好的调度方案，能够使该方案对应的最大完工时间最小。由于不含任何约束的两个同型机的最小化最大完工时间问题都是NP-难的，因此此问题也是NP-难的。通过以上描述，可建立如下数学模型：

$$\text{Minimize}\max_j\left\{r_j+\sum_{i=1}^{n}\frac{x_{ij}p_i}{\nu_j}\right\}$$

$$\text{s.t.}\quad \sum_{j=1}^{m}x_{ij}=1;\quad i\in\{1,2,\cdots,n\} \tag{5.1}$$

$$x_{ij}\in\{0,1\};\quad i\in\{1,2,\cdots,n\},j\in\{1,2,\cdots,m\} \tag{5.2}$$

其中，若 J_i 被分配到 M_j 上，则二进制变量 $x_{ij}=1$；若 J_i 未被分配到 M_j 上，则二进制变量 $x_{ij}=0$。第一个约束条件表示任何作业能且只能被一个机器加工。

5.2.2　算法设计

不失一般性，假设作业已按照 LPT 规则进行排列。

本节将 FFD 算法得到的解作为初始解，首先给出了 FFD 算法求解此问题的一个上界 U，并给出了上界的证明。

$$U=\max\left\{\frac{2(P+\sum\limits_{j=1}^{m}r_j\nu_j)}{\sum\limits_{j=1}^{m}\nu_j},\max_{1\leqslant j\leqslant m}\left(r_j+\frac{p_1}{\nu_j}\right)\right\}$$

定理 5.1 对于所有的 $C \geqslant U$，$\text{FFD}(C) = \text{true}$。

证明 （反证法）假设定理是不成立的，则必存在 $C \geqslant U$，使得 $\text{FFD}(C) = \text{false}$，即在 C 所限定的时间范围之内，$\text{FFD}(C)$ 算法不能把所有作业分配完毕。设第一个未分配的作业为 J_k，$P = \langle P_1, P_2, \cdots, P_m \rangle$ 为前 $k-1$ 个作业的 FFD 调度，则必有以下结论成立：

（1）$\dfrac{l(P_j) + p_k}{\nu_j} + r_j > C$，即 $\dfrac{l(P_j)}{\nu_j} + r_j > C - \dfrac{p_k}{\nu_j}$。否则，应用 FFD 算法时可以把 J_k 分配到某台机器上去，这与假设相矛盾。

（2）$|P_j| \geqslant 1$。否则，必有 $|P_j| = 0$，则 $r_j + \dfrac{p_k}{\nu_j} > C$。由前面假设知，$C \geqslant U$，则 $r_i + \dfrac{p_k}{\nu_i} > U_1 \geqslant \max\limits_{1 \leqslant k \leqslant m} \left\{ r_k + \dfrac{p_1}{\nu_k} \right\}$，由前可知，$p_1 \geqslant p_2 \geqslant \cdots \geqslant p_k$，出现矛盾，故此结论成立。

（3）$\dfrac{l(P_j)}{\nu_j} + r_j > \dfrac{p_k}{\nu_j} + r_j$，这可由 (2) 推出。

下面分两种情况进行讨论：

（a）若 $C - \dfrac{p_k}{\nu_j} \leqslant \dfrac{p_k}{\nu_j} + r_j$，则 $\dfrac{p_k}{\nu_j} \geqslant \dfrac{C - r_j}{2}$，由 (3) 中结论可推出：

$$\frac{l(P_j)}{\nu_j} + r_j \geqslant \frac{C + r_j}{2} \geqslant \frac{C}{2}$$

（b）若 $C - \dfrac{p_k}{\nu_j} > \dfrac{p_k}{\nu_j} + r_j$，则 $\dfrac{p_k}{\nu_j} < \dfrac{C - r_j}{2}$，由 (1) 中结论可推出：

$$\frac{l(P_j)}{\nu_j} + r_j \geqslant \frac{C + r_j}{2} \geqslant \frac{C}{2}$$

由以上可知，无论哪种情况，$\dfrac{l(P_j)}{\nu_j} + r_j \geqslant \dfrac{C}{2}$ 都成立，故

$$\sum_{j=1}^{m} r_j \nu_j + \sum_{i=1}^{n} p_i > \sum_{j=1}^{m} r_j \nu_j + \sum_{j=1}^{m} l(P_j) \geqslant \frac{C}{2} \sum_{j=1}^{m} \nu_j$$

又由假设知 $C \geqslant U$，故

$$P + \sum_{j=1}^{m} s_j \nu_j > \frac{\sum\limits_{j=1}^{m} \nu_j}{2} U \geqslant \frac{\sum\limits_{j=1}^{m} \nu_j}{2} \times \frac{2(P + \sum\limits_{j=1}^{m} r_j \nu_j)}{\sum\limits_{j=1}^{m} \nu_j} = P + \sum_{j=1}^{m} r_j \nu_j$$

出现矛盾，故定理成立。 □

为解决此类问题，我们设计了一个启发式算法 $H_{5.1}$。首先结合上界，应用 FFD 算法得到一个初始解，在初始解的基础上，应用插入与交换相结合规则，考虑把最大完工时间最大的机器上的作业插入最大完工时间最小的机器上，以期得到更好的可行解。鉴于单纯地考虑插入操作可能会使得到的序列陷入局部最优，因而在考虑插入后引入了交换步骤，利用交换技术对解的质量进行进一步的优化，即在插入陷入局部最优后考虑将完工时间最大的机器上的作业与完工时间最小的机器上的作业持续进行交换，直至没有改进解的出现，从而实现解的质量改进。

下面结合该算法中的部分操作说明操作引发的解的变化。首先给出有关插入操作的一些性质。将最大完工时间最大的机器记作 M_{j_1}，最大完工时间最小的机器记作 M_{j_2} $(j_1 < j_2)$。相应地，记其加工速度分别为 ν_{j_1} 和 ν_{j_2}。记 M_{j_1} 上待插入的作业为 j_i，如图 5.1 所示。

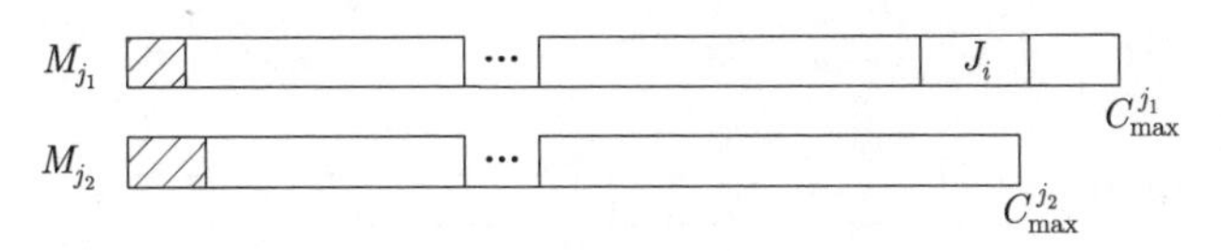

图 5.1　插入——待插入的作业和机器

性质 5.1　把 J_i 插入 M_{j_2} 上后，解能得到改进的充分必要条件为

$$p_i < (C_{\max}^{j_1} - C_{\max}^{j_2})\nu_{j_2} \tag{5.3}$$

证明　易知，把 J_i 插入 M_{j_2} 上后，解能得到改进的充分必要条件为：插入后 M_{j_2} 的最大完工时间小于插入前的 $C_{\max}^{j_1}$，即

$$C_{\max}^{j_2} + \frac{p_i}{\nu_{j_2}} < C_{\max}^{j_1}$$

整理即得式 (5.3)。 □

性质 5.2　若 M_{j_1} 上存在两个满足式 (5.3) 的作业 J_{i_1} 和 J_{i_2}，且满足式 (5.4)，则选择 J_{i_2} 进行插入的目标函数要优于选择 J_{i_1} 进行插入的目标函数。

$$\frac{\nu_{j_1}\nu_{j_2}}{\nu_{j_1} + \nu_{j_2}}(C_{\max}^{j_1} - C_{\max}^{j_2}) \leqslant p_{i_2} < p_{i_1} \tag{5.4}$$

证明　由式 (5.4) 可得

$$C_{\max}^{j_2} + \frac{p_{i_2}}{\nu_{j_2}} \geqslant C_{\max}^{j_1} - \frac{p_{i_2}}{\nu_{j_1}}$$

如图 5.2 所示，故选择 J_{i_2} 进行插入后的目标函数为

$$C^{'}=\max\left\{C_{\max}^{j_1}-\frac{p_{i_2}}{\nu_{j_1}},C_{\max}^{j_2}+\frac{p_{i_2}}{\nu_{j_2}}\right\}=C_{\max}^{j_2}+\frac{p_{i_2}}{\nu_{j_2}}$$

并且

$$C_{\max}^{j_2}+\frac{p_{i_1}}{\nu_{j_2}}>C_{\max}^{j_2}+\frac{p_{i_2}}{\nu_{j_2}}\geqslant C_{\max}^{j_1}-\frac{p_{i_2}}{\nu_{j_1}}>C_{\max}^{j_1}-\frac{p_{i_1}}{\nu_{j_1}}$$

即选择 J_{i_1} 进行插入后的目标函数为

$$C^{''}=\max\left\{C_{\max}^{j_1}-\frac{p_{i_1}}{\nu_{j_1}},C_{\max}^{j_2}+\frac{p_{i_1}}{\nu_{j_2}}\right\}=C_{\max}^{j_2}+\frac{p_{i_1}}{\nu_{j_2}}>C_{\max}^{j_2}+\frac{p_{i_2}}{\nu_{j_2}}=C^{'}$$

故性质 5.2 成立。 □

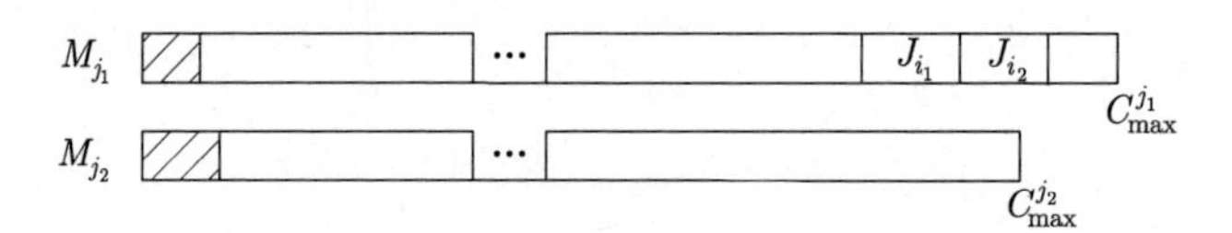

图 5.2 性质 5.2—— 插入作业后的情形

性质 5.3 若 M_{j_1} 上存在两个满足式(5.3)的作业 J_{i_1} 和 J_{i_2}，且满足式(5.5)，则选择 J_{i_1} 进行插入的目标函数要优于选择 J_{i_2} 进行插入的目标函数。

$$p_{i_2}<p_{i_1}\leqslant\frac{\nu_{j_1}\nu_{j_2}}{\nu_{j_1}+\nu_{j_2}}(C_{\max}^{j_1}-C_{\max}^{j_2}) \tag{5.5}$$

证明 由式 (5.5) 可得

$$C_{\max}^{j_1}-\frac{p_{i_1}}{\nu_{j_1}}\geqslant C_{\max}^{j_2}+\frac{p_{i_1}}{\nu_{j_2}}$$

则选择 J_{i_1} 进行插入后的目标函数为

$$C^{''}=\max\left\{C_{\max}^{j_1}-\frac{p_{i_1}}{\nu_{j_1}},C_{\max}^{j_2}+\frac{p_{i_1}}{\nu_{j_2}}\right\}=C_{\max}^{j_1}-\frac{p_{i_1}}{\nu_{j_1}}$$

并且

$$C_{\max}^{j_1}-\frac{p_{i_2}}{\nu_{j_1}}>C_{\max}^{j_1}-\frac{p_{i_1}}{\nu_{j_1}}\geqslant C_{\max}^{j_2}+\frac{p_{i_1}}{\nu_{j_2}}>C_{\max}^{j_2}+\frac{p_{i_2}}{\nu_{j_2}}$$

即选择 J_{i_2} 进行插入后的目标函数为

$$C' = \max\left\{C_{\max}^{j_1} - \frac{p_{i_2}}{\nu_{j_1}}, C_{\max}^{j_2} + \frac{p_{i_2}}{\nu_{j_2}}\right\} = C_{\max}^{j_1} - \frac{p_{i_2}}{\nu_{j_1}} > C_{\max}^{j_1} - \frac{p_{i_1}}{\nu_{j_1}} = C''$$

故性质 5.3 成立。□

性质 5.4　若 M_{j_1} 上存在两个满足式 (5.3) 的作业 J_{i_1} 和 J_{i_2}，且满足式 (5.6) 和式 (5.7)，则选择 J_{i_1} 进行插入的目标函数可能大于、等于或小于选择 J_{i_2} 进行插入的目标函数。

$$p_{i_2} < \frac{\nu_{j_1}\nu_{j_2}}{\nu_{j_1}+\nu_{j_2}}(C_{\max}^{j_1} - C_{\max}^{j_2}) \tag{5.6}$$

$$p_{i_1} > \frac{\nu_{j_1}\nu_{j_2}}{\nu_{j_1}+\nu_{j_2}}(C_{\max}^{j_1} - C_{\max}^{j_2}) \tag{5.7}$$

简单说明如下：选择 J_{i_1} 和选择 J_{i_2} 进行插入的目标函数之差为

$$\begin{aligned} C'' - C' &= \max\left\{C_{\max}^{j_1} - \frac{p_{i_1}}{\nu_{j_1}}, C_{\max}^{j_2} + \frac{p_{i_1}}{\nu_{j_2}}\right\} - \max\left\{C_{\max}^{j_1} - \frac{p_{i_2}}{\nu_{j_1}}, C_{\max}^{j_2} + \frac{p_{i_2}}{\nu_{j_2}}\right\} \\ &= C_{\max}^{j_2} - C_{\max}^{j_1} + \frac{p_{i_1}}{\nu_{j_2}} + \frac{p_{i_2}}{\nu_{j_1}} \end{aligned}$$

以下通过三个例子分别说明此值可能大于、等于或小于 0。

例 5.1　$\nu_{j_1} = 2, \nu_{j_2} = 1, r_1 = 4, r_2 = 3$。

M_{j_1} 上作业：$p_1 = 38, p_2 = 32, p_3 = 8, p_4 = 4, i_1 = 3, i_2 = 4$;

M_{j_2} 上作业：$p_1 = 24, p_2 = 7, p_3 = 2$。

例 5.2　除 $p_1 = 40$ 外，其余参数与例 1 相同。

例 5.3　除 $p_1 = 42$ 外，其余参数与例 1 相同。

容易验证，这三个例子都满足式 (5.3)、式 (5.6) 和式 (5.7)，且通过计算可知，对于这三个例子，$C_{\max}^{j_1} - C_{\max}^{j_2} - \frac{p_{i_2}}{\nu_{j_1}} - \frac{p_{i_1}}{\nu_{j_2}}$ 的值分别为 1、0 和 –1。

利用性质 5.1～性质 5.4，可以大大减少插入操作的次数。以下对一轮插入操作的过程进行分析。

首先考虑 M_{j_1} 上最后一个作业 J_x，如图 5.3 所示。若 J_x 不满足式 (5.3)，则说明没有可改进目标函数的插入。否则，若 $p_x \geqslant \frac{\nu_{j_1}\nu_{j_2}}{\nu_{j_1}+\nu_{j_2}}(C_{\max}^{j_1} - C_{\max}^{j_2})$，则由性质 5.2 可知，不管 J_x 之前有多少满足式 (5.3) 的可供插入的作业，选择 J_x 进行插入所得的目标函数是最小的，因此仅需考虑 J_x。否则，$p_x < \frac{\nu_{j_1}\nu_{j_2}}{\nu_{j_1}+\nu_{j_2}}(C_{\max}^{j_1} - C_{\max}^{j_2})$，此时从 J_x 开始按顺序从后往前寻找满足式 (5.3) 的作业，记最前面的作业，即加

工时长最大的作业为 J_y，若 $p_y \leqslant \dfrac{\nu_{j_1}\nu_{j_2}}{\nu_{j_1}+\nu_{j_2}}(C_{\max}^{j_1}-C_{\max}^{j_2})$，则由性质 5.3 可知，选择 J_y 进行插入所得的目标函数最小；否则若 $p_y > \dfrac{\nu_{j_1}\nu_{j_2}}{\nu_{j_1}+\nu_{j_2}}(C_{\max}^{j_1}-C_{\max}^{j_2})$，则寻找加工时间不小于 $\dfrac{\nu_{j_1}\nu_{j_2}}{\nu_{j_1}+\nu_{j_2}}(C_{\max}^{j_1}-C_{\max}^{j_2})$ 的作业，记作 J_z，并记其后的作业，即加工时间小于 $\dfrac{\nu_{j_1}\nu_{j_2}}{\nu_{j_1}+\nu_{j_2}}(C_{\max}^{j_1}-C_{\max}^{j_2})$ 的作业中加工时间最大的作业为 $J_{z'}$。由性质 5.2 可知，$J_y \sim J_z$ 的所有作业中，选择 J_z 进行插入所得的目标函数最小；而在 $J_{z'} \sim J_x$ 中，由性质 5.3 可知，选择 $J_{z'}$ 进行插入所得的目标函数最小；而由性质 5.4 可知，选择 J_z 和 $J_{z'}$ 进行插入所得的目标函数大小关系不定，因此需分别计算 J_z 和 $J_{z'}$ 插入所得到的目标函数，并取其中较小者。

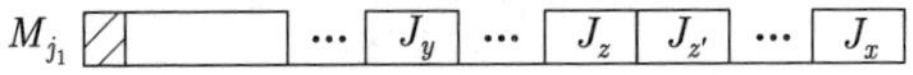

M_{j_1} | ▨ | | … | J_y | … | J_z | $J_{z'}$ | … | J_x |

图 5.3 作业插入过程

为避免插入过程中陷入局部最优，在插入步骤后补充了交换过程 [16]，从而构建启发式算法 $H_{5.1}$。下面给出算法 $H_{5.1}$ 的具体步骤。

具有不可用时段的同类机调度算法 $\boldsymbol{H_{5.1}}$：

Step 1 计算上界 U，并采用 FFD 算法得到初始解。

Step 2 记最大完工时间最大的机器为 M_{j_1}，最小的机器为 M_{j_2}。

Step 3 验证 M_{j_1} 上最后一个作业 J_x 是否满足式 (5.3)，若不满足，则转 Step 7；否则，转 Step 4。

Step 4 若 $p_x \geqslant \dfrac{\nu_{j_1}\nu_{j_2}}{\nu_{j_1}+\nu_{j_2}}(C_{\max}^{j_1}-C_{\max}^{j_2})$，则选择 J_x 插入 M_{j_2} 的相应位置上，使得 M_{j_2} 上的作业按 LPT 规则排列，转 Step 2；否则，转 Step 5。

Step 5 从 J_x 开始按顺序从后往前寻找满足式 (5.3) 的作业，并记最大加工时间的作业为 J_y。若 $p_y \leqslant \dfrac{\nu_{j_1}\nu_{j_2}}{\nu_{j_1}+\nu_{j_2}}(C_{\max}^{j_1}-C_{\max}^{j_2})$，则选择 J_y 进行插入，转 Step 2；否则，转 Step 6。

Step 6 寻找加工时间不小于 $\dfrac{\nu_{j_1}\nu_{j_2}}{\nu_{j_1}+\nu_{j_2}}(C_{\max}^{j_1}-C_{\max}^{j_2})$ 的作业，记为 J_z，并记其后继作业为 $J_{z'}$，分别计算选择 J_z 和 $J_{z'}$ 所得到的目标函数，并择优进行插入，转 Step 2。

Step 7 用 M_{j_2} 上的最后一个作业首先与 M_{j_1} 上的作业进行交换，转 Step 8（M_{j_2} 上最后一个作业为当前用于交换的作业）。

Step 8 令此作业（即 M_{j_2} 上当前用于交换的作业）加工时间为 p_a，在 M_{j_1} 上从后往前寻找第一个加工时间不小于 $p_a+(C_{\max}^{j_1}-C_{\max}^{j_2})\times\nu_{j_2}$ 的作业，记此作业为 J_k，其加工时间为 p_k；并记其后继作业为 $J_{k'}$，其加工

时间为 $p_{k'}$。分别计算其交换后的最大完工时间，记此时最优的完工时间为 $C_{\max}^{*}$，判断其是否满足 $C_{\max}^{*} \leqslant C_{\max}^{j_1}$，若满足则择优进行交换，然后转 Step 2；若不满足，则转 Step 9。

Step 9　前移一个作业（从当前 M_{j_2} 上用于交换的作业向前移动一个作业，移动之后的作业为下一轮用于交换的作业），转 Step 8；若所有作业都不满足，则停止迭代。

通过以上分析可知，对于每轮插入操作，只需进行一次插入，插入次数与逐一进行插入相比大大减少。寻找三个特殊作业 J_x、J_y 和 J_z 时，可通过二分法进行，复杂度为 $O(\log n)$，验证特殊作业是否满足性质、选择及插入作业的复杂度皆为 $O(1)$，因此每轮插入操作的总复杂度为 $O(\log n)$；逐个插入 M_{j_1} 上作业的复杂度为 $O(n)$；而交换步骤的复杂度，文献 [16] 中提到每轮交换过程的总复杂度也为 $O(\log n)$，逐个进行交换的复杂度也为 $O(n)$，因此复杂度得以降低。

下面通过算例 5.1 予以说明。

算例 5.1　假定机器数目 m 为 3，作业数 n 为 9，首先通过计算上界，用 FFD 算法得到初始解；然后应用本章提出的算法 $H_{5.1}$ 得到一个高效解，旨在体现一个完整的插入与交换相结合的改进过程。作业参数取值见表 5.1。

表 5.1　算例 5.1 作业参数取值

i	1	2	3	4	5	6	7	8	9
p_i	28	24	23	15	13	11	10	4	1

$$\nu_1 = 16, \nu_2 = 10, \nu_3 = 7;$$

$$r_1 = 9, r_2 = 10, r_3 = 5。$$

经计算可知：

$$\max\left\{\frac{2(P + \sum\limits_{j=1}^{m} r_j \nu_j)}{\sum\limits_{j=1}^{m} \nu_j}, \max_{1 \leqslant j \leqslant m}\left\{r_j + \frac{p_1}{\nu_j}\right\}\right\} = 24.7273$$

应用 FFD 算法得到的初始解如图 5.4 所示。

如图 5.5 所示，此例应用 $H_{5.1}$ 算法得到的解为 $C_{\max}^{1} = 12.375$，$C_{\max}^{2} = 12.4$，$C_{\max}^{3} = 12.2857$。经计算可知，启发式算法 $H_{5.1}$ 的解的质量相比 FFD 算法得到的初始解改进了 27.47%。

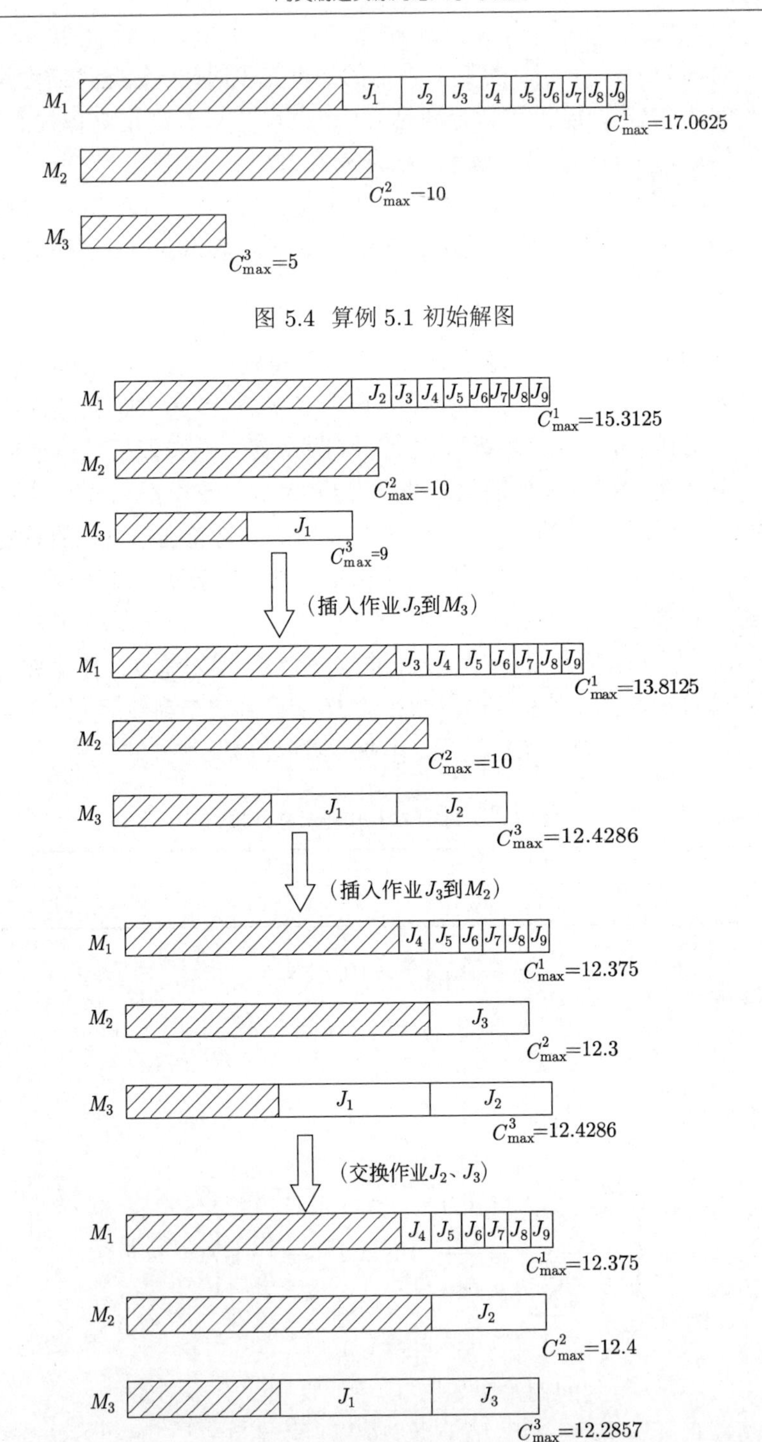

图 5.4 算例 5.1 初始解图

图 5.5 算例 5.1 应用算法 $H_{5.1}$ 改进过程

5.2.3　实验结果

为了更好地评估所提启发式算法的性能，本小节做了大量的数据实验来验证。对于同一个数值算例，根据 5.2.2 小节中给出的整数规划模型，通过 LINGO 求解其最优值，并分别利用算法 $H_{5.1}$、LPT 算法及启发式算法 H[16]得到的结果，然后将启发式算法得到的结果与最优值、LPT 算法及算法 H 的结果进行比较。

在实验中，我们使用 Java 编程实现算法，编译器为 Myeclipse 2013。计算机配置如下：CPU 为 Intel(R) Core(TM) i5-4590 3.30GHz；内存为 4.00GB；操作系统为 Windows 7 旗舰版。

整数规划模型通过 LINGO 进行求解。由于整数规划模型求解问题速度较慢，只适合处理小规模问题，而启发式算法在大规模问题求解的时间复杂性上较其有优越性，因此为了全面体现此算法的性能，本小节做了大量的随机实验，数据产生方式如下：

（1）机器数目分别取 2、3、4；

（2）机器速度取值为 $U[1,10]$ ，其中 $U(x,y)$ 表示区间 $[x,y]$ 上的均匀分布；

（3）机器起始不可用时间取值 r_i 为整数：$r_1 \sim U\left(1, \dfrac{\sum p_i}{2\sum \nu_j}\right)$；

（4）作业数目分别取 $5m$、$10m$、$20m$，其中 m 为机器的数目；

（5）作业加工时间 p_i 为整数，随机产生 $p_i \sim U(1,100)$。

为避免作业数目与机器数目对应的差异，故选取作业数目分别对应机器数目产生。对于每一个不同的机器数目和作业数目，随机产生三组数据，分别计算算法 $H_{5.1}$ 的最优目标值，记为 C，LPT 算法对应的目标值记为 C_{LPT}，文献 [16] 中启发式算法 H 得到的目标值记为 C_{H}，通过 LINGO 整数规划得出的最优目标函数值记为 C^*。其中 $\mathrm{Gap}(1) = (C - C^*)/C^*$、$\mathrm{Gap}(2) = (C_{\mathrm{LPT}} - C^*)/C^*$、$\mathrm{Gap}(3) = (C_{\mathrm{H}} - C^*)/C^*$。结果如表 5.2~表 5.4 所示。

从实验所得结果可以发现：所提启发式算法 $H_{5.1}$ 是有效的，其解的质量相对于 LPT 算法及算法 H 的解都能得到明显的改善。对表 5.2~表 5.4 进行对比，可以得到以下结论：

（1）当参数 m，即机器数目为固定值时，随着作业数目 n 不断增大，Gap(1)、Gap(2)、Gap(3) 都呈下降趋势，而 Gap(1) 和 Gap(2)、Gap(3) 之间的误差也逐渐降低。这与数据的随机生成有关，当作业数目增多时，小作业数目也会增多，故而误差降低。

表 5.2 $m=2$ 的实验结果

n	C	C_{LPT}	C_{H}	C^*	Gap(1)	Gap(2)	Gap(3)
10	39.900	40.500	40.400	39.900	0.000%	1.504%	1.253%
	54.667	55.667	55.500	54.625	0.077%	1.908%	1.602%
	63.000	63.500	63.200	63.000	0.000%	0.794%	0.317%
20	131.571	132.143	131.571	131.571	0.000%	0.435%	0.000%
	95.000	95.778	95.100	94.875	0.132%	0.952%	0.249%
	77.571	77.857	77.571	77.571	0.000%	0.368%	0.000%
40	189.100	189.333	189.100	189.100	0.000%	0.123%	0.000%
	100.700	100.800	100.700	100.700	0.000%	0.099%	0.000%
	146.571	146.750	146.500	146.500	0.049%	0.171%	0.000%

表 5.3 $m=3$ 的实验结果

n	C	C_{LPT}	C_{H}	C^*	Gap(1)	Gap(2)	Gap(3)
15	117.000	119.000	117.000	116.750	0.214%	1.927%	0.214%
	45.111	45.400	45.111	45.000	0.247%	0.899%	0.247%
	45.571	46.429	45.571	45.429	0.314%	2.201%	0.314%
30	139.333	139.667	139.333	139.333	0.000%	0.239%	0.000%
	74.750	75.200	74.750	74.625	0.168%	0.771%	0.168%
	205.500	206.000	206.000	205.429	0.035%	0.278%	0.278%
60	201.000	201.220	201.000	201.000	0.000%	0.109%	0.000%
	213.250	213.500	213.250	213.250	0.000%	0.117%	0.000%
	166.250	166.250	166.250	166.250	0.000%	0.000%	0.000%

表 5.4 $m=4$ 的实验结果

n	C	C_{LPT}	C_{H}	C^*	Gap(1)	Gap(2)	Gap(3)
20	66.889	67.778	67.083	66.889	0.000%	1.329%	1.163%
	38.875	39.800	39.221	38.800	0.193%	2.577%	1.085%
	38.714	39.125	38.833	38.625	0.230%	1.294%	0.539%
40	123.000	123.670	123.000	122.770	0.187%	0.733%	0.187%
	105.667	106.000	106.000	105.333	0.317%	0.633%	0.633%
	96.500	96.900	96.900	96.400	0.104%	0.519%	0.519%
80	296.000	296.000	296.000	295.889	0.038%	0.038%	0.038%
	266.714	266.714	266.667	266.667	0.018%	0.018%	0.000%
	261.200	261.333	261.200	261.200	0.000%	0.051%	0.000%

（2）当参数 n，即作业数目固定不变时，随着机器数目 m 的增大，总体来说，启发式算法得到的解较 LPT 算法及算法 H 得到的解改进相对明显。这与本节改进算法的规则有关，当机器数目增多时，调整的空间变大，故而误差在一定范围内偏大。

5.3　考虑原材料变质的具有不可用时段的平行机调度

本节在 5.2 节的基础上，进一步将机器具有不可用时段限制拓展到考虑原材料变质的情形中，研究同时考虑机器可用限制和原材料变质两种约束的调度问题。调度的目标是结合原材料的不同变质率和可用限制的位置及时长来合理安排订单的处理顺序，以实现对作业的总变质成本的优化。此部分在对机器不可用时段限制发生在调度期起始阶段进行分析的基础上，对机器可用限制发生在调度期中间的情形也进行了分析，并结合问题特点设计了相应的算法进行求解。

5.3.1　问题描述

在该问题中只有一个企业的加工中心和多个客户，在一个调度周期内，此调度中心接收到来自这些客户的 n 个订单（$j = 1, 2, \cdots, n$），所有的订单形成了一个作业集合。

本节基于单台机器生产模式，并假设在一个调度周期内机器具有一段不能使用的时间 $[B, F]$，作业的加工时间为 $p_j(p_j > 0)$，每个作业只需要在机器上加工一次，不能间断，且这台机器在一个时间点只能处理一个作业。原材料在调度期初就开始发生变质，并且在不同的时段原材料的变质率不同。本节假设原材料的变质率分为两个阶段，不同的原材料变质率不完全相同但其变质率分界点相同；假设 n 个订单需要 n 种原材料，即每个订单都各需要一种原材料并且原材料的种类不同，假定 n 种原材料在调度期初已经准备完毕，不考虑缺货带来的损失。优化目标是找寻一个能够使作业的总变质成本最低的最佳作业处理序列。用以下符号对一些定义进行表示：

B：不可用时段的起始时间；

F：不可用时段的结束时间；

p_j：作业 J_j 的加工时间，$j \in \{1, 2, \cdots, n\}$；

$\hbar_{j1}$：作业 J_j 的原材料在第一阶段单位时间的变质成本，即变质率；

$\hbar_{j2}$：作业 J_j 的原材料在第二阶段单位时间的变质成本，即变质率；

t_k：原材料变质率的分界点，即 $[0, t_k]$ 属于第一阶段，$[t_k, +\infty]$ 属于第二阶段，其中，t_k 为一具体的常数，不因作业的不同而改变；

s_j：作业 J_j 的开工时间，$j \in \{1,2,\cdots,n\}$；

tc_j：作业 J_j 的变质成本；

TC：N 个作业的总变质成本。

$\hbar_j = \begin{cases} \hbar_{j1}, & 0 \leqslant s_j \leqslant t_k \\ \hbar_{j2}, & t_k < s_j \end{cases}$，并且 $\hbar_{j1} < \hbar_{j2}$，则作业 j 的变质成本可表示为

$$\mathrm{tc}_j = \begin{cases} \hbar_{j1} \times s_j, & 0 \leqslant s_j \leqslant t_k \\ \hbar_{j1} \times t_k + \hbar_{j2} \times (s_j - t_k), & t_k < s_j \end{cases}$$

总的变质成本为

$$\mathrm{TC} = \sum_{j=1}^{n} \mathrm{tc}_j$$

目标函数为 $\min \mathrm{TC}$。

本节考虑机器存在一个不可用时段 $[B,F]$，由于在实际生产中，B 的取值可能存在两种情形，一种是机器不可用时段发生在调度期起始阶段，即 $B=0$ 的情形；另一种情况是机器在调度期起始阶段是可用的，在调度期中间某一位置是不可用的，即 $B \neq 0$。因此，本节我们在分析机器在调度期起始阶段不可用的基础上，进一步分析了机器在调度期中间具有可用限制的情形。

5.3.1.1 机器在调度起始阶段不可用情形

所有作业的加工时间已知，并且根据第一部分的假设，所有作业所需原材料的分界点相同，且已知。

情形 1：$t_k \geqslant \sum_{i=1}^{n} p_i + F - \min\{p_1,p_2,p_3,\cdots,p_n\}$，此时所有作业所需原材料的变质率恒定为 $\hbar_{j1}(\forall j \in \{1,2,\cdots,n\})$

$$\begin{aligned}\mathrm{TC} &= \sum_{j=1}^{n} \mathrm{tc}_j = \sum_{j=1}^{n} \hbar_{j1} \times s_j = \sum_{j=1}^{n} \hbar_{j1} \times (C_j - p_j) \\ &= \sum_{j=1}^{n} \hbar_{j1} \times C_j - \sum_{j=1}^{n} \hbar_{j1} \times p_j\end{aligned}$$

由于 $F \leqslant s_j \leqslant t_k$，$s_j = C_j - p_j$，因此该问题可转化为最小化总完工时间问题，从而能够根据 WSPT 规则得出该问题的最优解，其中 $\hbar_{j1}$ 相当于每个作业相应的权重。

情形 2：$t_k < \sum_{i=1}^{n} p_i + F - \min\{p_1,p_2,p_3,\cdots,p_n\}$，即有部分作业在变质率分

界点之后才开工，假设属于 $[F, t_k]$ 时段开工的作业有 d（$d \geqslant 1$）个，$n-d$ 个作业在 t_k 之后开工，此时将 n 个作业的总变质成本表示为

$$\mathrm{TC} = \sum_{j=1}^{n} \mathrm{tc}_j = \sum_{j=1}^{d} \hbar_{j1} \times s_j + \sum_{j=d+1}^{n} [\hbar_{j1} \times t_k + \hbar_{j2} \times (s_j - t_k)]$$

这部分变质成本由两部分产生，一是开工时间在 t_k 之前的 d 个作业，二是开工时间在 t_k 之后的 $n-d$ 个作业。对于第一部分，由于 $\sum_{j=1}^{d} \hbar_{j1} \times s_j = \sum_{j=1}^{d} \hbar_{j1} \times (C_j - p_j)$ 且 $\hbar_{j1}$ 及 p_j 已知，因此该部分可以转化为权重为 $\hbar_{j1}$的最小化总加权完工时间问题；对于第二部分，由于 $\sum_{j=d+1}^{n} [\hbar_{j1} \times t_k + \hbar_{j2} \times (s_j - t_k)] = \sum_{j=d+1}^{n} \hbar_{j1} \times t_k + \sum_{j=d+1}^{n} \hbar_{j2} \times (s_j - t_k)$ 且 $\hbar_{j1}$、$\hbar_{j2}$、t_k 已知，因此 $\sum_{j=d+1}^{n} \hbar_{j1} \times t_k$ 为固定值，则该问题可转化为权重为 $\hbar_{j2}$ 的最小化总加权完工时间问题。

针对情形 2，本小节对这种约束下的机器含有初始时刻不可用时段问题具有的最优解特性进行分析，以期可以在构造相应解决方法时提高求解效率。

性质 5.5　在最优解中，在 t_k 之前开工的作业服从权重为 $\hbar_{j1}$ 的 WSPT 规则，在 t_k 及 t_k 之后开工的作业服从权重为 $\hbar_{j2}$ 的 WSPT 规则。

证明　将在 t_k 之前开工的作业集记为 A_1，在 t_k 及 t_k 之后开工的作业集记为 A_2。易知，在最优解的排序中，A_1 中的作业是以 $\hbar_{j1}$ 为权重进行排列的，因为对于仅有开工时间在 t_k 之前的这 d 个作业的子问题来说，根据 WSPT 排列加工这批作业能够得到最优解；同理，A_2 中的作业服从权重为 $\hbar_{j2}$ 的 WSPT 规则。A_2 中每个作业的变质成本由两部分组成：第一阶段的变质成本和第二阶段的变质成本。其中，第一阶段的变质成本为 $\sum_{j=d+1}^{n} \hbar_{j1} \times t_k$，变质率及 t_k 都为定值，故第一阶段的变质成本必然是定值。相对于这个子问题，对 A_2 中的作业依照 $\hbar_{j2}$ 为权重以 WSPT 规则进行排序处理能够得到最优解。　□

5.3.1.2　机器在调度期过程中不可用情形

情形 1： 当 $B \geqslant \sum_{i=1}^{n} p_i$，即所有作业都会在不可用时段之前完工时，此时问题可转换为 $B=0$ 的问题进行处理。

情形 2：当 $B < \min\{p_i : i = 1, 2, \cdots, n\}$，即所有作业都在不可用时段之后加工时，此时问题可转换为 $B = 0$ 的问题处理。

情形 3：当 $\min\{p_i : i = 1, 2, \cdots, n\} \leqslant B < \sum_{i=1}^{n} p_i$，即部分作业的完工时间在不可用时段之前时，部分作业的完工时间在不可用时段之后。

本小节考虑的是机器在调度周期内存在一个不可用时段，在该调度周期内不可用时段之前和不可用时段之后都需要安排作业加工的情形，即情形 3。由于每一个作业对应一个加工时间 p_j，将作业安排在第一阶段加工对应的变质率为 $\hbar_{j1}$，放在第二阶段加工对应的变质率为 $\hbar_{j2}$。每一个不同安排顺序都会对总的变质成本带来影响。因此，本小节首先对最优解存在的性质进行分析。

性质 5.6 在最优解中，对于不可用时段之前的作业集和不可用时段之后的作业集，它们在 t_k 之前开工的作业子集分别服从以第一阶段变质率 $\hbar_{j1}$ 为权重的 WSPT 规则。

证明 假定性质 5.6 不成立，记在不可用时段之前的作业集为 B_1，其中在 t_k 之前开工的作业子集记为 B_{1a}；不可用时段之后开工的作业集记为 B_2，其中在 t_k 之前开工的作业子集记为 B_{2a}。则在最优的调度序列中，不可用时段之前的作业集，在 t_k 之前开工的作业子集 B_{1a} 中必然存在两个相邻的作业（记为 j_i、j_k）不服从 $\hbar_{j1}$ 的 WSPT 规则，即 $\dfrac{\hbar_{i1}}{p_i} < \dfrac{\hbar_{k1}}{p_k}$，其中 $i = k - 1$。如图 5.6 所示，现将 j_i 和 j_k 的加工顺序进行交换，其他作业的加工顺序不变，对于当前的子调度序列来说，它们的加工顺序的变化不会对其他作业产生的变质形成影响，因而只需要考虑这两个作业位置的变化带来的变质成本的变化即可。交换前两作业的变质成本可表示为 $\hbar_{i1} \times s_1 + \hbar_{k1} \times (s_1 + p_i)$，交换后两作业的变质成本可表示为 $\hbar_{k1} \times s_1 + \hbar_{j1} \times (s_1 + p_k)$。用 $\varDelta$ 表示作业位置交换前后两个变质成本和所产生的差值，即

$$\begin{aligned}
\varDelta &= \hbar_{k1} \times s_1 - \hbar_{j1} \times (s_1 + p_k) - \hbar_{j1} \times s_1 - \hbar_{k1} \times (s_1 + p_i) \\
&= \hbar_{i1} \times p_k - \hbar_{k1} \times p_i = p_i \times p_k \left(\frac{\hbar_{i1}}{p_i} - \frac{\hbar_{k1}}{p_k} \right)
\end{aligned}$$

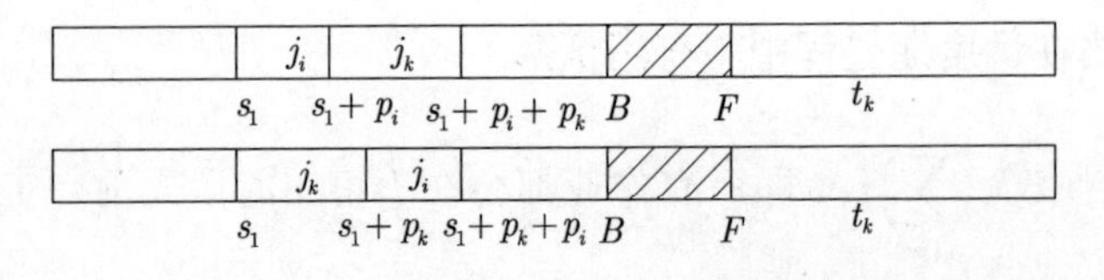

图 5.6 性质 5.6 作业加工顺序交换

假定性质 5.6 不成立，有 $\dfrac{\hbar_{i1}}{p_i} < \dfrac{\hbar_{k1}}{p_j}$，即 $\hbar_{k1} \times p_i > \hbar_{j1} \times p_j$，因此 $\Delta < 0$，表明将作业 j_i 和 j_k 的位置交换后变质成本降低了，交换前的加工顺序产生的变质成本比交换后的加工顺序产生的变质成本更大，这与假设是最优解矛盾。因此，在 t_k 之前开工的作业服从以第一阶段变质率 $\hbar_{j1}$ 为权重的 WSPT 排序规则。同理可证，对于不可用时段之后开始加工的作业集合，其中在 t_k 之前开工的作业子集 B_{2a} 服从以第一阶段变质率 $\hbar_{j1}$ 为权重的 WSPT 规则。□

性质 5.7　对于不可用时段之前的作业集和不可用时段之后的作业集，在 t_k 之后开工的作业分别服从以第二阶段变质率 $\hbar_{j2}$ 为权重的 WSPT 规则。

证明　假定性质 5.7 不成立，则在最优的调度序列中，对于在不可用时段之前的作业集 B_1，将它在 t_k 之后开工的作业子集记为 B_{1b}；B_2 中在 t_k 之后开工的作业子集记为 B_{2b}。对于子集 B_{1b}，当性质 5.7 不成立时，其中必定存在相邻的两个作业（记为 j_i 和 j_j）不服从以 $\hbar_{j2}$ 作为权重的 WSPT 规则，即 $\dfrac{\hbar_{i2}}{p_i} < \dfrac{\hbar_{j2}}{p_j}$，$i = j - 1$。如图 5.7 所示，现调换 j_i 和 j_j 的加工顺序，其他作业的加工顺序不变。由于对于该子调度来说调换这两个作业的加工顺序不会对其他作业变质成本产生影响，因此只需要考虑这两个作业位置变化带来的变质成本的变化即可。加工顺序交换前，两个作业的变质成本可以表示：$\hbar_{i1} \times t_k + \hbar_{i2} \times (s - t_k) + \hbar_{j1} \times t_k + \hbar_{j2} \times (s + p_i - t_k)$；加工顺序交换后，两个作业的变质成本可以表示：$\hbar_{j1} \times t_k + \hbar_{j2} \times (s - t_k) + \hbar_{i1} \times t_k + \hbar_{i2} \times (s + p_j - t_k)$。用 Δ 表示两个作业位置交换产生变质成本的差值。

$$
\begin{aligned}
\Delta = {} & \hbar_{j1} \times t_k + \hbar_{j2} \times (s - t_k) + \hbar_{i1} \times t_k + \hbar_{i2} \times (s + p_j - t_k) - \hbar_{i1} \times t_k + \\
& \hbar_{i2} \times (s - t_k) + \hbar_{j1} \times t_k + \hbar_{j2} \times (s + p_i - t_k) \\
= {} & \hbar_{i2} \times p_j - \hbar_{j2} \times p_i = p_i \times p_j \left(\frac{\hbar_{i2}}{p_i} - \frac{\hbar_{j2}}{p_j} \right)
\end{aligned}
$$

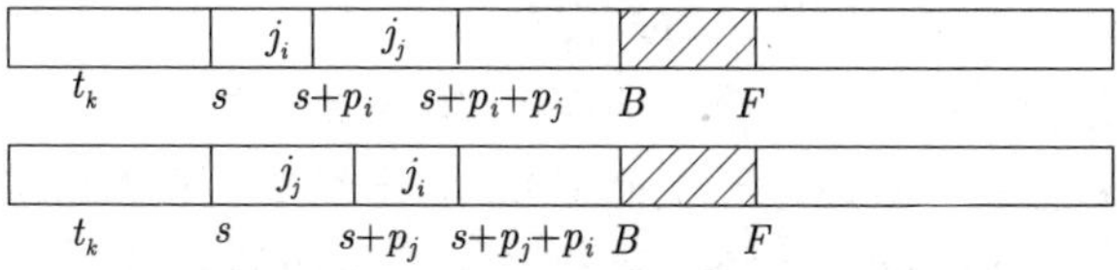

图 5.7　性质 5.7 作业加工顺序交换

假定性质 5.7 不成立，有 $\dfrac{\hbar_{i2}}{p_i} < \dfrac{\hbar_{j2}}{p_j}$，即 $\hbar_{i2} \times p_j < \hbar_{j2} \times p_i$，因此 $\Delta < 0$，表明将作业 j_i 和 j_j 的加工位置交换后变质成本降低了，交换前的加工顺序产生的

变质成本比交换后的加工顺序产生的变质成本更大，这与假设当前解是最优解矛盾。因此，对于不可用时段之前的作业，在 t_k 之后开工的作业子集服从以第二阶段变质率 $\hbar_{j2}$ 为权重的 WSPT 规则。同理可证，对于不可用时段之后开工的作业集 B_2，它在 t_k 之后开工的作业子集 B_{2b} 也服从以第二阶段变质率 $\hbar_{j2}$ 为权重的 WSPT 规则。

5.3.2 算法设计

通过以上分析，本小节根据问题的特性为此问题构造了一个启发式算法和一个模拟退火算法。

5.3.2.1 机器在调度起始阶段不可用情形

根据性质 5.5 可知，解决该问题的核心是如何将这 n 个作业分为开工时间在 t_k 之前和 t_k 之后的两个集合，因此本小节为此问题构建了相应的动态规划算法。

动态规划是求解组合最优化问题常用的方法之一，它能够特别巧妙地将一个问题存在的全部可行解列举出来。动态规划是一个多阶段的决策过程，其主要思想是从最后一个阶段的决策不断倒退到第一阶段的决策过程。

由以上分析可知，求解该问题需要完成两个步骤：一是进行作业的划分，将 n 个作业分成两个作业集；二是在作业分好之后的作业集内部进行作业的排序。根据性质 5.5 可知，该作业集可分别以各阶段的变质率为权重的 WSPT 规则进行排序以便得到最优解，因此求解问题的核心是进行作业集划分。

首先对要解决的问题进行阶段划分，依据每一个作业的顺序分配为一个阶段，可将问题划分为 n 个阶段，即把每一个作业的分配过程相应当作一个阶段，对在 t_k 及 t_k 之前开工作业产生的变质成本与 t_k 之后开工作业产生的变质成本进行计算；对比两个目标函数值，将它们分配在当前目标函数较小的作业集中，根据动态规划的思想一直递归下去，直到最后一个作业也被分配完毕，得到一个作业处理序列，此时的目标函数值即为最优解。

假设已经将作业根据 $\hbar_{j1}$ 大小按照 WSPT 规则进行编号。

在动态规划算法中，假设已经把作业从 j_1 排到 j_i，用 $f^z(i,L)$ 表示当前作业的最小总变质成本之和，即第 1 个作业到第 i 个作业的变质成本之和（其中 L 为开工时间在 t_k 和 t_k 之前的这批作业的加工时间之和），并假定开工时间在 t_k 之后的第一个作业的开始加工的时间为 $Z(Z>t_k)$，初始条件 $(i=1)$ 与状态转移方程 $(i\geqslant 2)$ 如下：

初始条件：对于任意 Z，有

$$f^z(i,L)=\begin{cases}\hbar_{11}\times F, & L=p_1\\ \hbar_{11}\times t_k+\hbar_{12}\times(Z-t_k), & L=0\\ \infty, & \text{其他}\end{cases}$$

假设当 $Z\leqslant 0$ 时，$f^z(i,L)=\infty$。

$A_i=\sum\limits_{a=1}^{i}p_a$ 为已经被调度的 i 个作业的加工时间之和，

$p_{\max}=\max\{p_i|i=1,2,\cdots,n\}$

$Z=t_k,\cdots,\min\{L,t_k+p_{\max}\}$

$i=2,\cdots,n$

$L=0,\cdots,t_k+p_{\max}$

状态转移方程：

$$f^z(i,L)=\begin{cases}\min\Bigg\{f^z(i-1,L-p_i)+\\ \hbar_{i1}L-\hbar_{i1}p_i+\hbar_{i1}F,\\ f^z(i-1,L)+\hbar_{i1}t_k+\\ \hbar_{i2}\Bigg[\sum\limits_{d=1,J_d\in A_2,\frac{p_d}{\hbar_{d2}}\leqslant\frac{p_i}{\hbar_{i2}}}^{i-1}(p_d+Z-t_k)\Bigg]+\\ \quad\sum\limits_{d=1,J_d\in A_2,\frac{p_d}{\hbar_{d2}}>\frac{p_i}{\hbar_{i2}}}^{i-1}\hbar_{d2}p_i\Bigg\}, & Z+A_i-L-p_i>t_k\\ f^z(i-1,L-p_i)+\hbar_{i1}L-\hbar_{i1}p_i+\hbar_{i1}F, & \text{其他}\end{cases}$$

最优值：

$$f^*=\min\{f^z(n,L):Z=t_k,\cdots,\min\{L,t_k+p_{\max}\};L=0,\cdots,t_k+p_{\max}\}$$

验证：作业 j_i 应该分配在 t_k 及 t_k 之前开始加工还是分配在 t_k 之后开始加工由它分配到两阶段各产生的总变质成本大小决定。把作业 j_i 放在 t_k 及 t_k 之前开始加工产生的变质成本和为 $f^z(i-1,L-p_i)+\hbar_{i1}L-\hbar_{i1}p+\hbar_{i1}F$，将作业 j_i 放在 t_k 之后开始加工产生的变质成本和为

$$f^z(i-1,L)+\hbar_{i1}t_k+\hbar_{i2}\Bigg[\sum_{d=1,J_d\in A_2,\frac{p_d}{\hbar_{d2}}\leqslant\frac{p_i}{\hbar_{i2}}}^{i-1}(p_d+Z-t_k)\Bigg]+\sum_{d=1,J_d\in A_2,\frac{p_d}{\hbar_{d2}}>\frac{p_i}{\hbar_{i2}}}^{i-1}\hbar_{d2}p_i$$

时间复杂度：为了能够得到最优解，需要计算所有不同 i、L、Z 下的目标函数值 $f^z(i,L)$。易知，最多存在 n 个不同的 i、$t_k+p_{\max}+1$ 个不同的 L 和 $p_{\max}+1$ 个不同的 Z，所以时间复杂度为 $O[n(p_{\max}+1)\times(t_k+p_{\max}+1)]$。

空间复杂度：对于任意 i，需要从 $(t_k+p_{\max}+1)\times(p_{\max}+1)$ 个可能的 $f^z(i-1,L)$ 中计算得出相同数量的 $f^z(i,L)$，存入内存，并将所有 $f^z(i-1,L)$ 的内存释放，故空间复杂度为 $O[(t_k+p_{\max})\times(p_{\max}+1)]$。

算例 5.2 令 $[B,F]=[0,2], t_k=10$。各个作业的基本信息见表 5.5。

表 5.5 算例 5.2 作业参数取值

j_i	j_1	j_2	j_3	j_4	j_5
p_i	3	10	6	9	5
$\hbar_{i1}$	3	6	8	7	4
$\hbar_{i2}$	9	11	9	10	15

首先将作业按照第一阶段的变质率 $\hbar_{i1}$ 的权重的 WSPT 方法可以得到作业的依次排序为 j_3、j_1、j_5、j_4、j_2；然后考虑作业 j_3 的分配，当前 $i=1$，根据初始条件可知，此时作业 j_3 分配在第一阶段，总变质成本经计算为 16；接着考虑作业 j_1，当前在 t_k 之前开工的作业只有 j_3，开工时间没有超过 t_k，因此将作业 j_1 分配在第一阶段，根据状态转移方程可计算总变质成本和为 40，作业处理顺序依次为 j_3、j_1；考虑作业 j_5，当前在 t_k 之前开工的作业有 j_3、j_1，此时的开工时间已经超过了 t_k，因此需要做出抉择 j_5 是放在第一还是第二阶段进行加工，依据状态转移方程计算可得，需要将作业 j_5 放在第二阶段，此时总变质成本和为 95，作业处理顺序依次为 j_3、j_1、j_5；考虑作业 j_4，通过计算可知，作业 j_4 放在第二阶段处理的总变质成本为 225，作业处理顺序依次为 j_3、j_1、j_5、j_4；同理，计算可得，作业 j_2 需要放在第二阶段进行加工，此时总变质成本和为 450，作业的处理顺序依次为 j_3、j_1、j_5、j_4、j_2。

最优解的作业处理顺序为 $j_3\to j_1\to j_5\to j_4\to j_2$，总的变质成本是 450，如图 5.8 所示。

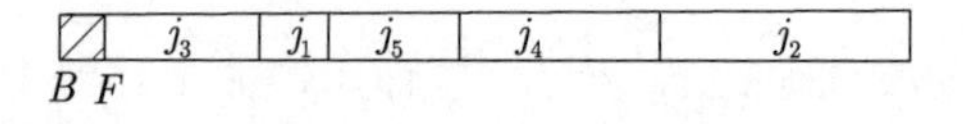

图 5.8 算例 5.2 的调度序列

5.3.2.2 机器在调度期过程中不可用情形

结合 5.3.1 小节对具有不可用时段限制的平行机调度问题的性质分析，本小节为不可用时段发生在调度周期中的同类机调度问题构造了启发式算法 $H_{5.2}$，并结合问题的特性设计了相应的模拟退火算法 $H_{5.3}$。

不可用时段发生在调度期过程中的同类机调度算法 $H_{5.2}$：

Step 1　初始化：计算每一个作业对应的 $\dfrac{\hbar_{j2}-\hbar_{j1}}{p_j}$ 值，将作业按照 $\dfrac{\hbar_{j2}-\hbar_{j1}}{p_j}$ 非增的顺序排列。

Step 2　将在不可用时段之前完工的作业加工时间和记为 T, 将 F 之后的作业 j_i 重新编号，$i=1,2,\cdots,n$。令初始 $i=1$。

Step 3　验证 $T<B$ 是否满足，若满足则转 Step 4，否则转 Step 6。

Step 4　验证 j_i 是否满足 $T+p_i\leqslant B$，若满足则插入，将 $T=T+p_i$ 转 Step 5；否则直接转 Step 5;

Step 5　$i=i+1$，若 $i\leqslant n$，则转 Step 3；否则转 Step 6。

Step 6　将维护时段之前的作业集合记为 B_1，将维护时段之后的作业集合记为 B_2；将 B_1 中开工时间在 t_k 之前的作业集合记为 B_{1a}，开工时间等于 t_k 或大于 t_k 的作业集合记为 B_{1b}；将 B_2 中开工时间在 t_k 之前的作业集合记为 B_{2a}，开工时间等于 t_k 或大于 t_k 的作业集合记为 B_{2b}。

Step 7　将 B_{1a} 和 B_{2a} 中的作业分别按照 $\dfrac{\hbar_{j1}}{p_i}$ 非增的顺序排列，将 B_{1b} 和 B_{2b} 中的作业分别按照 $\dfrac{\hbar_{j2}}{p_i}$ 非增的顺序排列，此时得到一个调度序列，计算目标函数值，算法终止。

亚启发式算法为求解大规模优化问题提供了好的思路，其中模拟退火算法在调度领域得到了广泛应用。模拟退火算法最早由 Metropolis 等 [49] 提出，对求解组合优化问题具有很好的性能。为了得到一个较高质量的解，本章为此问题构造了一个模拟退火算法。模拟退火算法最先是作为描述金属处理过程的模拟模型，在不同领域中有不同的产生背景。在本章的模拟退火算法中，需要解决初始解的生成方式、领域的生成方式及各类参数的设置，如初始温度、降温的速度及迭代的长度等。对于初始温度，为了避免问题陷入一个局部最优，在使用模拟退火算法时一般会将初始温度设置得比较高，但是也不能过高，太高的初始温度会对整个算法的计算效率造成影响，因此需要做出权衡。本节将采用两种邻域生成方式。

不可用时段发生在调度期过程中的同类机调度算法 $H_{5.3}$：

Step 1　生成初始解。将 n 个作业按照 $\dfrac{\hbar_{j2}-\hbar_{j1}}{p_j}$ 非增的顺序进行排列，得到一个序列 π_0，计算当前的目标函数值 $\mathrm{tc}=\sum\limits_{j=1}^{n}\mathrm{tc}_j$，记为 $\mathrm{TC}(\pi_0)$。令当前最优解 $\pi^*=\pi_0$，$\mathrm{TC}^*=\mathrm{TC}(\pi_0)$。

Step 2 设置相关参数。初始温度设置为 $\mathrm{TE}=1000\times\mathrm{TC}^*$；算法终止的温度设置为 $\varepsilon=0.001$，退火系数设置为 0.95；同一温度下迭代次数设置为 $L=n^2/2$。

Step 3 若 $\mathrm{TE}<\varepsilon$，则返回当前解 π，并计算其目标函数值 $\mathrm{TC}(\pi)$，结束。

Step 4 在当前的调度序列中随机选择一个作业 j（允许作业 j 是不可用时段之前的作业，当作业 j 为不可用时段之前的作业时，相当于不可用时段之前作业集内部转移），若将作业 j 插入不可用时段之前仍能够在不可用时段之前完工，则将作业 j 插入，转 Step 6。

Step 5 在当前解中，在不可用时段之前开工的作业中随机选择一个作业 j，在不可用时段之后的作业中随机选择一个作业 j'，若交换后 j' 能够在不可用时段之前完工，则交换作业 j 和 j' 的所在位置后转 Step 6，否则转 Step 4。

Step 6 结合性质 5.6 和性质 5.7，将 B_{1a} 和 B_{2a} 的作业分别按照 $\dfrac{\hbar_{j1}}{p_i}$ 非增顺序进行生产，将 B_{1b} 和 B_{2b} 中的作业分别按照 $\dfrac{\hbar_{j2}}{p_i}$ 非增的顺序进行生产，得到一个新的调度序列 σ，计算当前的目标函数值 $\mathrm{TC}(\sigma)$。

Step 7 $\Delta\mathrm{TC}=\mathrm{TC}(\sigma)-\mathrm{TC}(\pi)$。如果 $\Delta\mathrm{TC}<0$，则转 Step 9；否则转 Step 8。

Step 8 产生一个随机数 $\Omega(\Omega\sim[0,1])$。如果 $\exp(-\mathrm{TC}/\mathrm{TE})>\Omega$，则接受新解。

Step 9 $L=L-1$。如果 $L=0$，则 $\mathrm{TE}=\mathrm{TE}\times0.95$，转 Step 3；否则转 Step 4。

本小节给出一个算例，旨在说明算法 $H_{5.3}$ 的求解过程。

算例 5.3 令 $[B,F]=[4,6],t_k=10$。各个作业的基本信息见表 5.6。

表 5.6 算例 5.3 作业参数取值

j_i	j_1	j_2	j_3	j_4	j_5
p_i	3	10	6	9	5
$\hbar_{i1}$	3	6	8	7	4
$\hbar_{i2}$	9	11	9	10	15

根据启发式算法 $H_{5.2}$ 的 Step 1 对 5 个作业进行初始化排序，分别为 j_5、j_1、j_4、j_2、j_3，依照此排序方案，所有的作业都将安排在不可用时段之后进行加工。根据算法 $H_{5.2}$ Step 2，对 F 之后进行加工的作业重新编号：j_1、j_2、j_3、j_4、j_5，此时在 B 之前加工的作业长度 T 为 0；$i=0$ 执行算法 $H_{5.2}$ Step 3，此时 $T<B$，转 Step 4，作业 j_1 不满足条件，$i=i+1$，执行 Step 3，此时 $T<B$ 满足条件，将作业 j_2 插入到不可用之前进行加工，转 Step 2，此时 T 为 3，转 Step 3，依次遍

历可知无作业满足条件，依次执行算法 $H_{5.2}$ Step 6、Step 7 可得到此时的作业加工顺序为 $j_2 \rightarrow j_1 \rightarrow j_5 \rightarrow j_3 \rightarrow j_4$，作业变质成本和为 489，作业的加工顺序如图 5.9 所示。

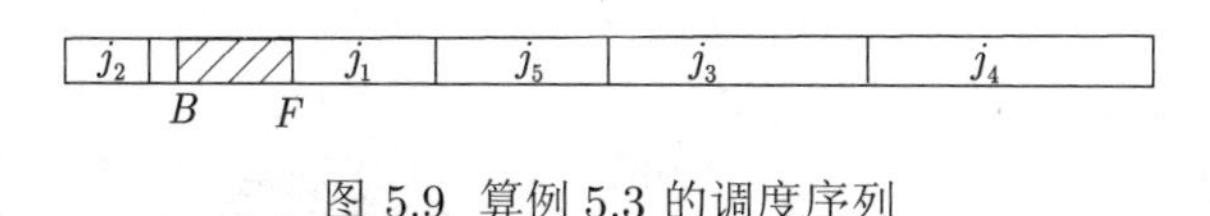

图 5.9　算例 5.3 的调度序列

5.3.3　实验结果

为了更加全面地验证上文中提出的启发式算法 $H_{5.2}$ 及算法 $H_{5.3}$ 的性能，本节做了大量的随机数据实验。本节算法使用 Java 语言编写，其开发平台为企业版 My Eclipse 8.5，CPU 为 Intel(R) Core(TM) i5-4590 3.30GHz，内存为 4.00GB，操作系统为 Windows 7 旗舰版。采用两种作业加工时长的产生方式，分别在 $[1, 20]$ 和 $[1, 100]$ 中随机产生。每种原材料两阶段对应的变质率分别在 $[0, 1]$、$[1, 2]$ 中产生，t_k 在 $[1, \sum p_i]$ 中随机产生。B 在 $[\min_{i=1}^{n} p_i, \sum\limits_{i=1}^{n} p_i]$ 中随机产生，F 的取值为 $B + \beta\dfrac{\sum p_i}{n}$，其中系数 β 的取值有两种，分别为 0.5 和 1.0。测试了作业数目 n 为 5、10、20、40、80 等时的结果，针对每一种类型的作业数目，分别做了 3 组随机数据实验，分别计算其结果，$H_{5.2}$ 对应的值为用启发式算法 $H_{5.2}$ 得到的目标函数值，$H_{5.3}$ 对应的值为用模拟退火算法计算得到的目标函数值。用 Gap 表示两种算法的误差界，其计算方式为 $(H_{5.2} - H_{5.3})/H_{5.3} \times 100\%$。

通过比较分析表 5.7 和表 5.8 的数据，可以发现：

（1）对于每一种作业情形，通过 $H_{5.3}$ 算法得到的目标函数值总体优于通过启发式算法 $H_{5.2}$ 得到的目标函数值，从目标函数值更优的角度来看，$H_{5.3}$ 算法性能更好。

（2）对于固定的作业数目 n，参数 β 的不同取值得到的目标函数值有所不同，优化的程度也有所不同。比较表 5.7 和表 5.8 中的计算值可以看出，作业数目相同时，参数 $\beta = 0.5$ 时两种算法得到的解都更优于参数 $\beta = 1.0$ 时得到的解。

（3）对于固定的参数 β，对比表 5.7 和表 5.8 中的数据可以发现，随着作业数目 n 的增加，算法 $H_{5.3}$ 得到的解的目标函数值比算法 $H_{5.2}$ 的优化程度更大，即误差界是逐渐增大的。

（4）对比表 5.7 和表 5.8 可知，$H_{5.3}$ 算法在作业长度服从 $U[1, 20]$ 随机分布时比在作业长度服从 $U[1, 100]$ 随机分布时相对于算法 $H_{5.2}$ 的优化程度更高，具有更好的效果。

表 5.7 作业长度服从 $U[1,20]$ 随机分布的实验结果

n	$\beta=0.5$			$\beta=1.0$		
	$H_{5.2}$	$H_{5.3}$	Gap	$H_{5.2}$	$H_{5.3}$	Gap
5	128.1	126.8	1.02%	99.8	94.7	5.38%
	83.0	76.0	9.12%	172.9	161.4	7.12%
	84.0	77.0	9.09%	179.5	168.4	6.59%
10	418.4	391.4	6.89%	585.1	556.9	5.06%
	348.4	333.4	4.49%	562.0	534.4	5.16%
	542.3	458.6	18.25%	534.0	501.6	6.45%
20	1031.7	884.1	16.69%	709.2	655.8	8.14%
	920.9	772.9	19.15%	725.6	677.2	7.15%
	1034.9	946.8	9.30%	398.6	355.2	12.22%
40	5184.7	4653.9	11.41%	4723.5	4216.5	12.02%
	3455.0	2935.1	17.71%	4695.2	4013.8	16.97%
	3393.5	2924.1	16.05%	5151.9	4297.2	19.89%
80	38299.8	27268.6	40.45%	19523.6	16194.3	20.55%
	39104.4	27281.5	43.33%	23984.1	19259.9	24.53%
	20183.0	13966.5	44.51%	19265.2	16664.4	15.61%

表 5.8 作业长度服从 $U[1,100]$ 随机分布的实验结果

n	$\beta=0.5$			$\beta=1.0$		
	$H_{5.2}$	$H_{5.3}$	Gap	$H_{5.2}$	$H_{5.3}$	Gap
5	251.4	251.4	0.00%	244.8	244.8	0.00%
	409.5	398.2	2.84%	286.0	286.0	0.00%
	404.2	392.1	3.08%	442.7	429.5	3.07%
10	3277.3	3153.1	3.94%	2331.3	2225.7	4.74%
	2564.9	2516.4	5.50%	2965.3	2793.9	6.13%
	2457.6	2302.2	6.75%	2239.6	2137.3	4.78%
20	10776.9	9754.3	10.48%	8719.3	8369.8	4.17%
	10735.0	10299.3	4.23%	11255.1	10488.2	7.31%
	10371.8	9055.0	14.54%	10109.1	8931.1	13.19%
40	18369.3	16787.5	9.42%	24611.3	21974.2	12.00%
	28212.3	22163.2	27.29%	23926.0	22214.0	7.71%
	28145.5	25610.8	9.89%	20087.9	18045.3	11.32%
80	158943.7	134833.4	17.88%	83668.9	68737.5	21.72%
	38960.1	30186.9	29.06%	83732.2	72148.7	16.05%
	38680.3	29358.7	31.75%	83670.0	70408.7	18.83%

本章小结

本章研究的是机器具有不可用时段的资源调度问题，分别是具有不可用时段的一般平行机调度及考虑原材料变质的具有不可用时段的平行机调度。在一般调度环境下，本章将实现最大完工时间最小作为优化目标；在考虑原材料变质的情形下，在机器可用限制和原材料变质共同约束下考虑如何对作业的顺序进行优化使得总的变质成本最小。5.2 节考虑的是同类机生产模式，制造商拥有多台设备，每台机器处理作业的速度和可用的限制时长都不相同，制造商需要结合机器的速度及机器可用限制的时间长短进行作业排序的优化，优化的目标是最小化最大完工时间。本节通过对问题进行分析，结合问题的性质，提出了一个基于 FFD 算法的上界，并在此基础上构建了一个启发式算法。为了测试该算法的性能，本节做了大量随机数据实验，并与已有的算法及经典的 LPT 算法、LINGO 得到的解都进行了对比。5.3 节研究了原材料变质的情形，制造商在此环境下需要同时考虑机器可用限制和原材料变质两种约束。本节在此环境下考虑的是单机生产模式，制造商只拥有一条生产线，机器在调度周期内存在不可用时段，每种原材料的变质率分成两个阶段，制造商需要结合不可用时段出现的时间及长短、原材料的变质率对待加工作业的顺序进行统筹优化，优化的目标是作业总变质成本最低。通过对问题进行分析，本章依据不可用时段出现的位置，为不可用时段出现在调度期起始阶段的情形设计了一个动态规划算法；相应地，为不可用时段发生在调度期过程中的情形设计了一个启发式算法和一个模拟退火算法，并通过大量的数据实验来测试算法的性能，从实验结果可以发现，模拟退火算法较启发式算法性能更优越。

本章针对网络共享环境下考虑制造资源在线性的平行机调度问题开展了研究。由于机器的在线性导致了调度周期内机器数量的变化，改变了传统平行机调度问题关于机器数量不变的基本假设。本章假设机器可用时间信息预先明确，通过构建具有不可用时段的平行机调度问题模型来解决考虑外部性的同类制造资源调度问题。事实上，在网络共享环境下，考虑机器数量实时动态变化的在线机器调度问题将更具理论研究价值。另外，在网络共享环境下制造资源的外部性与在线性往往交织在一起，机器数量变化与其使用成本相互关联，因此同时考虑机器的外部性与在线性的调度问题也是未来重要的研究方向。

参考文献

[1] SCHMIDT G. Scheduling on semi-identical processors[J]. Zeitschrift Für Operations Research, 1984, 28(5): 153-162.

[2] ADIRI I, BRUNO J, FROSTIG E, et al. Single machine flow-time scheduling with a single breakdown[J]. Acta Informatica, 1989, 26(7): 679-696.

[3] LEE C Y. Machine scheduling with an availability constraint[J]. Journal of Global Optimization, 1996, 9(3): 395-416.

[4] KACEM I, CHU C. Worst-case analysis of the WSPT and MWSPT rules for single machine scheduling with one planned setup period[J]. European Journal of Operational Research, 2008, 187(3): 1080-1089.

[5] KACEM I, CHU C. Efficient branch-and-bound algorithm for minimizing the weighted sum of completion times on a single machine with one availability constraint[J]. International Journal of Production Economics, 2008, 112(1): 138-150.

[6] KACEM I, CHU C, SOUISSI A. Single-machine scheduling with an availability constraint to minimize the weighted sum of the completion times[J]. Computers & Operations Research, 2008, 35(3): 827-844.

[7] 李刚刚, 李浩. 单台机器有使用限制的排序问题 [J]. 河南师范大学学报（自然科学版）, 2014, 42(4): 18-21.

[8] LEON V J, WU S D. On scheduling with ready-times, due-dates and vacations[J]. Naval Research Logistics, 1992, 39, 53-65.

[9] CHEN W J. Scheduling of jobs and maintenance in a textile company[J]. The International Journal of Advanced Manufacturing Technology, 2007, 31: 737-742.

[10] ZADE A E, FAKHRZAD M B. A dynamic genetic algorithm for solving a single machine scheduling problem with periodic maintenance[J]. Isrn Industrial Engineering, 2015, 2013(5): 1-11.

[11] BATSYN M, GOLDENGORIN B, PARDALOS P M, et al. Online heuristic for the preemptive single machine scheduling problem of minimizing the total weighted completion time[J]. Optimization Methods and Software, 2014, 29(5): 955-963.

[12] WANG G, SUN H, CHU C. Preemptive scheduling with availability constraints to minimize total weighted completion times[J]. Annals of Operations Research, 2005, 133(1): 183-192.

[13] LEE C Y. Two-machine flowshop scheduling with availability constraints[J]. European Journal of Operational Research, 1999, 114(2): 420-429.

[14] 马英, 储诚斌, 杨善林. 带不可用时间段的部分可续型单机加权完工时间和调度 [J]. 系统工程理论与实践, 2009, 29(2): 128-134.

[15] LEE C Y. Parallel machine scheduling with nonsimultaneous machine available time[J]. Applied Mathematical Modelling, 2013, 37(7): 5227-5232.

[16] 马英, 杨善林, 汤大为. 带机器准备时间的同类机调度问题的启发式算法 [J]. 系统工程理论与实践, 2012, 32(9): 2022-2030.

[17] HWANG H C, CHANG S Y. Parallel machines scheduling with machine shutdowns[J]. Computers and Mathematics with Applications, 1998, 36(3): 21-31.

[18] LIAO C J, SHYUR D L, LIN C H. Makespan minimization for two parallel machines with an availability constraint[J]. European Journal of Operational Research, 2005, 160(2): 445-456.

[19] TAN Z, CHEN Y, ZHANG A. On the exact bounds of SPT, for scheduling on parallel machines with availability constraints[J]. International Journal of Production Economics, 2013, 146(1): 293-299.

[20] SUN K, LI H X. Scheduling problems with multiple maintenance activities and non-preemptive jobs on two identical parallel machines[J]. International Journal of Production Economics, 2010, 124(1): 151-158.

[21] LEE C Y, LIMAN S D. Capacitated two-parallel machines scheduling to minimize sum of job completion times[J]. Discrete Applied Mathematics, 1993, 41(3): 211-222.

[22] MELLOULI R, SADFI C, CHU C, et al. Identical parallel-machine scheduling under availability constraints to minimize the sum of completion times[J]. European Journal of Operational Research, 2009, 197(3): 1150-1165.

[23] WANG J J, WANG J B, LIU F. Parallel machines scheduling with a deteriorating maintenance activity[J]. Journal of the Operational Research Society, 2011, 62(10):1898-1902.

[24] YANG S J, HSU C-J, YANG D-L. Note on "unrelated parallel-machine scheduling with deteriorating maintenance activities"[J]. Computers & Industrial Engineering, 2012, 62: 1141-1143.

[25] LEE W C, WU C C. Multi-machine scheduling with deteriorating jobs and scheduled maintenance[J]. Applied Mathematical Modelling, 2008, 32(3): 362-373.

[26] LEE C Y. Minimizing the makespan in the two-machine flowshop scheduling problem with an availability constraint[J]. Operations Research Letters, 1997, 20(3): 129-139.

[27] KUBZIN M A, STRUSEVICH V. Two-machine flow shop no-wait scheduling with a nonavailability interval[J]. Naval Research Logistics, 2004, 51(4): 613-631.

[28] FATEN B C, IMED K, ATIDEL B H, et al. No-wait scheduling of a two-machine flowshop to minimise the makespan under non-availability constraints and different release dates[J]. International Journal of Production Research, 2011, 49(21): 6273-6286.

[29] LU L, POSNER M E. An NP-hard open shop scheduling problem with polynomial average time complexity[J]. Mathematical Methods of Operations Research, 1993, 18(1): 12-38.

[30] BREIT J, SCHMIDT G, STRUSEVICH V A. Two-machine open shop scheduling with an availability constraint[J]. Operations Research Letters, 2001, 29(2): 65-77.

[31] BREIT J, SCHMIDT G, STRUSEVICH V A. Non-preemptive two-machine open shop scheduling with non-availability constraints[J]. Mathematical Methods of Operations Research, 2003, 57(2): 217-234.

[32] MATI Y. Minimizing the makespan in the non-preemptive job-shop scheduling with limited machine availability[J]. Computers & Industrial Engineering, 2010, 59(4): 537-543.

[33] MAUGUIÈRE P, BOUQUARD J L, BILLAUT J C. A branch and bound algorithm for a job shop scheduling problem with availability constraints[C]. Proceedings of the Sixth Workshop on Models and Algorithms for Planning and Scheduling Problems (MAPSP), Aussois (France), 2003: 147-148.

[34] YANG D L, HUNG C L, HSU C J, et al. Minimizing the makespan in a single machine scheduling problem with a flexible maintenance[J]. Journal of the Chinese Institute of Industrial Engineers, 2002, 19: 63-66.

[35] AGGOUNE R. Minimizing the makespan for the flow shop scheduling problem with availability constraints[J]. European Journal of Operational Research, 2004, 153(3): 534-543.

[36] MOSHEIOV G, SARIG A. Scheduling a maintenance activity to minimize total weighted completion-time[J]. Computers and Mathematics with Applications, 2009, 57(4): 619-623.

[37] LEE C Y, CHEN Z L. Scheduling jobs and maintenance activities on parallel machines[J]. Naval Research Logistics, 2000, 47(2): 145-165.

[38] QI X, CHEN T, TU F. Scheduling the maintenance on a single machine[J]. Journal of the Operational Research Society, 1999, 50(10): 1071-1078.

[39] QI X. A note on worst-case performance of heuristics for maintenance scheduling problems[J]. Discrete Applied Mathematics, 2007, 155(3): 416-422.

[40] ARBIB C, PACCIARELLI D, SMRIGLIO S. A three-dimensional matching model for perishable production scheduling[J]. Discrete Applied Mathematics, 1999, 92(1): 1-15.

[41] ZHANG G, HABENICHT W, SPIEß W E L. Improving the structure of deep frozen and chilled food chain with tabu search procedure[J]. Journal of Food Engineering, 2003, 60(1): 67-79.

[42] TARANTILIS C D, KIRANOUDIS C T. A meta-heuristic algorithm for the efficient distribution of perishable foods[J]. Journal of Food Engineering, 2001, 50(1): 1-9.

[43] CHUNG H K, NORBACK J P. A clustering and insertion heuristic applied to a large routing problem in food distribution[J]. Journal of the Operational Research Society, 1991, 42(7): 555-564.

[44] 王海丽, 王勇, 曾永长. 带时间窗的易腐食品冷藏车辆配送问题 [J]. 工业工程, 2008,11(3): 127-130.

[45] CHEN H K, HSUEH C F, CHANG M S. Production scheduling and vehicle routing with time windows for perishable food products[J]. Computers & Operations Research, 2009, 36(7): 2311-2319.

[46] 李娜, 王首彬. 不确定需求下易腐产品的生产配送优化模型 [J]. 计算机应用研究, 2011, 28(3): 927-929.

[47] POORYA F, GRUNOW M, GÜNTHER H O. Integrated production and distribution planning for perishable food products[J]. Flexible Services and Manufacturing Journal, 2012, 24(1): 28-51.

[48] HUO Y, LEUNG J Y T, WANG X. Integrated production and delivery scheduling with disjoint windows[J]. Discrete Applied Mathematics, 2010, 158(8): 921-931.

[49] METROPOLIS N, ROSENBLUTH A, RESENBLUTH M. Equation of state calculations by fast computing machines[J]. Journal of Chemical Physics, 1953, 21(6): 1087-2102.

第 6 章　网络共享环境下异址平行机生产配送协同调度

网络共享环境下，制造资源通过网络进行共享，提高了资源使用效率，提升了客户订单的响应速度。通过互联网获得的共享制造资源，其地理位置可能存在巨大差异，这与传统制造模式下通常假定生产场地固定且唯一有很大差别。网络共享制造资源的这种异址性，对生产之后的配送环节产生重大影响，调度应同时考虑生产和配送集成系统的整体优化，因此需要研究异址平行机生产配送系统调度问题。本章首先不考虑成本约束，仅考虑生产配送系统整体效率，对带有配送中心和不带配送中心两种情形展开讨论，研究直接配送情形下最小化服务跨度的问题；然后结合网络共享同类制造资源的外部性和异址性，研究了同时考虑生产成本和配送成本的给定成本预算前提下，最小化 Makespan及最小化总完工时间的调度问题。

6.1　问题背景与研究现状

6.1.1　问题背景

在社会飞速发展、经济全球化趋势下，中国成为名副其实的制造大国。制造业是经济社会发展和科技进步的原动力，具有不可替代的基础性作用。改革开放以来，特别是加入世界贸易组织（World trade organization，WTO）之后，我国制造业广泛融入国际产业分工体系，在世界制造体系中的分量与日俱增。由于我国潜在的庞大市场和充足的劳动力资源，全球的制造企业纷纷涌入我国，这使得我国成为全球制造中心。目前，我国制造业的产值已超过美国，成为世界第一制造大国，工业制成品总量、工业品出口量等指标均已居世界前列，家电等若干产品产量已居世界第一位。

然而，我国与真正的制造强国的差距还是相当大的。和发达国家相比，我国制造业还处于发展的初级阶段，仍旧以低端制造业为主，产品附加值较低，出口物品主要是劳动密集型产品，技术含量低，国内生产总值（gross domestic product，GDP）的资源消耗居高不下。随着劳动力成本的不断上升以及能源资源价格的不断上涨，我国制造业正失去原有的发展优势。因此，想要赢得激烈的国际竞争优势，我国制造业必须加快转型升级，充分提高现有制造资源的利用率，提高创新能力和市场竞争力，走新型工业化道路。

以新一代信息技术为代表的新科技革命正引领着全球制造业发生深刻的变革，我国应抓住这一有利时机，建立强大的制造业。除全球化外，当今世界经济发展的另一个显著特点是信息化。信息技术的发展，一方面打造了新兴的电子信息装备制造业；另一方面通过渗透和辐射，促使传统制造业如机械、冶金、化工等也发生了深刻的变化。信息化在提高制造业企业管理水平、转变经营模式、建立现代企业制度、有效降低成本、加快技术进步、增强市场竞争力、提高经济效益等方面均有着现实和深远的意义。

从调度理论的角度来看，网络共享的制造资源具有外部性、在线性和异址性的特点。本章重点考虑异址性对调度的影响。异址是指通过线上网络共享的线下实体制造资源可能分属不同的制造商，因此其空间位置不同，从而对生产环节后的配送环节产生巨大影响。在网络共享的同类制造资源生产配送协同调度过程中，不仅要考虑资源的制造能力，同时也要兼顾其空间位置，才能有效降低整个生产配送系统的成本。

6.1.2　研究现状

新一代信息技术与先进制造模式的融合越来越紧密。O'Rourke[1] 认为新兴信息技术帮助推动敏捷制造和精益制造，因此企业可以更好地生产顾客需要的产品。Bonvillian[2] 结合信息技术，以网络为中心的生产贯穿于整个制造价值链，促使了生产过程中每一个元素更加趋向于敏捷制造，这将最大化整个产品生命周期的资源利用效率。

提高制造资源的共享程度，在社会甚至全球更大的范围内提高制造资源优化配置与利用效率，更快速、更优质地响应客户需求是新一代信息技术与先进制造模式融合的目的。Wu 等 [3] 认为网络共享制造是一种以客户为中心的制造模式，通过利用在线共享的各种制造资源形成临时生产线来提高生产率，减少产品生命周期成本，进行资源的合理配置，以更好地响应客户的需求。实体制造资源通过虚拟化，可以通过网络发布其使用状态，并提供给互联网上远端企业、客户或第三方平台使用，从而实现了线上使用权交易，线下生产制造。通过对一些中小型企业制造资源的整合，制造资源共享网络平台能够形成大型甚至超大型的虚拟企业，完成单个中小型企业完成不了的生产任务。另外，区域网络共享制造平台通过整合区域内闲置制造资源，能够实现现有制造资源的充分利用，对于我国这样的制造大国来讲具有至关重要的现实意义。

目前，制造资源网络共享已经受到了研究学者的关注。Tao 等 [4] 基于云制造的思想，研究了网络共享制造的 4 种典型服务平台——公共、私人、社区和混合服务平台，以及实现网络共享制造模式的关键技术。Valilai 和 Houshmand[5] 提出了一种面向服务的方法，以建立分布式制造代理商集成和协作的云制造平台。Guo 等 [6] 整合无线 RFID 和云技术，提出了一种在分布式制造环境中的智能决策支持系统，以处理生产监控和生产调度。Lu 等 [7] 提出了一种混合的制造资源网络共享模式，即企业针对不同阶段的目标采用不同的网络共享模式，主要是 3 种典型的网络共享模式：私人云、社区云和公共云。Wang 和 Xu[8] 研究了一种以标准化数据模型描述网络共享服务及相关特性并面向个人用户和企业用户、可交互操作的云制造系统。张霖等 [9] 阐述了云制造系统中制造云的构建过程，设计了一个面向设计仿真的云服务平台模型。Jiang 等 [10] 研究了一种基于云代理的云制造集成服务模式，以控制和协调云制造终端节点效率。李伯虎等 [11] 对我国实施云制造的思路和发展提出了建议。

上述文献主要围绕制造资源网络共享的概念框架进行研究，另有一些学者研究了网络共享制造的生产运作过程。例如 Tao 等 [12] 提出了基于云计算与物联网的网络共享制造服务系统，以实现信息共享、按需使用和制造资源的优化配置。李京生等 [13] 从面向服务的思想，探讨了网络共享制造平台下动态制造资源能力服务化的分布式协同生产调度技术。然而，以网络共享制造模式运作过程为研究对象的研究成果仍然很少。

较之于传统制造模式，网络共享制造模式具有新的特点并带来许多新的管理问题。其中，制造资源的异址性与经典调度问题假设企业内部制造资源处于同一地理位置明显不同，这种异址性无疑对生产后的配送环节产生了重要影响。为此，本章首先研究一类配送时间依赖于机器的同型机调度问题。作业的配送时间是一类常见的调度参数。在含有配送时间的调度问题中，假定作业在加工完成之后仍需通过配送方能提供给客户。对于客户而言，作业的服务完成时间为该作业的加工完成时间与其配送时间之和，因此这里以最大服务完成时间（service span，服务跨度）最小化为调度目标。

在不考虑配送时间的调度问题中，最小化 Makespan 是常见的目标函数；在考虑配送时间的调度问题中，最小化服务跨度是一种常见的目标函数。因为在不考虑配送时间的同型机调度中最小化 Makespan 的问题是强NP-难问题，所以本章研究的问题也是强NP-难问题 [14]。Lenstra[15] 论证了含有配送时间的单机或平行机调度问题可以转化为对应的最小化最大延迟时间问题。由于最小化最大延迟时间的单机问题可由 EDD 规则获得最优解，因此对于含有配送时间的服务跨度最小化单机调度问题，LDT（largest delivery time first）能够获得最优解。关于相关的目标函数，学者研究了其他类的最大延迟问题。Rudek[16] 研究了考虑代理效应的最大延迟的单机调度问题。马英等 [17] 研究了考虑机器准备时间的同类机最大完工时间调度问题，在 LPT 算法的基础上提出了一种启发式算法，以获得高质量的解。

Hall 和 Shmoys[18] 研究了考虑释放时间和配送时间的单机调度问题，目标函数是最小化服务跨度，提出了 4/3 近似算法和两个多项式近似算法来解决问题。Zdrzalka[19] 研究了考虑配送时间的单机调度问题，目标函数是最小化服务跨度。其中，作业被分成几批、作业从一批到另外一批时会有一个启动时间；同时提出了两种近似算法，对于特例情况证明了最大误差界为 3/2。Tian 等 [20] 研究了考虑配送时间的单个批在线调度问题，目标函数是最小化服务跨度。一批机器可以同时加工 B 个作业作为一个批次，一批的加工时间等于该批次中所有作业的最长加工时间。对于 B 不限定的情况，他们提出了比率为 2 的在线算法；对于 B 限定的情况，他们提出了比率为 3 的在线算法；对于加工时间都相同的情况，他们提出了比率为 $(\sqrt{5}+1)/2$ 的在线算法。李凯等 [21] 研究了考虑作业尾时间最小化最大完工时间的同类机调度问题，提出了 LPDT 的启发式算法，即在 LDT 算法的启发下，优先考虑加工时间和配送时间之和较大的作业安排调度，随后在改进 LPDT 算法的基础上以它获得的解作为初始解为问题构造了可变邻域搜索算法 LPDT-VNS。

Liu 和 Cheng[22] 研究了带有释放时间、配送时间和可中断惩罚的单机调度问题，目标函数是最小化服务跨度。他们证明了问题是强NP-难的，由于仅有两台机器且不考虑配送时间的服务跨度最小化的同型机调度问题是NP-难的 [23]，因此考虑配送时间的服务跨度最小化的同型机调度问题也是NP-难的，同时考虑作业的释放时间和配送时间的最小化服务跨度的单机调度问题也是强NP-难的 [24]，并提出了动态规划算法和多项式时间近似算法。

Haouari 和 Gharbi[25] 研究了考虑释放时间和配送时间的平行机调度问题，目标函数是最小化服务跨度，构造了问题的下界并提出了近似分解算法 [26]。Woeginger[27] 研究了带有配送时间、目标函数是最小化服务跨度的平行机调度问题。他提出了几个启发式算法，使用表调度作为子程序，证明了其中一个最好的启发式算法的最大误差界是 $2-\dfrac{2}{m+1}$，m 是机器数量。对于在线情形，他提出了一个启发式算法并证明了比率为 2。Koulamas 和 Kyparisis[28] 研究了考虑配送时间的服务跨度最小化问题，证明了 LDT 规则能够获得 $(m-1)s_1\Big/\sum\limits_{i=1}^{m}s_i+1$

倍的最坏误差界，其中 m 为机器个数，s_i 为第 i 个机器的加工速度，s_1 为最快的机器加工速度。Li 等 [29] 针对此问题提出了一种解的表示方法并设计了模拟退火算法。关于考虑释放时间和配送时间的同型机调度问题，Li 和 Yang[30] 提出了一种启发式算法，即释放时间、加工时间和配送时间之和最大值优先的启发式调度算法，并设计了一个下界评估算法的性能。

6.2 直接配送情形下带有配送中心的异址机器调度

6.2.1 问题描述

本节研究直接配送情形下带有配送中心的异址机器调度问题，即配送时间依赖于机器的同型机调度问题。假定调度系统机器集 $M = \{M_i \mid i = 1,2,\cdots,m\}$ 共包含 m 台同型机，每个机器的加工能力完全相同但机器处于不同的空间位置。给定作业集 $J = \{J_j \mid j = 1,2,\cdots,n\}$，对 $\forall j = 1,2,\cdots,n$，作业 J_j 可以由任意某一机器 $M_i(\forall i = 1,2,\cdots,m)$ 加工，对应加工时间为 $p_j(p_j > 0)$。作业不允许被中断，且机器在同一时刻最多只能加工一个作业。作业加工完成后，须通过直接配送方能交货给客户。机器位置不同，作业的直接配送时间依赖于加工该作业的机器。给定作业 $J_j(j = 1,2,\cdots,n)$ 在机器 $M_i(i = 1,2,\cdots,m)$ 上加工时对应的配送时间为 $q_j^i(q_j^i > 0)$，对不同的 i 取值，q_j^i 取值可能不同。调度的目标是加工完成所有作业并使得最大的作业服务完成时间（完工时间与配送时间之和）最小化，即服务跨度最小化。该问题是NP-难的，因为即使是不考虑配送时间且仅包含两台机器的特殊情形也已被证明为NP-难问题。

设 Π 为调度方案全集，$\pi \in \Pi$ 为某一具体调度方案，表示为 $\pi = \{\pi_1,\pi_2,\cdots,\pi_m\}$，其中 $\pi_i(i = 1,2,\cdots,m)$ 表示机器 M_i 上的子调度序列。为表述严密，为每个子调度序列 π_i 引入一个虚拟作业$\pi_{[0]}^i$，并令其加工时间、加工开始时间、服务完成时间均为零，即 $p_{[0]}^i = S_{[0]}^i = c_{[0]}^i = 0$，用于标记每个子调度序列的起始位置。因此，虚拟作业集合 $D = \{\pi_{[0]}^i \mid i = 1,2,\cdots,m\}$，虚拟作业个数为 $\mid D \mid= m$，则子调度序列 $\pi^i(\forall i = 1,2,\cdots,m)$ 可表示为 $\pi^i = \{\pi_{[j]}^i \mid j = 0,1,2,\cdots,n_i\}$，其中 $\pi_{[j]}^i$ 表示机器 M_i 加工的第 j 个作业，其加工时间、配送时间、加工完成时间、对客户而言真正的服务完成时间（服务跨度）分别记作 $p_{[j]}^i$、$q_{[j]}^i$、$c_{[j]}^i$、$S_{[j]}^i$。$|\pi^i| = n_i+1$ 为子调度序列中作业个数（包含虚拟作业 $\pi_{[0]}^i$）。显然，当 $n_i = 0$ 时，π^i 中仅包含虚拟作业 $\pi_{[0]}^i$，此时机器 M_i 未加工作业集 J 中任何作业。$\bigcup_{i=1}^m \pi^i = J \cup D$，$\bigcap_{i=1}^m \pi^i = \varnothing$，$\displaystyle\sum_{i=1}^m n_i = n$，则作业 $\pi_{[j]}^i$ 加工完成时间 $c_{[j]}^i = \displaystyle\sum_{k=0}^j p_{[k]}^i$；对客户而言，作业 $\pi_{[j]}^i$

的有效完工时间，即服务完成时间 $\mathrm{ST}_{[j]}^{i}=c_{[j]}^{i}+q_{[j]}^{i}=\sum_{k=1}^{j}p_{[k]}^{i}+a_i+b_j$；服务跨度 $\mathrm{SS}(\pi)=\max_{i=1}^{m}\max_{j=1}^{n_i}\{\mathrm{ST}_{[j]}^{i}\}$。调度目标是寻找最优的调度方案 π^*，使得 $\mathrm{SS}(\pi^*)=\min_{\pi\in\Pi}\{\mathrm{SS}(\pi)\}$。

现在考虑一种特殊情况：作业加工完成后先配送给区域的配送中心。由于机器位置不同，因此作业加工完成后的配送时间依赖于加工该作业的机器，同时由于客户的位置不同，由区域配送中心配送到各个客户的时间也不同。给定作业 $J_j(j=1,2,\cdots,n)$ 在机器 $M_i(i=1,2,\cdots,m)$ 上加工时对应的总的配送时间为 $q_j^i(q_j^i>0)$，对不同 i 值，q_j^i 取值不同。本节假设作业在机器上加工完成后配送给配送中心的配送时间为 $a_i(i=1,2,\cdots,m)$，由配送中心配送给各个客户的时间为 b_j，从作业加工完成到最终配送给客户的配送时间 q_j^i 可以表示为 $q_j^i=a_i+b_j$。调度目标是加工完成所有作业并使得最大作业服务完成时间最小化。该节要解决的问题主要是寻找一个最优的调度方案 π^*，并求出该调度方案对应最小的服务跨度。

考虑带有配送中心的情景，在网络共享同类制造资源的制造企业和客户之间设有一个配送中心，设机器 $M_i(i=1,2,\cdots,m)$ 分别属于不同地理位置的企业，共存 n 个订单作业，订单作业 $J_j(j=1,2,\cdots,n)$ 的配送时间为 q_j^i，将 q_j^i 分为两部分，一部分是工厂到配送中心的配送时间 a_i，另一部分是配送中心到客户的配送时间 b_j，即 $q_j^i=a_i+b_j$，如图 6.1 所示。

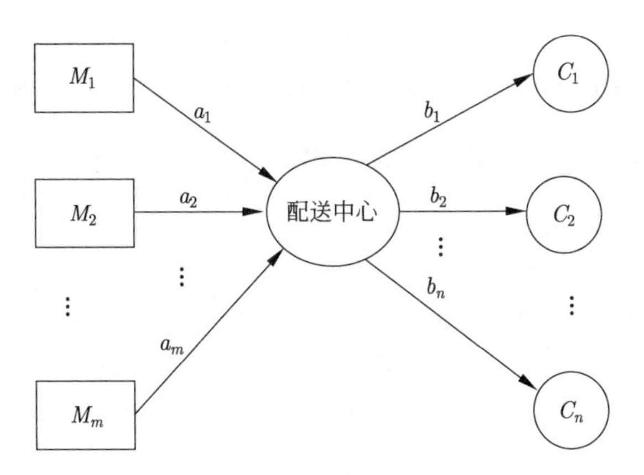

图 6.1　带有一个配送中心的网络共享同类制造资源调度模型

本节首先为直接配送情形下具有配送中心的服务跨度最小化的平行机调度问题构造上界和下界，接着为此问题提出了一个近似算法 $H_{6.1}$，然后证明算法的最大误差界。这是一个NP-难问题。算法首先把机器按照 a_i 非减排序，即 $a_1\leqslant a_2\leqslant a_3\leqslant\cdots\leqslant a_m$；作业订单按照 p_j+b_j 递减顺序排序，即 $p_1+b_1\geqslant p_2+b_2\geqslant p_3+b_3\geqslant\cdots\geqslant p_n+b_n$。本节为最优的调度构造下界

$\text{LB} = \sum_{j=1}^{n} p_j/m + a_1 + \min_{j=1}^{n}\{b_j\}$。下界公式 LB 的第一部分表示最小的完工时间 Makespan，第二部分和第三部分表示最小的配送时间。为计算上界，令 $p_k = \max_{j=1}^{n} p_j$，则可以构造一个上界 $\text{UB} = \sum_{j\neq k} p_j/m + p_k + a_m + \max_{j=1}^{n}\{b_j\}$。公式的前两部分给出了完工时间 Makespan 的上界，如果采用 LPT 规则调度作业，则调度之后的最大完工时间最大值是 UB 中的前两部分，第三部分和第四部分表示最大的配送时间，因此 UB 是最优服务跨度的上界。

6.2.2 算法设计

算法 $H_{6.1}$ 在 [LB, UB] 之间实施二分查找。对于每一步查找，令 $L = (\text{LB}+\text{UB})/2$，并通过如下方法测试是否存在可行解，使得目标函数服务跨度的值不大于 L。机器按照 $M_1, M_2, \cdots, M_m$ 的顺序进行排列。将作业从 J_1 到 J_n 排序，并逐个调度到第一个可以容纳它的机器上，使得服务跨度不超过 L。如果所有作业都可以被调度，则说明对于目标函数值 L 存在可行解，因此更新上界 UB 为 L；否则，令问题的下界 LB 等于 L。该过程一直循环，直到 $\text{UB} \leqslant \text{LB}$。算法 $H_{6.1}$ 求得的目标函数服务跨度的值由 UB 获得。

直接配送情形下带有配送中心的异址机器调度算法 $H_{6.1}$：

Step 1 作业按照 $p_j + b_j$ 非增顺序排序，即 $p_1 + b_1 \geqslant p_2 + b_2 \geqslant p_3 + b_3 \geqslant \cdots \geqslant p_n + b_n$；机器按照 a_i 非减顺序排序，即 $a_1 \leqslant a_2 \leqslant a_3 \leqslant \cdots \leqslant a_m$。$\text{LB} = \sum_{j=1}^{n} p_j/m + a_i + \min_{j=1}^{n}\{b_j\}$，$\text{UB} = \sum_{j\neq k} p_j/m + p_k + a_m + \max_{j=1}^{n}\{b_j\}$。

Step 2 对于所有的 $l < i < m$，令 $C_i = 0$。

Step 3 如果 $\text{UB} < \text{LB}$，则返回 UB。

Step 4 $L = (\text{LB} + \text{UB})/2$；$j = 1$。

Step 5 i=1。

Step 6 如果 $C_i + p_j + a_i + b_j < L$，则 $\{C_i = C_i + p_j; j = j + 1$；如果 $j > n$，则转到 Step 9；否则转到 Step 5$\}$。

Step 7 i=i+1，如果 $i < m$，则转到 Step 6。

Step 8 $\text{LB} = L$，转到 Step 3。

Step 9 $\text{UB} = L$，转到 Step 3。

定理 6.1 对于任意配送时间 $q_j^i = a_i + b_j$ 的问题，$\text{SS}(H_{6.1})/\text{SS}(\text{OPT}) \leqslant 2$ 均成立，其中 $\text{SS}(H_{6.1})$ 和 $\text{SS}(\text{OPT})$ 分别是算法 $H_{6.1}$ 和最优算法得到的目标函数值。

证明　用反证法证明此定理。令 $J=\{J_1,J_2,\cdots,J_n\}$，m 是定理中最小的反例的机器数量。最优的算法求得的目标函数服务跨度是 SS(OPT)。利用反证法，令 $\mathrm{SS}(H_{6.1})/\mathrm{SS}(\mathrm{OPT})>2$，这表示 $H_{6.1}$ 算法不能在服务跨度为 $2\times\mathrm{SS}(\mathrm{OPT})$ 的范围内调度完作业集 J 中的所有作业。

假设在最优调度中，每台机器至少有一个作业在此机器上加工；否则剔除没有加工任何作业的机器，以得到一个更小的反例。假设由算法 $H_{6.1}$，作业 $J_1,J_2,\cdots,J_{n-1}$ 能够在机器上加工调度，但是作业 J_n 是第一个不能被调度的作业。如果作业 $J_r(r<n)$ 不能由算法 $H_{6.1}$ 实现加工调度，那么作业 J_{r+1}，$J_{r+2},\cdots,J_n$ 就会被删除，获得一个更小作业数量的反例。令 $C_i(1\leqslant i\leqslant m)$，表示机器 M_i 上的完工时间。当考虑作业 J_n，即共加工调度 n 个作业时，对于每一个 $i(1\leqslant i\leqslant m)$，则有 $C_i+a_i+p_n+b_n>2\times\mathrm{SS}(\mathrm{OPT})$。对所有机器的 m 个不等式左右两边分别相加，可以得到

$$\sum_{i=1}^{m}C_i+\sum_{i=1}^{m}a_i+m(p_n+b_n)>2m\times\mathrm{SS}(\mathrm{OPT}) \tag{6.1}$$

在最优调度方案中，每台机器至少要加工一个作业。由于作业 J_n 有最小的 p_n+b_n，因此对于每一个 $i(1\leqslant i\leqslant m)$，则有 $a_i+p_n+b_n<\mathrm{SS}(\mathrm{OPT})$。同理，则有

$$\sum_{i=1}^{m}a_i+m(p_n+b_n)\leqslant m\times\mathrm{SS}(\mathrm{OPT}) \tag{6.2}$$

用式 (6.1) 减去式 (6.2)，可以得到 $\sum\limits_{i-1}^{m}C_i>m\times\mathrm{SS}(\mathrm{OPT})$。

由于 $\sum\limits_{i=1}^{m}C_i=\sum\limits_{j=1}^{n-1}p_j$，因此有 $\sum\limits_{j=1}^{n-1}p_j>m\times\mathrm{SS}(\mathrm{OPT})$。

这表明不能在 m 台机器上加工 $J_1,J_2,\cdots,J_{n-1}$ 这 $n-1$ 个作业，使得目标函数服务跨度不超过 SS(OPT)。这和上述的假设 $J_1,J_2,\cdots,J_{n-1}$ 共 $n-1$ 个作业可以在目标函数服务跨度不超过 SS(OPT) 的情况下完成调度相矛盾。所以，该假设不成立，原命题 $\mathrm{SS}(H_{6.1})/\mathrm{SS}(\mathrm{OPT})\leqslant 2$ 成立。□

定理 6.2　算法 $H_{6.1}$ 的运行时间为

$$O\{mn[\log(1-1/m)p_k+(a_m-a_1)+\max\nolimits_{j=1}^{n}b_j-\min\nolimits_{j=1}^{n}b_j]\}$$

证明　由算法 $H_{6.1}$ 得到 UB 为调度序列的目标函数服务跨度。明显地，存在一个服务跨度不超过 UB 的可行调度。循环的次数 $I=\log(\mathrm{UB}-\mathrm{LB})<$

$\log(1-1/m)p_k+(a_m-a_1)+\max_{j=1}^n b_j-\min_{j=1}^n b_j$)。每一步循环的时间是 $O(mn)$，至多有 $\log(1-1/m)p_k+(a_m-a_1)+\max_{j=1}^n b_j-\min_{j=1}^n b_j$ 步循环，所以总的运行时间是 $O\{mn[\log(1-1/m)p_k+(a_m-a_1)+\max_{j=1}^n b_j-\min_{j=1}^n b_j]\}$。□

算例 6.1 考虑一制造商收到一批数量为 7 的订单，由通过网络共享的两台位于不同位置的同型机 M_1 和 M_2 加工。两台机器距离配送中心的距离分别是 a_1=5.2 和 a_2=11.64。作业加工时间和配送时间参数取值由表 6.1 给出。目标函数是要找到一个调度方案，使得服务跨度最小。

表 6.1 算例 6.1 作业加工时间和配送时间参数取值

j	1	2	3	4	5	6	7
p_j	20.99	17.21	14.94	7.59	9.48	10.67	8.86
b_j	20.32	15.08	9.37	16.47	4.51	3.1	2.34

通过 $H_{6.1}$ 算法进行求解，获得的计算结果见表 6.2。

表 6.2 算例 6.1 算法 $H_{6.1}$ 调度结果

i	子调度 π^i	服务跨度
1	$J_1(20.99, 41.31)\to J_2(38.2, 53.28)$	
2	$J_3(14.94, 24.31)\to J_4(22.53, 39)\to J_5(32.01, 36.52)$ $\to J_6(42.68, 45.78)\to J_7(51.54, 53.88)$	53.88

在该算例中，作业按照 p_j+b_j 从大到小进行排序。

第 1 次循环：计算出 LB $=$ 52.42，UB $=$ 76.84，$L=(\text{LB}+\text{UB})/2=$ 64.63。J_1、J_2、J_3 在机器 M_1 上加工，$S_1=62.51<L$；如果安排作业 1 在机器 M_1 上加工，则这时 $S_1=77.2$，是大于 L 的。所以，J_4、J_5、J_6、J_7 在机器 M_2 上加工，$S_2=38.39<L$，调度的结果是 7 个作业都可以加工，此时 L 是可行的。

第 2 次循环：令 $\text{UB}=L=64.63$，$\text{LB}=52.42$，$L=(\text{LB}+\text{UB})/2=58.525$。作业 J_1、J_2 在机器 M_1 上加工，$S_1=53.28<L$；如果再安排作业 J_3 在 M_1 上加工，则 $S_1=62.51>L$，所以机器 M_1 上只能加工作业 J_1、J_2。在机器 M_2 上加工作业 J_3、J_4、J_5、J_6、J_7，$S_2=53.89<L$，调度的结果是 7 个作业都可以加工，此时 L 是可行的。

第 3 次循环：令 $\text{UB}=L=58.53$，$\text{LB}=52.42$，$L=(\text{LB}+\text{UB})/2=55.475$。作业 J_1、J_2 在机器 M_1 上加工，$S_1=53.28<L$；如果安排 J_3 在 M_1 上加工，则 $S_1=62.51>L$，所以机器 M_1 上只能加工作业 J_1、J_2。作业 J_3、J_4、J_5、J_6、J_7 在机器 M_2 上加工，$S_2=53.89<L$，7 个作业都加工了，此时 L 是可行的。

第 4 次循环：令 $\text{UB}=L=55.47$，$\text{LB}=52.42$，$L=(\text{LB}+\text{UB})/2=53.945$。

作业 J_1、J_2 在机器 M_1 上加工，$S_1 = 53.28 < L$；如果安排作业 J_3 在机器 M_1 上加工，则 $S_1 = 62.51 > L$，所以在机器 M_1 上只能加工作业 J_1、J_2。作业 J_3、J_4、J_5、J_6、J_7 在机器 M_2 上加工，$S_2 = 53.89 < L$，调度的结果是 7 个作业全部被加工，此时 L 是可行的。

第 5 次循环：令 $\mathrm{UB} = L = 53.95$，$\mathrm{LB} = 52.42$，$L = (\mathrm{LB} + \mathrm{UB})/2 = 53.185$。在机器 M_1 上加工作业 J_1，$S_1 = 41.32 < L$；如果在机器 M_1 上加工 J_2，则 $S_1 = 53.28 > L$，所以作业 J_2 只能在机器 M_2 上加工。在机器 M_2 上加工 J_2、J_3，$S_2 = 41.51 < L$；如果在机器 M_2 上加工 J_4，则 $S_2 = 56.21 > L$，所以最终的调度结果是机器 M_1 上加工 J_1，机器 M_2 上加工 J_2、J_3。调度的结果是只有 J_1、J_2、J_3 被加工，7 个作业没有完全被加工，此时 L 是不可行的。

依次进行循环，直到确定最合适的 L。

在第 12 次循环得到最终调度结果，此时 $\mathrm{LB} = 53.89$，$\mathrm{UB} = 53.9$，$L = 53.895$。机器 M_1 加工作业 J_1、J_2，$S_1 = 53.89$；机器 M_2 上加工作业 J_3、J_4、J_5、J_6、J_7，$S_2 = 53.88$。这是可行的。最终的调度结果服务跨度 $\mathrm{SS}(H_{6.1}) = 53.88$，$L = 53.9$。

6.2.3　实验结果

为分析算法在不同问题情形的性能变化，本节针对配送时间差异较大、差异适中及差异较小三种情形进行大规模的数据实验。所有的算法实验均采用 Java 语言实现。计算机硬件环境如下：CPU 为 Intel(R)Core(TM)i5 2.40GHZ；内存为 3.00GB，操作系统为 Microsoft Windows 7 SP1。

表 6.3~表 6.5 分别给出了三种情形下的实验结果。其中，作业的加工时间长度在区间 [1, 20] 中随机生成；表 6.3 中的配送时间设置为在取值范围 [0, 100] 内随机生成，用以表示配送时间差异较小情形；表 6.4 中的配送时间设置为在取值范围 [0, 200] 内随机生成，用以表示配送时间差异适中情形；表 6.5 中的配送时间设置为在取值范围 [0, 500] 内随机生成，用以表示配送时间差异较大情形。本节考虑了机器数 $m \in \{2, 4, 6, 8\}$ 和作业数 $n \in \{50, 80, 120, 160, 200\}$ 的不同问题规模。

结合表 6.3~表 6.5 中的数据能够看出：

（1）$\mathrm{SS}(H_{6.1})/\mathrm{LB}$ 的值都小于 2。采用 $H_{6.1}$ 算法获得的目标函数值与问题下界的比值都小于 2，表明 $H_{6.1}$ 算法获得的解接近下界，通过 $H_{6.1}$ 算法可以获得比较满意的解。

（2）对比表 6.3~表 6.5 可知，在表 6.3 中，$\mathrm{SS}(H_{6.1})/\mathrm{LB}$ 的最大值是 1.55，最小值是 1.01；L/LB 的最大值是 1.55，最小值是 1.01。通过观察表 6.3 中的实验数据

表 **6.3** 配送时间差异 **[0, 100]** 情形算法 $\boldsymbol{H_{6.1}}$ 实验结果

m	n	SS($H_{6.1}$)	L	LB	SS($H_{6.1}$)/LB	L/LB
2	50	300.93	300.94	280.62	1.07	1.07
	80	501.76	501.77	474	1.06	1.06
	120	626.98	626.98	602.41	1.06	1.04
	160	901.71	901.72	878.34	1.03	1.03
	200	1135.08	1135.08	1120.7	1.01	1.01
4	50	182.97	182.98	149.29	1.23	1.23
	80	279.21	279.21	224.09	1.25	1.25
	120	381.55	381.55	351	1.09	1.09
	160	467.82	467.82	428.11	1.09	1.09
	200	587.84	587.84	546.25	1.08	1.09
6	50	145.53	145.53	98.03	1.48	1.48
	80	198.53	198.53	148.52	1.34	1.34
	120	261.68	261.68	212.29	1.23	1.23
	160	329.45	329.45	279.38	1.18	1.18
	200	414.74	414.75	371.15	1.12	1.12
8	50	137.21	137.21	88.67	1.55	1.55
	80	168.1	168.1	119.74	1.4	1.4
	120	234.13	234.14	178.81	1.31	1.31
	160	273.34	273.34	220.74	1.24	1.24
	200	326.43	326.43	278	1.17	1.17

表 **6.4** 配送时间差异 **[0, 200]** 情形算法 $\boldsymbol{H_{6.1}}$ 实验结果

m	n	SS($H_{6.1}$)	L	LB	SS($H_{6.1}$)/LB	L/LB
2	50	351.27	351.27	299.81	1.17	1.17
	80	511.01	511.01	466.77	1.09	1.09
	120	721.66	721.66	680.2	1.06	1.06
	160	939.12	939.12	900.11	1.04	1.04
	200	1145.63	1145.63	1099.6	1.04	1.04
4	50	245.92	245.92	151.69	1.62	1.62
	80	321.62	321.63	235.37	1.37	1.37
	120	418.14	418.14	339.51	1.23	1.23
	160	525.87	525.87	454.95	1.16	1.16
	200	641.53	641.54	569.5	1.13	1.13
6	50	221.29	221.29	129.4	1.71	1.71
	80	263.96	263.96	161.69	1.71	1.63
	120	329.47	329.47	234.31	1.41	1.41
	160	398.19	398.19	307.71	1.29	1.29
	200	465.52	465.53	372.28	1.25	1.25
8	50	214.6	214.6	111.7	1.92	1.92
	80	240.89	240.89	177.57	1.36	1.36
	120	284.9	284.9	178.81	1.6	1.6
	160	328.62	328.62	224.74	1.46	1.46
	200	380.83	380.83	280.79	1.36	1.36

可知，大部分目标函数值与下界的比值都小于 1.25。其中在 m=2，n=50、80、120、160、200，以及 m=4，n=120、160、200 的情形，SS($H_{6.1}$)/LB 的比值都小于 1.1，说明在这几种情形下，算法 $H_{6.1}$ 获得的解很接近问题的下界；在 m=6，n=50、80，以及 m=8，n=50、80、120 这 5 种情况下，SS($H_{6.1}$)/LB 的比值大于 1.25，但最大不超过 1.55。在配送时间差异较大的表 6.5 中，SS($H_{6.1}$)/LB 的最大值是 1.98，最小值是 1.12；L/LB 的最大值是 1.98，最小值是 1.12；通过观察表 6.5 中的实验数据可知，除 m=2 时，n=80、120、160、200；$m = 4$ 时，$n = 200$ 这几种情形外，其余情形下目标函数与下界的比值都大于 1.5，因此认为算法 $H_{6.1}$ 更适用于作业配送时间差异较小的情况。

表 6.5　配送时间差异 [0, 500] 情形算法 $H_{6.1}$ 实验结果

m	n	SS($H_{6.1}$)	L	LB	SS($H_{6.1}$)/LB	L/LB
2	50	528.32	528.32	303.94	1.74	1.74
	80	626.28	626.28	474.77	1.32	1.32
	120	842.86	842.87	698.04	1.21	1.21
	160	1021.81	1021.81	893.13	1.14	1.14
	200	1244.1	1244.1	1112.9	1.12	1.12
4	50	498.55	498.55	287.82	1.73	1.73
	80	532.32	532.33	335.1	1.59	1.59
	120	590.07	590.08	344.14	1.71	1.71
	160	691.7	691.71	460.54	1.5	1.5
	200	773.94	773.94	561.17	1.34	1.34
6	50	508.21	508.21	268.03	1.9	1.9
	80	514.46	514.47	285.52	1.8	1.8
	120	536.06	536.07	303.29	1.78	1.78
	160	584.61	584.61	304.31	1.92	1.92
	200	646	646	380.78	1.7	1.7
8	50	507.75	507.75	257.07	1.98	1.98
	80	506.89	506.89	272.32	1.86	1.86
	120	522.02	522.03	278.81	1.87	1.87
	160	545.07	545.07	297.32	1.83	1.83
	200	580.17	580.17	335.45	1.73	1.73

(3) 对表 6.3~表 6.5 中不同问题规模下的算法性能进行比较，当作业数 n 一定时，机器数 m 越多，得到算法的目标函数 SS($H_{6.1}$) 值、L、LB 的值越小，得到的解越优。这说明对于相同数量的订单作业，可用的机器越多，得到的解越优。在现实中，企业为了缩短服务跨度的时间，减少客户收到订单的时间，提高客户满意度，可以通过网络平台整合更多的闲置资源，通过线上使用权交易和线下生产制造，实现分散异址制造资源的有效整合。

6.3 直接配送情形下不带有配送中心的异址机器调度

6.3.1 问题描述

本节研究直接配送情形下不带有配送中心的异址机器调度问题。由于网络共享制造资源异址性的特点，配送时间的大小依赖于加工作业的具体机器的位置。假定调度系统机器集 $M=\{M_i|i=1,2,\cdots,m\}$ 共包含 m 台同型机，每台机器的加工能力完全相同但机器处于不同的空间位置。给定作业集 $J=\{J_j|j=1,2,\cdots,n\}$，对 $\forall j=1,2,\cdots,n$，作业 J_j 可以由任意某一机器 $M_i(i=1,2,\cdots,m)$ 加工，对应加工时间为 $p_j(p_j>0)$。作业不允许被中断，并且在同一时刻一台机器最多只能加工一个作业。作业加工完成后须通过直接配送方能交货给客户，由于机器位置不同，因此作业的直接配送时间依赖于加工该作业的机器。给定作业 $J_j(j=1,2,\cdots,n)$ 在机器 $M_i(i=1,2,\cdots,m)$ 上加工时对应的配送时间为 $q_j^i(q_j^i>0)$，对不同的 i 值，q_j^i 取值可能不同。调度目标是加工完所有作业并使得最大作业服务完成时间最小化，即服务跨度最小化。该问题是NP-难的，因为即使是不考虑配送时间且仅包含两台机器的特殊情形也已被证明为NP-难问题。

设 $\mathit{\Pi}$ 为调度方案全集，$\pi\in\mathit{\Pi}$ 为某一具体调度方案，表示为 $\pi=\{\pi^1,\pi^2,\cdots,\pi^m\}$，其中 $\pi^i(i=1,2,\cdots,m)$ 表示机器 M_i 上的子调度序列。为表述严密，为每个子调度序列 π^i 引入一个虚拟作业 $\pi^i_{[0]}$，并令其加工时间、加工开始时间、服务完成时间均为零，即 $p^i_{[0]}=S^i_{[0]}=c^i_{[0]}=0$，用于标记每个子调度序列的起始位置。因此，虚拟作业集合 $D=\{\pi^i_{[0]}|i=1,2,\cdots,m\}$，虚拟作业个数为 $|D|=m$，则子调度序列 $\pi^i(\forall i=1,2,\cdots,m)$ 可表示为 $\pi^i=\{\pi^i_{[j]}|j=0,1,2,\cdots,n_i\}$，其中 $\pi^i_{[j]}$ 表示机器 M_i 加工的第 j 个作业，其加工时间、配送时间、加工完成时间、服务完成时间分别记作 $p^i_{[j]}$、$q^i_{[j]}$、$c^i_{[j]}$、$S^i_{[j]}$。$|\pi^i|=n_i+1$ 为子调度序列中作业个数（包含虚拟作业 $\pi^i_{[0]}$）。显然，当 $n_i=0$ 时，π^i 中仅包含虚拟作业 $\pi^i_{[0]}$，此时机器 M_i 未加工作业集 J 中的任何作业。$\bigcup\limits_{i=1}^{m}\pi^i=J\bigcup D$，$\bigcap\limits_{i=1}^{m}\pi^i=\varnothing$，则作业 $\pi^i_{[j]}$ 加工完成时间 $c^i_{[j]}=\sum\limits_{k=0}^{j}p^i_{[k]}$；对于客户而言，作业 $\pi^i_{[j]}$ 真正的服务完成时间是 $\mathrm{ST}^i_{[j]}=c^i_{[j]}+q^i_{[j]}=\sum\limits_{k=0}^{j}p^i_{[k]}+q^i_{[j]}$；服务跨度 $\mathrm{SS}(\pi)=\max_{i=1}^{m}\max_{j=0}^{n_i}\{\mathrm{ST}^i_{[j]}\}$。调度目标是找到最优的调度方案 π^*，使得 $\mathrm{SS}(\pi^*)=\min_{\pi\in\mathit{\Pi}}\{\mathrm{SS}(\pi)\}$。

同型机是由多个加工能力相同的机器构成的平行机调度系统，因此在该类问题的最优解中可以首先保证每个机器上的子调度序列是最优的。若只考虑一个机器，则每个作业仅对应一个配送时间，从而由经典的 LDT 规则获得最优解。因此,LDT 规则可获得任意子调度序列的最优方案。

性质 6.1　存在最优的调度方案，其中任意机器 M_i 上子调度 π^i 中各作业（虚拟作业 $\pi^i_{[0]}$ 除外）按照 LDT 规则排列，即对任意 $i=1,2,\cdots,m$，$q^i_{[1]} \geqslant q^i_{[2]} \geqslant \cdots \geqslant q^i_{[n_i]}$。

对于同型机调度问题，主要问题是决定如何把作业划分成 m 组，一旦分组做好，便可以在一个机器上采用 LDT 规则调度每一部分。当配送时间不依赖于机器时，一个简单的 LDT 算法是：不论机器什么时候空闲，指派最大配送时间的作业给那台机器。尽管 LDT 规则能够为考虑配送时间的 $S_{\max}$ 最小化的单机问题获得最优解，并且经常被用作求解相应平行机问题的基本规则，然而在配送时间依赖于机器的 $S_{\max}$ 最小化的同型机问题中，由于问题的NP-难特性而无法确保获得最优解。Koulamas 和 Kyparisis[28] 为对应的同类机问题 $Q_m|q_j|S_{\max}$ 提出了一个 $(m-1)s_1/\sum\limits_{i=1}^{m}s_i+1$ 的近似算法，其中 m 是机器数量，s_i 是第 i 个机器的加工速度，s_1 是速度最快的机器的加工速度，则可以推算出对于平行机调度问题，LDT 算法得到的解的最坏误差界为 $2-\dfrac{1}{m}$。

当配送时间依赖于机器时，对 LDT 算法简单修改如下：只要有机器空闲，就指派该台机器上配送时间最短的作业，称此算法为最短配送时间优先（smallest delivery time first, SDT）算法。为了满足每个机器上作业按照 LDT 规则排列，在 SDT 算法中应将作业插入机器当前子调度序列队首位置（虚拟作业除外），而不是把作业放在每个子调度的末尾位置。这样就能够确保每台机器上的子调度满足 LDT 这个基本的调度规则。

性质 6.2　对任意作业 $J_j(j=1,2,\cdots,m)$，在某一时刻 t 为它指定机器。假设此时机器 M_i 与 $M_k(i,k\in[1,m];i\neq k)$ 空闲，且 $q^i_j \leqslant q^k_j$，则指定作业 J_j 由机器 M_i 加工。

简单证明过程如下：若机器 M_i 在 t 时刻加工作业 J_j，则 $S^i_j=t+p_j+q^i_j$；而机器 M_k 在 t 时刻加工作业 J_j，则 $S^k_j=t+P_j+q^k_j \geqslant S^i_j$。显然，在不考虑其他作业的前提下，为作业指定对应配送时间较小的机器能够获得较小的完工时间。 □

性质 6.3　对任意子调度序列 $\pi^i(i=1,2,\cdots,m)$，记在子调度 π^i 中最大服务跨度为 SS_i。如果在子调度序列 π^i 中的所有作业前插入作业 $J_j(j=1,2,\cdots,n)$，则最大的服务跨度是 $\mathrm{SS}'_i=\max\{\mathrm{SS}_i+p_j,p_j+q^i_j\}$。

证明 如图 6.2 所示，作业 $\pi^i_{[1]}$、$\pi^i_{[2]}$、$\cdots$、$\pi^i_{[n_i]}$ 的服务完成时间都增加了 p_j。因此，作业 J_j 被调度后，作业 $\pi^i_{[1]}$、$\pi^i_{[2]}$、$\cdots$、$\pi^i_{[n_i]}$ 的最大服务完成时间是 SS_i+p_j，作业 J_j 的服务完成时间是 $p_j+q^i_j$。因此，插入作业 J_j 后，π^i 的服务跨度是 SS_i+p_j 和 $p_j+q^i_j$ 中的较大者。 □

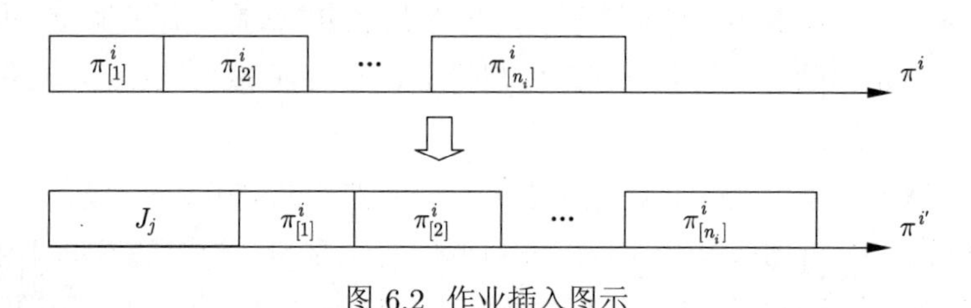

图 6.2 作业插入图示

6.3.2 算法设计

通过 6.3.1 节对问题性质的分析可知，在每台机器上作业按照 LDT 规则排序，在为作业指定机器时应尽可能将作业安排到对应配送时间较小的机器。基于上述分析，本节为配送时间依赖于机器的服务跨度最小化的问题提出了两个启发式算法，通过算例说明算法计算过程，并基于模拟退火构建了一个亚启发式算法。

6.3.2.1 SDT 算法

由性质 6.2 可知，在为作业指定机器时应尽量考虑对应配送时间较小的机器，因此在机器空闲时，可以为之分配对应配送时间最小的作业，从而形成 SDT 算法。根据性质 6.1，任意机器子调度序列应满足 LDT 规则，因此在 SDT 算法中应将作业插入机器当前子调度序列队首位置（虚拟作业除外），从而根据性质 6.3 计算作业插入后子调度序列中最大作业完工时间的变化情况。下面给出 SDT 算法描述。

直接配送情形下不带有配送中心的异址机器 SDT 调度算法 $H_{6.2}$:

Step 1 初始化：给定作业集 $J=\{J_j|j=1,2,\cdots,n\}$，对任意机器 $M_i(i=1,2,\cdots,m)$，令 $\pi^i=\pi^i_{[0]}, n_i=0, \mathrm{SS}_i=0, C_i=0$。

Step 2 $k=\arg\min_{i=1}^m\{C_i\}$，如果同时存在多个机器对应 $\min_{i=1}^m\{C_i\}$，则选择编号最小的机器。

Step 3 $j=\arg\min_{J_l\in J}\{q^k_l\}$，即从作业集 J 中选择对应机器 M_k 配送时间最小的作业 J_j。

Step 4 将作业 J_j 插入机器 M_k 上除虚拟作业 π^k_0 之外的所有作业的队首位置，即 $\pi^k=\{\pi^k_{[0]}, J_j,\cdots,\pi^k_{[n_k]}\}, \pi^k=J_j\cup\pi^k, n_k=n_k+1, C_k=C_k+p_j, \mathrm{SS}_k=\max\{\mathrm{SS}_k+p_j, p_j+q^k_j\}$。

Step 5　$J = J \setminus \{J_j\}$。

Step 6　如果 $J \neq \varnothing$，则转 Step 2；否则，输出 π 和 $\mathrm{SS} = \max_{i=1}^{m}\{\mathrm{SS}_i\}$。

定理 6.3　SDT 算法的运行时间是 $O(n^2)$。

证明　Step 1 需要 $O(m)$ 时间，Step 2 需要 $O(m)$ 时间。Step 3 从 n 个数中选择最小的，需要花费$O(n)$时间。Step 4 和 Step 5 是一个常数时间。在 Step 2 和 Step 5 有一个循环运行 n 时间。由于 $m \leqslant n$，因此 Step 2～Step 5 在 $O(n)$ 时间内完成。因此，算法总共的运行时间是 $O(n^2)$。□

6.3.2.2　MSDT 算法

SDT 算法是对考虑配送时间的服务跨度最小化平行机调度问题的经典 LDT 算法的改进。但是，SDT 算法的缺点是当调度一个作业时，仅考虑了一个机器，即它仅考虑了指派空闲的机器。一旦确定一个空闲机器之后，SDT 算法就为那个机器指派配送时间最小的作业。另外一种算法是考虑所有的机器。对于每一个机器 M_i，考虑每个机器上配送时间最小的作业，计算每个机器上子调度方案新的服务跨度，并选择服务跨度最小的那个机器和那个机器上配送时间最小的作业指派在该机器上加工。本节基于这种思想设计了一个算法 MSDT（$H_{6.3}$）。在 MSDT 算法中，每次计算所有机器最合适的作业，并指定可能带来全局最大制造跨度最小的机器加工对应作业，尽量避免 SDT 算法的不足，因此 MSDT 算法可看作对 SDT 算法的改进。下面给出 MSDT 算法描述。

直接配送情形下不带有配送中心的异址机器 MSDT 调度算法 $H_{6.3}$：

Step 1　初始化：给定作业集 $J = \{J_j | j = 1, 2, \cdots, n\}$，对任意机器 $M_i(i = 1, 2, \cdots, m)$，令 $\pi^i = \pi^i_{[0]}, n_i = 0, \mathrm{SS}_i = 0, C_i = 0$。

Step 2　对每一个 $i(1 \leqslant i \leqslant m)$，从作业集 J 中选择配送时间内最小的 J_j，令 $\mathrm{SS}'_i = \max\{\mathrm{SS}_i + p_j, p_j + q^i_j\}$。

Step 3　选择最小的 SS'_i 对应的机器 M_k，即 $k = \arg\min\{\mathrm{SS}'_i\}$。令机器 M_k 上对应的配送时间最小的作业 J_j 插入机器 M_k 除虚拟作业 π^k_0 外所有作业的队首位置，即 $\pi^k = (J_j) \cup \pi^k, n_k = n_k + 1, \mathrm{SS}_k = \mathrm{SS}'_k$。

Step 4　$J = J \setminus \{J_j\}$。

Step 5　如果 $J \neq \varnothing$，则转 Step 2；否则，输出 π 和 $\mathrm{SS} = \max_{i=1}^{m}\{\mathrm{SS}_i\}$。

定理 6.4　MSDT 算法的运行时间是 $O(mn^2)$。

证明　Step 1 需要 $O(m)$ 时间，Step 2 需要 $O(mn)$ 时间，Step 2～Step 4 的循环执行 n 次。因此，算法总共的运行时间是 $O(mn^2)$。□

6.3.2.3　算例

利用算例进一步说明本节构建的两个启发式算法的计算过程及结果。

算例 6.2 假定有两台同型机分别处于不同的地理位置，现有 6 个作业需加工，作业加工时间长度、每个作业对应不同机器的配送时间长度见表 6.6，调度目标是生成调度方案，使得服务跨度最小化。对于每个作业，用二元组 (C, S) 说明该作业在调度方案中对应的加工完成时间和服务完成时间。

表 6.6 算例 6.2 参数取值

j	1	2	3	4	5	6
p_j	10	8	7	4	2	1
q_j^1	12	14	21	16	17	18
q_j^2	19	18	17	23	27	22

表 6.7 和表 6.8 分别给出了由 SDT 算法和 MSDT 算法获得的调度方案。

表 6.7 算例 6.2 算法 SDT 调度方案

i	子调度方案 π^i	服务跨度
1	$J_5(2,19) \to J_4(6,22) \to J_1(16,28)$	
2	$J_6(1,23) \to J_2(9,27) \to J_3(16,33)$	33

表 6.8 算例 6.2 算法 MSDT 调度方案

i	子调度方案 π^i	服务跨度
1	$J_2(8,22) \to J_1(18,30)$	
2	$J_5(2,29) \to J_4(6,29) \to J_6(7,29) \to J_3(14,31)$	31

对于算例 6.2，SDT 算法执行过程如下：

（1）将 M_1 上对应配送时间最小的作业 J_1 放在机器 M_1 上当前子调度的队首（用于标志子调度序列开始的虚拟作业除外）位置，计算出 $J_1(10,22)$。

（2）同理，机器 M_2 上对应配送时间最小的作业是 J_3，将 J_3 放在机器 M_2 上当前子调度的队首位置，计算出结果 $J_3(7,24)$。

（3）由于加工过程占用机器时间，作业一旦加工完就会立即离开机器进行配送不再占用机器时间，因此机器 M_2 先空闲，则在作业集剩下的作业中选择对应机器 M_2 配送时间最小的作业并将之插入机器 M_2 子调度队列的队首位置，此时调度结果为 $J_2(8,26) \to J_3(15,32)$。

（4）接着 M_1 空闲，按照规则选择 J_4 插入 M_1 当前子调度队列的队首位置，这时机器 M_1 子调度方案是 $J_4(4,20) \to J_1(14,26)$。

（5）接下来空闲的机器是 M_1，按照规则选择对应机器 M_1 上配送时间最小的 J_5 并插入队首，这时机器 M_1 上计算结果是 $J_5(2,19) \to J_4(6,22) \to J_1(16,28)$。

（6）接下来机器 M_2 先有空闲，所以将作业集中最后一个剩余作业 J_6 放在机器 M_2 上加工，此时机器 M_2 上调度计算结果是 $J_6(1,23) \rightarrow J_2(9,27) \rightarrow J_3(16,33)$。

从而，最终获得表 6.7 的调度结果。

对于算例 6.2，MSDT 算法执行过程如下：

（1）假如机器 M_1 上对应的配送时间最小的作业 J_1 被指派到 M_1 上加工，则 $\mathrm{SS}_1' = p_1 + q_1^1 = 10 + 12 = 22$；同理，假如机器 M_2 上对应配送时间最小的作业 J_3 被指派到 M_2 上加工，则 $\mathrm{SS}_2' = p_3 + q_3^2 = 7 + 17 = 24$。由于 $\mathrm{SS}_1' < \mathrm{SS}_2'$，因此确定将 J_1 指派到机器 M_1 上加工，并从作业集中删去 J_1。

（2）从剩下的 5 个作业中选择作业调度，此时机器 M_1 上对应配送时间最小的作业是 J_2。如果作业 J_2 被指派到 M_1 上加工，则 $\mathrm{SS}_1' = \max\{\mathrm{SS}_1 + p_2, p_2 + q_2^1\} = 30$；假如机器 M_2 上对应配送时间最小的作业 J_3 被指派到 M_2 上加工，则 $\mathrm{SS}_2' = p_3 + q_3^2 = 24$。由于 $\mathrm{SS}_1' > \mathrm{SS}_2'$，因此确定将 J_3 指派到 M_2 上加工，并从作业集中删去 J_3。

（3）从剩下的 4 个作业中选择作业调度，此时机器 M_1 上对应配送时间最小的作业是 J_2，机器 M_2 上对应配送时间最小的作业也是 J_2。如果作业 J_2 被指派到 M_1 上加工，则 $\mathrm{SS}_1' = \max\{\mathrm{SS}_1 + p_2, p_2 + q_2^1\} = 30$；如果作业 J_2 被指派到 M_2 上加工，则 $\mathrm{SS}_2' = \max\{\mathrm{SS}_2 + p_2, p_2 + q_2^2\} = 32$。由于 $\mathrm{SS}_1' < \mathrm{SS}_2'$，因此确定将 J_2 指派到机器 M_1 上加工，并从作业集中删去 J_2。

（4）从剩下的 3 个作业中选择作业调度，此时机器 M_1 上对应配送时间最小的作业是 J_4，如果作业 J_4 被指派到 M_1 上加工，则 $\mathrm{SS}_1' = \max\{\mathrm{SS}_1 + p_4, p_4 + q_4^1\} = 34$；机器 M_2 上对应配送时间最小的作业是 J_6，如果作业 J_6 被指派到 M_2 上加工，则 $\mathrm{SS}_2' = \max\{\mathrm{SS}_2 + p_6, p_6 + q_6^2\} = 25$。由于 $\mathrm{SS}_1' > \mathrm{SS}_2'$，因此确定将 J_6 放在 M_2 上加工，并从作业集中删去 J_6。

（5）从剩下的 2 个作业中选择作业调度，此时机器 M_1 上对应配送时间最小的作业是 J_4，机器 M_2 上对应配送时间最小的作业也是 J_4。如果分别安排作业以在 M_1 和 M_2 上加工，则 $\mathrm{SS}_1' = \max\{\mathrm{SS}_1 + p_4, p_4 + q_4^1\} = 34$，$\mathrm{SS}_2' = \max\{\mathrm{SS}_2 + p_4, p_4 + q_4^2\} = 29$。由于 $\mathrm{SS}_1' > \mathrm{SS}_2'$，因此确定将 J_4 放在 M_2 上加工，并从作业集中删去 J_4。

（6）作业集仅剩 J_5，分别考虑安排作业在 M_1 和 M_2 上加工，则 $\mathrm{SS}_1' = \max\{\mathrm{SS}_1 + p_5, p_5 + q_5^1\} = 32$，$\mathrm{SS}_2' = \max\{\mathrm{SS}_2 + p_5, p_5 + q_5^2\} = 31$。由于 $\mathrm{SS}_1' > \mathrm{SS}_2'$，因此确定将 J_5 放在 M_2 上加工。

作业集中的作业全部被调度，得到表 6.8 所示调度方案。

6.3.2.4 模拟退火算法

模拟退火（simulated annealing，SA）算法是一种常见的亚启发式算法。它由 Metropolis 等 [31] 首次提出并由 Kirkpatrick 等 [32] 引入组合优化邻域。由于它具有优秀的全局寻优功能，因此已经被广泛应用于求解组合优化问题。SA 算法在解决调度问题中有很多应用 [33−36]。

作者团队应用 SA 算法思想解决了生产调度领域的若干问题，得到了较高质量的调度方案。例如，Li 等 [37] 研究了最小化资源消耗的单机调度问题，他们设计了 SA 算法，以便获得高质量的接近最优解。Li 等 [38] 研究了加工时间可控的最小化 Makespan 的平行机调度问题，设计了一种 SA 算法并展示了该算法在解的质量和计算复杂度方法方面的优越性。Li 等 [29] 研究了最小化最大延迟时间的同型机调度问题，提出了一种启发式算法 LPDT 用于生成初始解，并设计了一种有效的解的表示方法，以及基于此表示方法的邻域生成方式，即交换邻域和插入邻域，避免了一些劣解的产生。基于 LPDT 算法产生初始解，通过 SA 算法解决问题，LPDT-SA 算法可以实现为大规模作业问题获得高质量的解。史烨和李凯 [39] 采用了 SA 算法解决最小化最大完成时间的平行机调度问题并获取较高质量的解，他们通过定义关键机器和非关键机器构造了一个包含局部优化的 SA 算法，有效地提高了算法效率。

在 SA 算法中，焦点问题聚集在必须解决初始解的生成、邻域生成方式及初始温度、降温速度、迭代次数参数设置等几个部分。本节采用 MSDT 算法获得的解作为初始解，利用插入和交换两种邻域生成方法构建 SA 算法。

插入邻域，记作 $\mathcal{N}_1$，它是当一个作业被插入另外一个不同的机器时形成的邻域的全集。由于单机情形下考虑配送时间的服务跨度最小化问题能够用 LDT 规则获得最优解，因此在研究含有配送时间的同型机调度问题中，在作业插入其他机器上的子调度队列后，应使该调度队列中的作业满足 LDT 规则。例如，将当前解 π 中某一作业 π_j^i 插入其他子调度队列 $\pi^k(k \neq i)$ 中，形成新解 σ，则在新解 σ 中，子调度队列 σ^i 中原位于作业 π_j^i 之后的作业 $\pi_{j+1}^i, \cdots, \pi_{n_i}^i$ 均应前移 $p_j^i(\pi)$ 个时间单元加工，形成新解 σ 中的作业 $\sigma_j^i, \cdots, \sigma_{n_i-1}^i$，且得到新解 σ^i 中作业个数为 $n_i(\sigma) = n_i(\sigma) - 1$。假设 π_j^i 插入子调度队列 π^k 的第 h 个位置，标为 σ_h^k，并且原 π^k 中作业 $\pi_h^k, \cdots, \pi_{n_k}^k$ 均应后移 $p_j^i(\pi)$ 个时间单元加工，形成新解 σ 中的作业 $\sigma_{h+1}^k, \cdots, \sigma_{n_k+1}^k$，且将新解 σ^k 中作业个数更新为 $n_k(\sigma) = n_k(\pi) + 1$。

交换邻域，记作 $\mathcal{N}_2$，它是处于不同机器上的两个作业交换它们的位置产生的邻域全集。与插入邻域同理，位于不同机器上子调度队列中的两个作业交换位置后，交换作业的两个子调度中的作业也应同时保持 LDT 规则排序。

从邻域生成结构上看，一个交换邻域的生成包含两次插入邻域的生成过程，所以采用交换邻域的计算效率要高一些。因此，在构造的 SA 算法中，交换邻域为重要的邻域生成方式。然而，仅采用交换邻域是不够的，这是因为它无法改变当前解中各机器上子调度序列中的作业个数。显然，如果初始解各子调度队列中作业个数与实际存在的最优解不对应相同，则仅采用交换邻域生成方式无法搜索到最优解。为此，采用插入邻域作为辅助的邻域生成方式，以改变各子调度队列中作业个数。本节构造的 SA 算法描述如下。

基于 SA 算法的直接配送情形下不带有配送中心的异址机器调度算法 $H_{6.4}$：

Step 1 初始化：用 MSDT 算法生成初始解，获得初始解 π，对应的目标函数值为 $\mathrm{SS}(\pi)$。令当前最优解 $\pi^* = \pi$，$\mathrm{SS}^* = \mathrm{SS}(\pi)$。

Step 2 设置初始温度 $T = 100 \times \mathrm{SS}^*$，最低温度 ε=0.0001，降温速度 α=0.7。

Step 3 如果 $T \leqslant \varepsilon$，则返回最优解 π^* 及最优值 SS^*，退出。

Step 4 设置同一温度下的迭代次数 $L = n^2/3$。

Step 5 产生随机数 $r_1(r_1 \sim [0,1])$。如果 $r_1 \geqslant 0.9$，则转 Step 7。

Step 6 交叉操作：选择一个新解 $\sigma(\sigma \in N_2(\pi))$，计算目标函数值 $\mathrm{SS}(\sigma)$，转 Step 8。

Step 7 插入操作：选择一个新解 $\sigma(\sigma \in N_1(\pi))$，计算对应目标函数值 $\mathrm{SS}(\sigma)$。

Step 8 $\Delta S = \mathrm{SS}(\sigma) - \mathrm{SS}(\pi)$。如果 $\Delta S < 0$，则转 Step 10。

Step 9 产生随机数 $r_2(r_2 \sim [0,1])$。如果 $\exp(-\Delta U/T) \leqslant r_2$，则转 Step 11。

Step 10 接受新解：$\pi = \sigma, \mathrm{SS}(\pi) = \mathrm{SS}(\sigma)$。如果 $\mathrm{SS}(\pi) < \mathrm{SS}^*$，则 $\pi^* = \pi$，$\mathrm{SS}^* = \mathrm{SS}(\pi)$。

Step 11 $L = L - 1$。如果 $L > 0$，则转 Step 5；否则 $T = \alpha \times T$，转 Step 3。

6.3.3 实验结果

为进一步评价算法性能并分析各算法在不同情形下的性能，下面将通过一系列随机数据实验对算法进行测试。所有算法均采用 C++ 语言实现，开发环境为 BloodShed Dev-C++ 4.9.9.2。计算机硬件环境如下：CPU 为 Intel(R)Core(TM) i5 2.40 GHz，内存为 3.00 GB，操作系统为 Microsoft Windows 7 SP1。

全部实验数据都由计算机随机产生，考虑了机器数 $m \in \{2,3,4,5\}$ 和作业数 $n \in \{10m, 15m, 20m, 25m, 30m\}$ 的不同问题规模。对于每一个作业 J_j，其加工时间 p_j 长度在均匀分布 $U[1,20]$ 中随机生成。由于问题发生在制造资源网络共享环境下，因此假设作业的配送时间比加工时间大，配送时间在均匀分布 $U[0,50]$、$U[0,100]$、$U[0,200]$ 中产生。对于每一种作业数和机器数的同一问题规模情况，产生 10 组随机数据进行对比分析。对于每一个算例，运行 3 种算法并求得每一个算法情况下的服务跨度，每个算法一共运行了 $4\times5\times3\times10=600$ 个实验算例。通过这些算例对 3 个算法的性能进行比较。

对于每一个算例，令 Gap(MSDT) = [SS(SDT)−SS(MSDT)]/SS(SDT)×100，即 Gap(MSDT) 是 SDT 算法和 MSDT 算法计算结果的差值百分比，表示 MSDT 算法对 SDT 算法改进的程度。此处计算了 10 组 Gap(MSDT) 值的平均值、最大值和最小值，实验结果分别记录在表 6.9~表 6.11 中。

表 6.9 配送时间服从 $U[0, 50]$ 分布实验结果

m	n	SDT			Gap(MSDT)/%			Gap(SA)/%			T(SA)
		平均值	最大值	最小值	平均值	最大值	最小值	平均值	最大值	最小值	
2	20	103	80	127	5.5	13	0.98	14.5	29.8	3.75	0.13
	30	159	131	190	2.24	5.33	0.56	7.07	20	0.7	0.4
	40	206	169	261	3.54	13	0.5	7.5	13.6	2.19	0.93
	50	260	213	295	1.65	4.41	0.34	4.11	7.2	1.54	1.74
	60	306	261	338	1.27	3.92	0.36	3.83	12.7	0.36	3.09
3	30	109	85	135	8.65	23	2.8	15.1	26.2	3.74	0.3
	45	157	131	178	5.71	12.9	0.76	9.75	19.7	4.43	0.92
	60	209	178	243	2.69	6.83	0.47	6.01	16.1	2.25	2.1
	75	261	231	289	2.93	8.12	0.41	5.17	15.1	1.92	3.96
	90	300	265	341	2.67	6.74	0.33	5.57	12.9	1.89	6.68
4	40	107	91	142	6.3	21.8	1.01	9.34	28.9	2.02	0.52
	60	161	125	185	5.92	17.9	0.62	8.73	20.8	0.62	1.64
	80	216	201	233	3.61	8	0.5	6.26	14.7	0.5	3.7
	100	247	234	277	2.58	8.27	0.41	4.53	11.3	1.67	7.04
	120	294	252	316	1.71	6.01	0.34	3.19	8.23	0.34	11.9
5	50	123	108	146	11.6	25.3	2.78	14.2	30.1	5.56	0.83
	75	168	147	196	9.54	21.5	0.67	11.4	22	2.72	2.58
	100	211	190	237	5.06	9.7	1.43	5.99	10.2	1.46	5.83
	125	245	238	261	2.29	13	0.4	3.36	13	0.4	11.1
	150	306	281	352	2.98	7.95	0.34	3.77	8.28	0.34	18.8

同时也比较了 SA 算法对 SDT 算法的改进程度。对于每一个算例，令 Gap(SA) = [SS(SDT) − SS(SA)]/SS(SDT) × 100，即 Gap(SA) 是 SDT 算法和 SA 算法计算结果的差值百分比。同样，此外也计算了 10 组 Gap(SA) 值的平均值、最大值和最小值并予以记录。另外，由于 SA 算法执行过程需要在解空间中比较大量的解，因此用 T(SA) 记录了 SA 算法的执行时间。

表 6.9 显示了当配送时间服从 $U(0,50)$ 均匀分布时 3 个算法的性能。首先，对 3 个算法做 10 组数据实验，比较实验获得的目标函数平均值，可以看出，MSDT

算法和 SA 算法在很大程度上优于 SDT 算法。特别是当 $n \leqslant 15m$ 时，MSDT 算法和 SA 算法优于 SDT 算法的效果更加明显；当 $n > 15m$ 时，Gap(MSDT) 和 Gap(SA) 减少到 6% 左右。其次，通过观察最大值可以得出相同的规律，即当 $n \leqslant 15m$ 时，MSDT 算法和 SA 算法在很大程度上优于 SDT 算法；当 $n > 15m$ 时，MSDT 算法和 SA 算法相对于 SDT 算法的改进效果提高。最后，通过观察最小值可以看出，Gap(MSDT) 和 Gap(SA) 都是正值，这表示 MSDT 算法和 SA 算法在每一个实验例子中都优于 SDT 算法。从另外一个角度比较 MSDT 算法和 SA 算法发现，SA 算法对于 MSDT 算法的改进是很小的，最大不超过 10%。由于 SA 算法将由 MSDT 算法获得的解作为初始解，因此由 SA 算法获得的目标函数值服务跨度至少和 MSDT 算法获得的一样大。SA 算法的运行时间大部分是几秒之内，运行时间是可以接受的。

表 6.10 显示了当配送时间服从 $U[0,100]$ 均匀分布时 3 个算法的性能，通过比较 MSDT 算法、SA 算法和 SDT 算法，可以得出和表 6.9 相同的规律。MSDT 算法和 SA 算法都优于 SDT 算法，而且 Gap(MSDT) 和 Gap(SA) 的值更大，表

表 6.10　配送时间服从 $U[0, 100]$ 分布实验结果

m	n	SDT			Gap(MSDT)/%			Gap(SA)/%			T(SA)
		平均值	最大值	最小值	平均值	最大值	最小值	平均值	最大值	最小值	
2	20	119	103	143	5.18	7.38	0.78	8.81	15.6	5.36	0.13
	30	153	113	194	4.54	11.9	0.69	12.8	28.9	0.88	0.4
	40	223	188	288	6.14	13.6	0.91	12.5	28.5	1.74	0.93
	50	254	239	270	1.83	3.7	0.37	3.7	7.41	0.84	1.85
	60	296	251	324	2.13	4.94	0.32	3.62	8.95	0.64	2.95
3	30	120	95	137	9.79	18.3	0.97	13.2	22.9	2.91	0.3
	45	158	129	221	8.91	29.9	0.78	11.5	31.2	0.78	0.93
	60	218	193	275	7.67	21.5	1.04	11.2	24.7	1.04	2.13
	75	258	234	291	2.59	10.1	0.38	5.82	16.4	0.82	4.04
	90	307	282	356	4.3	11.5	0.33	6.71	19.7	1	6.84
4	40	124	100	166	11.2	27.1	2.56	13.8	31	3	0.55
	60	173	150	227	10.1	35.7	0.63	11	35.7	1.25	1.68
	80	214	184	271	7.51	20.7	1.04	10.2	20.7	2.6	3.84
	100	261	238	298	3.94	14.1	1.26	6.55	17.8	2.1	7.34
	120	309	273	359	3.71	8.16	0.64	5.94	13.4	1.67	12.3
5	50	129	108	173	14	35.8	0.93	14.7	35.8	2.46	0.84
	75	183	162	212	14.9	31.5	2.37	16.3	31.5	2.37	2.57
	100	222	182	258	7.14	15.7	0.55	8.57	16.9	1.05	5.82
	125	269	240	314	7.37	15.8	0.39	7.85	16.2	0.42	11.1
	150	313	275	364	4.42	17.9	0.33	4.91	17.9	0.66	18.7

明优于程度更加明显。随着机器数量的增加，MSDT 算法和 SA 算法优于 SDT 算法的程度也在增加。但是，SA 算法优于 MSDT 算法的程度小于表 6.9 中的数据。

表 6.11 显示了当配送时间服从 $U[0,200]$ 均匀分布时 3 个算法的性能。与表 6.9 和表 6.10 相同，在配送时间服从 $U[0, 200]$ 均匀分布时，MSDT 算法和 SA 算法优于 SDT 算法，而且 Gap(MSDT) 和 Gap(SA) 的值大于表 6.9 和表 6.10 中的 Gap 值。在 Gap(MSDT) 和 Gap(SA) 的最大值中，一些情况下超过 40%，这表示在一些情况下，MSDT 算法和 SA 算法在很大程度上优于 SDT 算法。但是，SA 算法相对于 MSDT 算法的 Gap 值比表 6.9 和表 6.10 中的值小，说明 SA 算法对 MSDT 算法的改进程度较小。

表 6.11 配送时间服从 $U[0, 200]$ 分布实验结果

m	n	SDT			Gap(MSDT)/%			Gap(SA)/%			T(SA)
		平均值	最大值	最小值	平均值	最大值	最小值	平均值	最大值	最小值	
2	20	193	176	211	16.3	30.3	1.11	16.5	30.3	1.11	0.13
	30	217	164	323	14.7	39.9	2.49	15.6	41.5	4.06	0.41
	40	222	189	249	2.75	6.36	0.43	5.26	15	0.43	0.93
	50	269	235	325	5.06	15.8	0.4	9.92	27.4	1.2	1.74
	60	315	269	449	2.96	19.4	0.33	5.35	40.8	0.36	2.95
3	30	184	159	207	13.9	31.9	6.63	15	31.9	8.16	0.31
	45	199	164	256	13.8	30.5	2.84	13.8	30.5	2.84	0.94
	60	228	184	327	6.58	23.6	1.42	8.74	23.6	1.9	2.11
	75	285	230	349	5.86	17.9	0.37	10.1	17.9	0.85	3.95
	90	322	272	397	4.51	13.1	0.33	7.67	13.1	1.32	6.73
4	40	181	138	207	21	39	5.8	21.7	39	5.8	0.54
	60	214	171	290	23.5	46.6	0.58	23.8	46.6	0.58	1.64
	80	223	181	304	7.02	22.7	0.46	7.59	22.7	0.46	3.63
	100	272	232	357	7.55	30.5	0.39	8.56	30.5	0.39	7.11
	120	312	259	365	6.06	21.1	0.34	7.82	21.1	0.34	11.9
5	50	175	133	207	22.9	41.4	13.2	22.9	41.4	13.2	0.84
	75	220	175	303	26.8	44.2	8.57	26.9	44.2	8.57	2.58
	100	252	205	311	17.5	36.4	0.89	18.2	36.4	0.89	5.72
	125	292	254	347	12.7	32.3	4.96	13.5	32.3	4.96	11.1
	150	339	301	390	8.77	18.7	1.66	11.2	18.7	2.99	18.5

结合表 6.9~表 6.11 中的数据，能够获得以下结论：

（1）在每一种情况下，MSDT 算法和 SA 算法都优于 SDT 算法。首先，通过观察表 6.9~表 6.11 可以看出，在全部实验中，Gap(MSDT) 和 Gap(SA) 的值都是正数，表明 MSDT 算法和 SA 算法总是优于 SDT 算法。其中，Gap(MSDT) 在表 6.9 中的最大值是 25.3，在表 6.10 中的最大值是 35.8，在表 6.11 中的最大值是

46.6；Gap(SA) 在表 6.9 中的最大值是 30.1，在表 6.10 中的最大值是 35.8，在表 6.11 中的最大值是 46.6。这表明 MSDT 算法和 SA 算法在一些情况优于 SDT 算法的程度很大。其次，通过观察表 6.9～表 6.11，可以发现 MSDT 算法和 SA 算法优于 SDT 算法的程度随着配送时间的增加而增大。例如，在 $m = 2$、$n = 30$ 时，观察 Gap(MSDT) 和 Gap(SA) 的平均值如下：

表 6.9 中的 Gap(MSDT)=2.24，Gap(SA)=7.07；

表 6.10 中的 Gap(MSDT)=4.54，Gap(SA)=12.8；

表 6.11 中的 Gap(MSDT)=14.7，Gap(SA)=15.6。

（2）当机器数 m 固定，作业数比较少时，如 $n \leqslant 15m$ 时，Gap(MSDT) 和 Gap(SA) 的值较大，表明 MSDT 算法和 SA 算法优于 SDT 算法的程度都比较大。但是，随着作业数量的增加，Gap(MSDT) 和 Gap(SA) 值逐渐减小，即 MSDT 算法和 SA 算法相对于 SDT 算法的优势程度降低。

（3）当作业数固定时，随着机器数 m 的增加，MSDT 算法和 SA 算法优于 SDT 算法的程度增加。

（4）SA 算法所提供的解总是能够优于 MSDT 算法的解，但 SA 算法相对于 MSDT 算法的改进程度差异也很大。这是由此问题的NP-难特性决定的：一方面它不存在多项式时间的最优算法，另一方面 SA 算法能够为复杂问题提供高质量的满意解。

（5）如果在选择算法时认为运行时间是一个很重要的因素，则 MSDT 算法在运行时间上优于 SA 算法，是一个更优的选择；但是如果不考虑运行时间，或者可以允许一定的运行时间存在，则亚启发式的 SA 算法是一个更优的选择。由于解的表示方法能有效缩减解空间大小，当 $n \leqslant 100$ 时，所需要的运行时间都在 10s 之内，只有当 $n = 125$ 和 $n = 150$ 时，运行时间超过 10s，但是最大不超过 18.76s，这在企业生产中是可以接受的。整体上来说，此处构造的 SA 算法能够在合理的时间内有效求解问题，使得服务跨度最小化的调度目标尽量最优，提高客户满意度。

6.4　考虑成本的异址机器生产配送协同调度

本节研究制造资源网络共享环境下考虑成本的异址生产配送协同调度问题。首先针对目标函数为 Makespan 时的可中断问题分析可通过线性规划模型获取可中断问题的解；进而在可中断问题解决方案的基础上设计两种算法，以解决不可中断情形下目标函数为最小化 Makespan 与总完工时间问题。算法提出之前，这两个问题被证明是NP-难问题。算法的有效性通过大量的随机数据实验进行验证。

6.4.1 问题描述

制造资源网络共享环境下考虑成本的异址生产与配送协同调度问题设定如下：已知从网络平台获得 m 台机器构成平行机调度系统，这 m 台机器位于不同的地理位置，m 台机器的加工能力相同。由于不同地理位置的原材料价格、工人工资等差异，因此不同机器的单位时间加工成本不同。定义 m 个机器集为 $M=\{M_i|i=1,2,\cdots,m\}$，每个机器的单位加工成本为 l_i，l_i 彼此之间可能存在差异。若机器 M_i 加工了 t 个单位时间，那么机器 M_i 的加工费用为 $l_i\times t$。

现从网络平台接受到来自 n 个不同地理位置顾客的订单作业集 $J=\{J_j|j=1,2,\cdots,n;n\geqslant m\}$，根据当前网络共享的 m 个机器选择机器加工。每个作业只能被一个机器加工，同一时刻一台机器只能加工一个作业。当机器加工完后，使用第三方物流公司提供配送并支付费用，该费用不仅依赖于机器的位置和作业客户位置，同时还需要考虑每个作业的体积。若作业 J_j 被机器 M_i 加工并从机器所在地配送到作业 J_j 顾客所在地，则令其单位体积配送费用为 d_{ij}。同时，假设配送费用和作业体积呈线性关系，而作业体积又与加工时间呈线性关系，易知作业的配送费用和作业的加工费用也呈线性关系。由此可知，作业 J_j 被机器 M_i 加工后的配送费用为 $d_{ij}\times p_j$。

综上所述，当作业 J_j 被机器加工并直接配送后，其费用为 $(l_i+d_{ij})\times p_j$。用 c_{ij} 表示 (l_i+d_{ij})，则上式简化为 $c_{ij}\times p_j$。假设 σ 为云平台接受 n 个作业后的可行调度，令 x_{ij} 为二分变量，若 J_j 被机器 M_i 加工，则 $x_{ij}=1$；否则 $x_{ij}=0$。因此可知可行调度 σ 产生的总费用为 $\mathrm{TC}(\sigma)=\displaystyle\sum_{i=1}^{m}\sum_{j=1}^{n}x_{ij}\times c_{ij}\times p_j$。$\mathrm{TC}(\sigma)$ 为可行调度 σ 的总费用表示方式，在不产生歧义的前提下，σ 可被省略。

在生产配送过程中，成本和顾客满意度是两个非常重要的指标，此处用成本上限指代。假设在作业加工之前存在一个成本上限，在该上限范围内企业及网络平台等各方面盈利才能够被保证。在这里用 U 表示给定的成本上限。

本节用 Makespan 与总完工时间表示顾客满意度，二者分别代表了顾客最长等待时间和顾客的平均等待时间。对于可行调度 σ 来说，其 Makespan 为 $C_{\max}(\sigma)=\max_{j=1}^{n}\{C_j(\sigma)\}$，而总完工时间则为 $\displaystyle\sum_{j=1}^{n}C_j(\sigma)$。同样地，$\sigma$ 可以省略。

下文中，用 $P_m|\text{delivery},\mathrm{TC}\leqslant U|C_{\max}$ 和 $P_m|\text{delivery},\mathrm{TC}\leqslant U|\sum C_j$ 表示这两类问题。$P_m|\text{pmtn},\text{delivery},\mathrm{TC}\leqslant U|C_{\max}$ 为对应的 $P_m|\text{delivery},\mathrm{TC}\leqslant U|\sum C_j$ 问题的可中断问题。

6.4.2　算法设计

6.4.2.1　可中断的最小化 Makespan 问题

本小节考虑 $P_m|\text{pmtn}, \text{delivery}, \text{TC} \leqslant U|C_{\max}$ 问题。该问题的解决方案不仅可以作为 $P_m|\text{delivery}, \text{TC} \leqslant U|C_{\max}$ 问题的下界，同时也为 $P_m|\text{delivery}, \text{TC} \leqslant U|C_{\max}$ 和 $P_m|\text{delivery}, \text{TC} \leqslant U|\sum C_j$ 提供了解决思路。

在解决上述问题前，首先要考虑成本上限的范围问题。令 $\overline{U}$ 和 $\underline{U}$ 分别为成本上限 U 的上界与下界。对于一个特定的问题，若 $U \geqslant \overline{U}$，则该成本对该问题的解决方案没有影响；若 $U \leqslant \underline{U}$，则该问题没有可行解。可见，当 $\underline{U} \leqslant U < \overline{U}$ 时，U 才为一个比较合理的给定预算。定理 6.5 给出了求解成本预算合理上限界定范围的方法。

定理 6.5　$\overline{U} = \sum\limits_{j=1}^{n}(\max_{i=1}^{m}\{c_{ij}\}) \times p_j$，$\underline{U} = \sum\limits_{j=1}^{m}(\min_{i=1}^{m}\{c_{ij}\}) \times p_j$。

显然，若每一个作业都被调度到产生最大费用的机器上，那么总费用最大；若每一个作业都被调度到产生费用最小的机器上，那么总费用最小。

下面给出了解决可中断问题的线性规划模型，其中 y_{ij} 为作业 J_j 被机器 M_i 加工部分的时长占作业总时长 J_j 的比例，可得 $0 < y_{ij} < 1$。令 $P = \sum\limits_{j=1}^{n} p_j$，$p_{\max} = \max_{j=1}^{n}\{p_j\}$。

$$\text{Minimize } \ C_{\max} \tag{6.3}$$

$$\text{s.t.} \quad \sum_{i=1}^{m} y_{ij} = 1; \quad 1 < j \leqslant n \tag{6.4}$$

$$\sum_{j=1}^{n} y_{ij} \times p_j \leqslant C_{\max}; \quad 1 \leqslant i \leqslant m \tag{6.5}$$

$$\sum_{i=1}^{m}\sum_{j=1}^{n} y_{ij} \times c_{ij} \times p_j \leqslant U \tag{6.6}$$

$$p_{\max} \leqslant C_{\max} \tag{6.7}$$

$$P/m \leqslant C_{\max} \tag{6.8}$$

$$y_{ij} \geqslant 0; \quad 1 \leqslant i \leqslant m, 1 \leqslant j \leqslant n \tag{6.9}$$

式 (6.3) 表示目标函数是 $C_{\max}$；式 (6.4) 表示任何一个作业最多被一个机器加工；式 (6.5) 表示所有机器的加工时长不超过 $C_{\max}$；式 (6.6) 表示总的加工成

本不超过给定的成本；式 (6.7) 和式 (6.8) 是对可中断平行机问题的基本假设，表示不同机器同一时刻不能同时加工同一作业，以及所有机器必须共同完成所有作业；式 (6.9) 是决策变量 y_{ij} 的取值范围。

采用 CPLEX 解决上述线性规划模型，得到的解便可以解决不可中断问题的最小化 Makespan 问题。同时，模型得到的 $C_{\max}$ 作为不可中断问题的下界。

6.4.2.2 不可中断的最小化 Makespan 问题

本小节考虑 $P_m|\text{delivery}, \text{TC} \leqslant U|C_{\max}$ 问题。当 c_{ij} 为一个常量时，该问题退化为 $P_m||C_{\max}$ 问题，而该问题是一个NP-难问题 [17]，因此 $P_m|\text{delivery}, \text{TC} \leqslant U|C_{\max}$ 也是NP-难的。

为了解决这种复杂的问题，本小节提出了两种启发式算法——$H_{6.5}$ 和 $H_{6.6}$。这两种算法都是基于 6.4.2.1 节可中断问题结果提出的。这里以通过线性规划求解的可中断问题的最优解 Makespan 为 LB，以可中断问题最优方案产生的总费用为 Q ($Q \leqslant U$)，并计算每一个 y_{ij} 的值。同时，考虑到对于最小化 Makespan 问题通常采用的算法是 LPT 算法，因此在构建算法之前先将所有作业非增排序。

算法 $H_{6.5}$ 的主要思路如下：

首先考虑加工时间最长的作业 J_1，假设 J_1 在可中断的调度方案中被 n_1 个机器加工。令 $M_{1_1}, M_{1_2}, \cdots, M_{1_{n_1}}$ 表示这些机器，$y_{1_11}, y_{1_21}, \cdots, y_{1_{n_1}1}$ 表示作业 J_1 在这些机器上的加工时长与 J_1 总时长之比。那么从 M_{1_1} 开始，假设将 J_1 全部放在 M_{1_1} 上加工，其余机器上 J_1 的加工时长置为 0，通过式 (6.10) 更新 Q：

$$Q = Q + c_{z1} \times p_1 - \sum_{i=1}^{m} y_{i1} \times c_{i1} \times p_1 \tag{6.10}$$

注意，其中有些 y_{i1} 本身就为 0。更新后的 Q 可能大于 U，也可能小于等于 U。若更新后 Q 不大于 U，则将机器 M_{1_1} 作为调度方案的备选机器。用该方法依次尝试所有的机器，选出所有的备选机器。最后，将作业 J_1 调度到备选机器中拥有最短的完工时间的机器上。这是针对作业 J_1 进行操作的，接着对所有作业依次执行上述步骤，直到获得一个具体的调度方案。下面是算法 $H_{6.5}$ 的具体描述。

考虑成本的异址机器最小化 Makespan 问题调度算法 $H_{6.5}$：

Step 1 利用 6.4.2.1 小节中的线性规划模型解决 $P_m|\text{delivery}, \text{TC} \leqslant U|C_{\max}$ 对应的可中断问题。令该线性规划模型得到的最优 Makespan 为 LB，使用的总成本为 Q。同时，作业 J_j 在机器 M_i 上加工时长占作业 J_j 总时长的比例为 y_{ij}，其中 $i \in [1, m]$，$j \in [1, n]$。

Step 2 将所有作业按照加工时间非增排序。

Step 3 设初始 $t_i = 0$ ($1 \leqslant i \leqslant m$)。

Step 4　$j = 1$。

Step 5　令 $\{M_{j_1}, M_{j_2}, \cdots, M_{j_{n_j}}\}$ 为作业 J_j 使用的机器，易知 $\{y_{j_1j}, y_{j_2j}, \cdots, y_{j_{n_j}j}\}$ 均大于 0，设 $E = \varnothing$。

Step 6　令 k 依次从 j_1 到 n_j，执行 Step 7 和 Step 8。

Step 7　计算 $Q' = Q + c_{kj} \times p_j - \sum_{i=1}^{m} y_{ij} \times c_{ij} \times p_j$。

Step 8　若 $Q' \leqslant U$，则 $E = E \cup \{k\}$。

Step 9　令 $l = \arg\min_{k \in E}\{t_k\}$。

Step 10　调度作业 J_j 至机器 M_l 上，$t_l = t_l + p_j$，$Q = Q + c_{ij} \times p_j - \sum_{i=1}^{m} c_{lj} \times y_{ij} \times p_j$。

Step 11　$j = j + 1$。

Step 12　若 $j \leqslant n$，则执行 Step 5；否则输出 $\max_{i=1}^{m}\{t_i\}$，算法结束。

在算法 $H_{6.5}$ 中，对于任意作业 $J_j(1 \leqslant j \leqslant n)$，只考虑了其 y_{ij} 不为 0 的情况，即选择机器时，只有该机器在可中断问题调度中被作业 J_j 使用了，才会考虑将它作为备选机器。在算法 $H_{6.6}$ 中则扩大了备选机器的范围，即对于任意机器，只要作业 J_j 被调度到该机器上的总成本不超过 U，那么该机器就可以作为备选机器。算法 $H_{6.6}$ 的其余步骤同算法 $H_{6.5}$。下面给出算法 $H_{6.6}$ 的详细描述。

考虑成本的异址机器最小化 Makespan问题调度算法 $H_{6.6}$：

Step 1　利用 6.4.2.1 小节中的线性规划模型求解 $P_m|\text{delivery}, \text{TC} \leqslant U|C_{\max}$ 对应的可中断问题。令求得的最优解 Makespan 为 LB，总成本为 Q。

Step 2　将所有作业非增排序。

Step 3　设初始 $t_i = 0\ (1 \leqslant i \leqslant m)$。

Step 4　$j = 1$。

Step 5　令 $E = \varnothing$。

Step 6　对于 k 依次从 1 到 m，执行 Step 7 和 Step 8。

Step 7　计算 $Q' = Q + c_{kj} \times p_j - \sum_{i=1}^{m} y_{ij} \times c_{ij} \times p_j$。

Step 8　若 $Q' \leqslant U$，则 $E = E \cup \{k\}$。

Step 9　令 $l = \arg\min_{k \in E}\{t_k\}$。

Step 10　调度作业 J_j 至机器 M_l 上，$t_l = t_l + p_j$，$Q = Q + c_{lj} \times p_j - \sum_{i=1}^{m} c_{ij} \times y_{ij} \times p_j$。

Step 11　$j = j + 1$。

Step 12　若 $j \leqslant n$，则执行 Step 5；否则输出 $\max_{i=1}^{m}\{t_i\}$，算法结束。

6.4.2.3 不可中断的最小化总完工时间问题

本小节考虑 $P_m|\text{delivery}, \text{TC} \leqslant U|\sum C_j$ 问题。首先证明该问题对应的决策问题是NP-难的，随后给出两种启发式算法解决该问题。

本小节将 $P_m|\text{delivery}, \text{TC} \leqslant U|\sum C_j$ 对应的决策问题命名为 TCT 问题，表述如下：

给定 m 个机器集 $\{M_1, M_2, \cdots, M_m\}$ 和 n 个作业集 $\{J_1, J_2, \cdots, J_n\}$。作业 J_j 的加工时间为 p_j，作业 J_j 在机器 M_i 上加工产生的成本 $c_{ij} = l_i + d_{ij}$。若存在两种上限值，即总完工时间的上限值 Q 和总成本的上限值 U，是否存在调度方案使得总成本不超过 U 且总完工时间不超过 Q。

这里应用奇偶划分（even-odd partition）问题证明 TCT 问题是 NP-完备的。众所周知，奇偶划分问题是 NP-完备的，该问题表述如下：

对于给定的 $2n$ 个整数集合 $A = \{a_1, a_2, \cdots, a_{2n}\}$，是否可以将 A 划分为 A_1 和 A_2，使得对于所有的 $i(1 \leqslant i \leqslant n)$，$A_1$（或 A_2）包含 $\{a_{2i-1}, a_{2i}\}$ 其中之一，且 $\sum\limits_{a_j \in A_1} a_j = \sum\limits_{a_j \in A_2} a_j = \dfrac{1}{2}\sum\limits_{j=1}^{2n} a_j$。

定理 6.6 TCT 问题是 NP-完备的。

证明 在给定的奇偶划分问题中，$A = \{a_1, a_2, \cdots, a_{2n}\}$，构造如下的 TCT 问题，使得 $A = \dfrac{1}{2}\sum\limits_{J=1}^{2n}$，$U = 3A + n$ 且 $Q = 3A + 2nA$。TCT 问题可以归约为一类奇偶划分问题。

假设有 $2n$ 个机器和 $3n$ 个作业，作业集为 $\{J_1, J_2, \cdots, J_{2n}, J_{2n+1}, \cdots, J_{3n}\}$。前 $2n$ 个作业对应 A 中的 a_j，后 n 个作业为“强制”作业。对它们作如下定义：对于所有的 $i(1 \leqslant i \leqslant n)$，$J_{2i-1}$ 和 J_{2i} 的加工时间分别是 a_{2i-1} 和 a_{2i}。J_{2i-1} 在机器 M_i 和 M_{n+i} 上的费用分别为 a_{2i-1} 和 $2a_{2i-1}$，即 $c_{i,2i-1} = a_{2i-1}$，$c_{n+i,2i-1} = 2a_{2i-1}$。此外 J_{2i-1} 在机器 $M_k(k \neq i, n+i)$ 上的费用为 $5A$。相似地，对于作业 J_{2i} 在机器 M_i 和 M_{n+i} 上的费用分别为 a_{2i} 和 $2a_{2i}$，即 $c_{i,2i} = a_{2i}$，$c_{n+i,2i} = 2a_{2i}$。此外，J_{2i} 在机器 $M_k(k \neq i, n+i)$ 上的费用为 $5A$。由于 $U = 3A + n$，因此作业 J_{2i-1} 和 J_{2i} 只能被调度到机器 M_i 和 M_{n+i} 上。

对于“强制”作业，作业 $J_{2n+i}(1 \leqslant i \leqslant n)$ 的加工时间为 $2A$。作业 J_{2n+i} 在机器 M_i 上的费用为 1，而在其余机器上的费用为 $5A$。由于 $U = 3A + n$，因此，作业 J_{2n+i} 只能被调度到机器 M_i 上。

假设此奇偶划分问题存在可行解，则必存在 A_1 和 A_2 是集合 A 的划分。定义 $J_1 = \{J_j|a_j \in A_1\}$ 和 $J_2 = \{J_j|a_j \in A_2\}$，那么 J_1 集合中的作业将被调度到

机器集 $\{M_1, M_2, \cdots, M_n\}$ 上且每台机器上有且只有一个作业；同样地，J_2 集合中的作业将被调度到机器集 $\{M_{n+1}, M_{n+2}, \cdots, M_{2n}\}$ 上且每台机器有且只有一个作业。每一个“强制”作业 $J_{2n+i}(1 \leqslant i \leqslant n)$，将被调度到机器 M_i 上。在此调度方案上，易知对于任意的 $i(1 \leqslant i \leqslant n)$，机器 M_i 上有两个作业，且后面的作业为“强制”作业，此时机器 M_{n+i} 仅有一个作业。经计算，作业集 J_1 中的作业产生的总成本为 A，作业集 J_2 中的作业产生的总成本为 $2A$，“强制”作业产生的总成本为 n，因此所有作业被调度后产生的总成本为 $A + 2A + n = 3A + n = U$。总完工时间为 $\sum C_j = 2\sum\limits_{a_j \in A_1} a_j + 2nA + \sum\limits_{a_j \in A_1} a_j = 2A + 2nA + A = 3A + 2nA = Q$。因此，该 TCT 问题存在解。

相反地，假设该 TCT 问题还存在另一解。令 S 为该解对应的调度方案，使得 $\mathrm{TC} \leqslant U$ 且 $\sum C_j \leqslant Q$。同样地，作业集 J_1 中的所有作业 $J_i(1 \leqslant i \leqslant 2n)$ 被调度到机器集 $\{M_1, M_2, \cdots, M_n\}$ 上。相应地，作业集 J_2 中的所有作业 $J_i(1 \leqslant i \leqslant 2n)$ 将被调度到机器集 $\{M_{n+1}, M_{n+2}, \cdots, M_{2n}\}$ 上。令 A_1 和 A_2 分别为作业集 J_1 和 J_2 产生的总加工时间，假设 $A_1 = A - \delta$，那么 $A_2 = A + \delta$。接下来，证明 $\delta = 0$，进而可知 $A_1 = A_2 = A$。

由上可知，调度方案 S 产生的总成本为 $A_1 + n + 2A_2 = (A - \delta) + n + 2(A + \delta) = 3A + n + \delta = U + \delta$。又因为总成本不超过 U，所以 δ 必小于等于 0。此时总完工时间为 $\sum C_j \geqslant 2A_1 + 2nA + A_2 = 2(A - \delta) + 2nA + (A + \delta) = 3A + 2nA - \delta = Q - \delta$。又由于总完工时间不超过 Q，因此 δ 必然大于等于 0。由上可知 $\delta = 0$，进一步可知 $A_1 = A_2 = A$。

已证明对于任意的 $i(1 \leqslant i \leqslant n)$，$J_{2i-1}$ 和 J_{2i} 作业只能被调度到 M_i 和 M_{n+i} 机器上，且每台机器有且只有一个作业。假设 J_{2i-1} 和 J_{2i} 都被调度到机器 M_i 上，那么作业集 J_1 总完工时间为 $2A + a_{2i-1}$，且 $\sum C_j = 2A + a_{2i-1} + 2nA + A = Q + a_{2i-1} > Q$。从另一个方面来说，若 J_{2i-1} 和 J_{2i} 都被调度到机器 M_{n+i} 上，那么作业集 J_2 中的总完工时间为 $A + a_{2i-1}$，此时 $\sum C_j = 2A + 2nA + A + a_{2i-1} = Q + a_{2i-1} > Q$。所以，$J_{2i-1}$ 和 J_{2i} 一对作业只能被调度到 M_i 和 M_{n+i} 一对机器上，每台机器有且只有一个作业。综上所述，$A_1 = \{a_j | J_j \in J_1\}$ 和 $A_2 = \{a_j | J_j \in J_2\}$ 构成了此奇偶划分问题的解。 □

鉴于该问题的计算复杂性，本节提出两种启发式算法来解决该问题。第一个算法 $H_{6.7}$ 类似于算法 $H_{6.5}$，它们的区别在于调度前对作业以非减排序而不是非增排序，即作业将以 SPT 方式排序。众所周知，在经典的调度理论中，SPT 是解决最小化总完工时间问题的常用规则，因此这里将它应用于算法 $H_{6.7}$。下面给出算法 $H_{6.7}$ 的具体描述。

考虑成本的异址机器最小化总完工时间问题调度算法 $\boldsymbol{H_{6.7}}$：

Step 1 利用 6.4.2.1 小节中的线性规划模型解决 $P_m|\text{delivery}, \text{TC} \leqslant U|C_{\max}$ 对应的可中断问题。令该线性规划模型得到的最优 Makespan 为 LB，使用的总成本为 Q。同时，作业 J_j 在机器 M_i 上加工时长占作业 J_j 总时长的比例为 y_{ij}，其中 $i \in [1,m]$ ，$j \in [1,n]$。

Step 2 将所有作业按照加工时间非减排序。

Step 3 设初始 $t_i = 0$（$1 \leqslant i \leqslant m$）。

Step 4 $j = 1$。

Step 5 令 $\{M_{j_1}, M_{j_2}, \cdots, M_{j_{n_j}}\}$为作业 J_j 使用的机器，易知 $\{y_{j_1 j}, y_{j_2 j}, \cdots, y_{j_{n_j} j}\}$ 均大于 0。设 $E = \varnothing$。

Step 6 令 k 依次从 j_1 到 j_{n_j}，执行 Step 7 和 Step 8。

Step 7 计算 $Q' = Q + c_{kj} \times p_j - \sum\limits_{i=1}^{m} y_{ij} \times c_{ij} \times p_j$。

Step 8 若 $Q' \leqslant U$，则 $E = E \cup \{k\}$。

Step 9 令 $l = \arg\min_{k \in E}\{t_k\}$。

Step 10 调度作业 J_j 至机器 M_l 上，$t_l = t_l + p_j$，$C_j = t_l$，$Q = Q + c_{ij} \times p_j - \sum\limits_{i=1}^{m} c_{ij} \times y_{ij} \times p_j$。

Step 11 $j = j + 1$。

Step 12 若 $j \leqslant n$，则执行 Step 5；否则输出 $\sum\limits_{j=1}^{n}\{C_j\}$，算法结束。

第二个算法 $H_{6.8}$ 与算法 $H_{6.6}$ 类似，同样地调度前要对作业进行 SPT 排序。下面给出算法 $H_{6.8}$ 的具体描述。

考虑成本的异址机器最小化总完工时间问题调度算法 $\boldsymbol{H_{6.8}}$：

Step 1 利用 6.4.2.1 小节中的线性规划模型求解 $P_m|\text{delivery}, \text{TC} \leqslant U|C_{\max}$ 对应的可中断问题。令求得的最优解 Makespan 为 LB，总成本为 Q。

Step 2 将所有作业按照加工时间非减排序。

Step 3 设初始 $t_i = 0$（$1 \leqslant i \leqslant m$）

Step 4 $j = 1$。

Step 5 令 $E = \varnothing$。

Step 6 对于 k 依次从 1 到 m，执行 Step 7 和 Step 8。

Step 7 计算 $Q' = Q + c_{kj} \times p_j - \sum\limits_{i=1}^{m} y_{ij} \times c_{ij} \times p_j$。

Step 8 若 $Q' \leqslant U$，则 $E = E \cup \{k\}$。

Step 9　令 $l = \arg\min_{k\in E}\{t_k\}$。

Step 10　调度作业 J_j 至机器 M_l 上，$t_l = t_l + p_j$，$C_j = t_l$，$Q = Q + c_{lj} \times p_j - \sum_{i=1}^{m} c_{ij} \times y_{ij} \times p_j$。

Step 11　$j = j + 1$。

Step 12　若 $j \leqslant n$，则执行 Step 5；否则输出 $\sum_{j=1}^{n}\{C_j\}$，算法结束。

6.4.3　实验结果

本小节对 6.4.2 节考虑成本的异址机器最小化 Makespan 与最小化总完工时间问题所使用调度算法的效果进行实验验证。实验采用 CPLEX 求解线性规划模型，所有算法均通过 Java 编程实现，所使用的编译器分别是 CPLEX 12.6.Preview Edition 和 Myeclipse 10。计算机配置如下：CPU 为 Inter（R）Core(TM)i5 2.40 GHz，内存为 4.00 GB，操作系统为 Microsoft Windows 7 SP1。

假设通过网络平台获得 4 种不同数量机器的使用权，分别是 $m = 4, 5, 6, 7$。为了保持实验的一致性，此处使用相同的机器数，同时在 $3m \sim 8m$ 范围内随机产生 5 组作业数。作业的加工时间在 [1,20] 之间随机产生。为检验给定的成本预算对算法结果的影响，这里分别考虑成本较低、中等、较高 3 种情形，并通过 λ 控制这 3 种情形。令 $U = \underline{U} + (\overline{U} - \underline{U}) \times \lambda$，其中 $\lambda = 0.2, 0.5, 0.8$。

6.4.3.1　最小化 Makespan 问题

前面已经定义了在可中断问题中获得的最优解为 LB，令通过算法 $H_{6.5}$ 和算法 $H_{6.6}$ 获得的 Makespan 分别为 $C_{H_{6.5}}$ 和 $C_{H_{6.6}}$。将 LB 作为不可中断问题的下界。对于每一个 m, n, λ 的组合，均产生 10 组算例。对于每一组算例，均计算两种比值，分别是 $R(H_{6.5}) = C_{H_{6.5}}/\text{LB}$ 和 $R(H_{6.6}) = C_{H_{6.6}}/\text{LB}$。计算这 10 组算例的平均数，并将该平均数填入表 6.12 中。

通过分析表 6.12 中的数据可以发现：

（1）当 $\lambda = 0.2$ 时，$R(H_{6.5})$ 的范围为 1.13~1.33，$R(H_{6.6})$ 的范围为 1.09~1.45，此时算法 $H_{6.5}$ 的效果优于算法 $H_{6.6}$。

（2）当 $\lambda = 0.5$ 时，$R(H_{6.5})$ 的范围为 1.12~1.38，$R(H_{6.6})$ 的范围为 1.02~1.10，很明显 $H_{6.6}$ 算法优于算法 $H_{6.5}$。

（3）当 $\lambda = 0.8$ 时，$R(H_{6.5})$ 的范围为 1.11~1.32，$R(H_{6.6})$ 的范围为 1.01~1.06，算法 $H_{6.5}$ 明显不如算法 $H_{6.6}$。

（4）通过上面的分析可以明显发现，λ 的值对于算法的表现有较大影响。当 λ 小时，给定的成本较为接近成本下界，此时较难处理该类问题；同时，由于给

表 6.12 加工时间分布在 [1,20] 之间的 Makespan 实验结果

m	n	$\lambda=0.2$		$\lambda=0.5$		$\lambda=0.8$	
		$R(H_{6.5})$	$R(H_{6.6})$	$R(H_{6.5})$	$R(H_{6.6})$	$R(H_{6.5})$	$R(H_{6.6})$
4	12	1.30	1.36	1.33	1.08	1.32	1.04
	15	1.27	1.32	1.20	1.09	1.16	1.02
	19	1.31	1.15	1.28	1.02	1.19	1.02
	24	1.21	1.09	1.12	1.04	1.12	1.01
	30	1.20	1.18	1.13	1.03	1.10	1.02
5	17	1.33	1.31	1.29	1.08	1.24	1.06
	24	1.22	1.32	1.24	1.07	1.18	1.03
	29	1.20	1.31	1.17	1.05	1.14	1.01
	31	1.18	1.23	1.17	1.04	1.13	1.02
	37	1.13	1.20	1.17	1.05	1.14	1.01
6	27	1.27	1.32	1.19	1.03	1.20	1.03
	32	1.26	1.26	1.25	1.05	1.28	1.03
	34	1.24	1.32	1.20	1.10	1.24	1.03
	40	1.22	1.27	1.17	1.07	1.15	1.02
	46	1.18	1.31	1.14	1.06	1.11	1.02
7	28	1.28	1.45	1.38	1.07	1.29	1.03
	33	1.23	1.43	1.34	1.06	1.31	1.03
	42	1.23	1.24	1.21	1.02	1.16	1.01
	47	1.22	1.28	1.17	1.03	1.24	1.02
	53	1.14	1.21	1.14	1.05	1.15	1.02

定的下界比不可中断问题的最优值更小，也进一步导致了其比值较不理想。但是，当 λ 较大，给定的成本更为接近成本预算的理论上限时，该问题的求解结果较为理想，特别是算法 $H_{6.6}$ 的结果。

综上所述，当 λ 较小时，偏向使用算法 $H_{6.5}$；而当 λ 较大时，则建议采用算法 $H_{6.6}$。

6.4.3.2 最小化总完工时间问题

利用大量的随机数据实验对算法 $H_{6.7}$ 和 $H_{6.8}$ 的性能进行测试。在这些实验中，m,n,λ 的值与 6.4.3.1 小节相同。同样地，对于每一个 m,n,λ 组合，随机产生了 10 组算例，并取得这 10 组算例获得的总完工时间的平均值，这些数据呈现在了表 6.13 中。为了更好地展现 $H_{6.7}$ 和 $H_{6.8}$ 算法性能的优劣，计算两种算法的总完工时间的比值，记为 $\rho=\sum C_j(H_{6.7})/\sum C_j(H_{6.8})$。若比值大于 1，则算法 $H_{6.8}$ 优于算法 $H_{6.7}$；若小于 1，则算法 $H_{6.7}$ 优于 $H_{6.8}$。

表 6.13　加工时间分布在 [1,20] 的总完工时间实验结果

m	n	$\lambda=0.2$			$\lambda=0.5$			$\lambda=0.8$		
		$H_{6.7}$	$H_{6.8}$	ρ	$H_{6.7}$	$H_{6.8}$	ρ	$H_{6.7}$	$H_{6.8}$	ρ
4	12	221.23	229.18	0.97	234.16	212.21	1.10	228.18	204.30	1.12
	15	355.33	350.77	1.01	378.74	341.77	1.11	369.65	333.35	1.11
	19	509.52	494.22	1.03	535.27	475.11	1.13	535.10	472.07	1.13
	24	732.52	723.51	1.01	783.15	686.11	1.14	777.37	666.94	1.17
	30	1127.51	1082.79	1.04	1213.46	1055.57	1.15	1207.57	1043.36	1.16
5	17	399.26	398.36	1.00	411.38	369.45	1.11	406.24	363.90	1.12
	24	647.49	643.77	1.01	688.73	612.05	1.13	689.54	602.07	1.15
	29	908.84	903.44	1.01	1007.52	878.61	1.15	998.45	861.37	1.16
	31	1043.93	1036.93	1.01	1157.70	1000.87	1.16	1146.52	987.82	1.16
	37	1452.26	1444.72	1.01	1605.11	1409.59	1.14	1603.70	1395.42	1.15
6	27	702.67	714.01	0.98	965.99	658.76	1.16	750.42	645.35	1.16
	32	937.08	926.12	1.01	1001.65	892.77	1.12	1004.83	879.31	1.14
	34	1013.70	1007.50	1.01	1072.04	955.46	1.12	1072.82	946.74	1.13
	40	1330.54	1342.27	0.99	1462.75	1294.70	1.13	1455.30	1285.40	1.13
	46	1787.09	1786.00	1.00	1928.23	1731.29	1.11	1893.31	1721.53	1.10
7	28	659.70	653.68	1.01	700.76	618.63	1.13	701.66	612.08	1.15
	33	899.30	900.99	1.00	964.43	852.74	1.13	959.14	844.82	1.14
	42	1229.89	1242.52	0.99	1330.25	1184.74	1.12	1327.35	1179.90	1.12
	47	1651.60	1650.52	1.00	1702.57	1564.10	1.09	1696.94	1554.97	1.09
	53	2035.25	1991.24	1.02	2064.85	1915.98	1.08	2062.19	1914.79	1.08

通过分析表 6.13 中的数据可以发现：

（1）当 $\lambda=0.2$ 时，两种算法的比值分布在 0.97~1.04，两种算法之间没有明显的优劣之分，有时算法 $H_{6.7}$ 优，有时又是算法 $H_{6.8}$ 表现更好。需要注意的是，事实上它们之间的差距并不大。

（2）当 $\lambda=0.5$ 时，算法 $H_{6.8}$ 明显优于算法 $H_{6.7}$，两种算法的比值范围为 1.08~1.16。

（3）当 $\lambda=0.8$ 时，算法 $H_{6.8}$ 相对于算法 $H_{6.7}$ 来说表现更好，其比值范围为 1.08~1.17。

（4）在 $\lambda=0.5$ 与 $\lambda=0.8$ 两种情形下 ρ 值范围相差很近，说明当 $\lambda=0.5$ 时其范围已经趋于稳定。

综上，大多数情况下算法 $H_{6.8}$ 要比算法 $H_{6.7}$ 更具优势。

本章小结

本章研究了制造资源网络共享环境下异址平行机生产配送协同调度问题。本章研究了直接配送情形下带有配送中心的服务跨度最小化的异址平行机调度问题，通过问题建模与分析，构建了一种基于二分查找的启发式算法 $H_{6.1}$，证明了该算法的最坏误差界为 2。针对直接配送情形下不带有配送中心的服务跨度最小化的异址平行机调度问题，基于对经典 LDT 规则的改进，设计了算法 $H_{6.2}$，并进一步改进设计了算法 $H_{6.3}$ 和基于 $H_{6.3}$ 的模拟退火算法 $H_{6.4}$。本章同时考虑外部性和异址性，研究了考虑成本的异址机器生产配送协同调度问题。首先为可中断情形构建线性规划模型并为之寻找最优调度方案，进而基于此最优调度方案为不可中断情形下的最小化 Makespan问题构建了算法 $H_{6.5}$ 和 $H_{6.6}$，为不可中断情形下的最小化总完工时间问题构建了算法 $H_{6.7}$ 和 $H_{6.8}$，并通过大量的随机数据实验验证了算法的有效性及其适用范围。

网络共享环境下获得的企业外部制造资源所在的地理位置往往存在巨大差异，这与传统制造模式下通常假定生产场地唯一且固定有很大差别。传统模式下的配送通常在生产完成后进行，而由于网络共享制造资源的异址性特征，改变了传统的生产环节与配送环节的协调方式，使得在调度过程中需同时考虑生产和配送集成系统的整体优化。本章考虑了同类制造资源的异址性对应的生产配送协同调度问题，问题情形假设相对简单，而网络共享环境下不同类型的制造资源在实施网络协同制造时，不同生产工序之间也存在着异址配送问题，这类问题将更加复杂。

参考文献

[1] O'ROURKE D.The science of sustainable supply chains[J]. Science, 2014, 344: 1124-1127.

[2] BONVILLIAN W B. Advanced manufacturing policies and paradigms for innovation[J]. Science, 2013, 342(6163): 1173-1175.

[3] WU D, GREER M J, ROSEN D W, et al. Cloud manufacturing: drivers, current status, and future trends[C]//International Manufacturing Science and Engineering Conference. American Society of Mechanical Engineers, 2013, 55461: V002T02A003.

[4] TAO F, ZHANG L, VENKATESH V C, et al. Cloud manufacturing: a computing and service-oriented manufacturing model[C]//Proceedings of the Institution of Mechanical Engineers, Part B: Journal of Engineering Manufacture, 2011, 225: 1969.

[5] VALILAI O F, HOUSHMAND M. A collaborative and integrated platform to support distributed manufacturing system using a service-oriented approach based on cloud computing paradigm[J]. Robotics and Computer Integrated Manufacturing, 2013, 29(1): 110-127.

[6] GUO Z X, NGAI E W T, YANG C, et al. An RFID-based intelligent decision support system architecture for production monitoring and scheduling in a distributed manufacturing environment[J]. International Journal of Production Economics, 2015, 159: 16-28.

[7] LU Y, XU X, XU J. Development of a hybrid manufacturing cloud[J]. Journal of Manufacturing Systems, 2014, 33(4): 551-566.

[8] WANG X V, XU X. An interoperable solution for cloud manufacturing[J]. Robotics and Computer Integrated Manufacturing, 2013, 29: 232-247.

[9] 张霖, 罗永亮, 陶飞, 等. 制造构建关键技术研究 [J]. 计算机集成制造系统, 2010, 16(11): 2510-2520.

[10] JIANG W, MA J, ZHANG X, et al. Research on cloud manufacturing resource integrating service modeling based on cloud-agent[C]//IEEE 3rd International Conference on Software Engineering and Service Science(ICSESS), 2012, 395-398.

[11] 李伯虎, 张霖, 任磊, 等. 再论云制造 [J]. 计算机集成制造系统, 2011, 17(3): 449-457.

[12] TAO F, CHENG Y, XU L D, et al. CCIoT-CMfg: Cloud computing and Internet of Things-based cloud manufacturing service system[J]. IEEE Transactions on Industrial Informatics, 2014, 10(2): 1435-1442.

[13] 李京生, 王爱民, 唐承统, 等. 基于动态资源能力服务的分布式协同调度技术 [J]. 计算机集成制造系统, 2012, 18(7): 1563-1574.

[14] GAREY M R, JOHNSON D S. Strong NP-completeness results: motivation, examples and implications[J]. Journal of Association for Computing Machinery, 1978, 25: 499-508.

[15] LENSTRA J K. Sequencing by enumerative methods[R]. Mathematical Centre Tracts, 1977, 69.

[16] RUDEK R. Minimising maximum lateness in a single machine scheduling problem with processing time-based aging effects[J]. European Journal of Industrial Engineering, 2013, 7(2): 206-223.

[17] 马英, 杨善林, 汤大为. 带机器准备时间的同类机调度问题的启发式算法. 系统工程理论与实践, 2012, 32(9): 2022-2030.

[18] HALL L A, SHMOYS D B. Jackson's rule for single-machine scheduling: making a good heuristic better[J]. Mathematics of Operations Research, 1992, 17(1): 22-35.

[19] ZDRZALKA S. Analysis of approximation algorithms for single-machine scheduling with delivery times and sequence Independent batch setup times[J]. European Journal of Operational Research, 1995, 80(2): 371-380.

[20] TIAN J, FU R, YUAN J. On-line scheduling with delivery time on a single batch machine[J]. Theoretical Computer Science, 2007, 374: 49-57.

[21] 李凯, 任明仑, 张述初. 考虑尾时间的同类机调度问题可变邻域搜索算法 [J]. 系统管理学报, 2009, 18(2): 206-210.

[22] LIU Z, CHENG T C E. Scheduling with job release dates, delivery times and preemption penalties[J]. Information Processing Letters, 2002, 82(2): 107-111.

[23] LENSTRA J K, RINNOOY KARL A H G, BRUCKER P. Complexity of machine scheduling problems[J]. Annals of Discrete Mathematics, 1977, 1: 343-362.

[24] GAREY M R, JOHNSON D S. Computers and intractability: a guide to the theory of NP-completeness[R]. W.H. Freeman, San Francisco, California,1979.

[25] HAOUARI M, GHARBI A. Lower bounds for scheduling on identical parallel machines with heads and tails[J]. Annals of Operations Research, 2004, 129(1): 187-204.

[26] GHARBI A, HAOUARI M. An approximate decomposition algorithm for scheduling on parallel machines with heads and tails[J]. Computer & Operations Research, 2007, 34: 868-883.

[27] WOEGINGER G J. Heuristics for parallel machine scheduling with delivery times[J]. Acta Informatica, 1994, 31(6): 503-512.

[28] KOULAMAS C, KYPARISIS G J. Scheduling on uniform parallel machines to minimize maximum lateness[J]. Operations Research Letters, 2000, 26(4): 175-179.

[29] LI K, YANG S L, MA H W. A simulated annealing approach to minimize the maximum lateness on uniform parallel machines[J]. Mathematical and Computer Modelling, 2011, 53(5-6): 854-860.

[30] LI K, YANG S L. Heuristic algorithms for scheduling on uniform parallel machines with heads and tails[J]. Journal of Systems Engineering and Electronics, 2011, 22(3): 462-467.

[31] METROPOLIS N, ROSENBLUTH A, RESENBLUTH M. Equation of state calculations by fast computing machines[J]. Journal of Chemical Physics, 1953, 21(6): 1087-2102.

[32] KIRKPATRICK S，GELATTJR C D，VECCHI M P. Optimization by simulated annealing[J]. Science, 1983, 220: 671-680.

[33] CRAUWELS H A J, POTTS C N, WASSENHOVE L N V. Local search heuristics for single machine scheduling with batch set up times to minimize total weighted completion time[J]. Annals of Operations Research, 1997, 70: 261-279.

[34] 范晔, 周泓. 作业排序模拟退火算法影响因素分析和一种多次淬火模拟退火算法 [J]. 系统工程理论方法应用, 2003, 11(1): 72-76.

[35] 吴大为, 陆涛栋, 刘晓冰, 等. 求解作业车间调度问题的并行模拟退火算法 [J]. 计算机集成制造系统, 2005, 11(6): 847-850.

[36] LEE W C, WU C C, CHEN P. A simulated annealing approach to makespan minimization on identical parallel machines[J]. International Journal of Advanced Manufacturing Technology, 2006, 31(3): 328-334.

[37] LI K, YANG S L, REN M L. Single machine scheduling problem with resource dependent release dates to minimize total resource-consumption[J]. International Journal of Systems Science, 2011, 42(10): 1811-1820.

[38] LI K, SHI Y, YANG S L, et al. Parallel machine scheduling problem to minimize makespan with resource dependent processing times[J]. Applied Soft Computing, 2011, 11: 5551-5557.

[39] 史烨, 李凯. 并行机问题的模拟退火调度算法研究 [J]. 运筹与管理, 2011, 20(4): 104-107.

第 7 章　总结与展望

新一代信息技术与先进制造深度融合，引发了新的产业革命。研究制造资源网络共享环境下的制造资源优化调度方法，对提升我国制造业整体竞争力、建设制造强国有重要意义。近十年来，本研究团队立足于制造企业管理中的优化理论与方法的研究，较系统地研究了同类制造资源网络共享和调度理论与方法，取得了一些研究成果。

本书是在研究团队的同类制造资源网络共享理论与方法方面研究成果的基础上整理而成的，在构建基于 Agent 的制造资源网络共享系统模型的基础上，主要针对网络共享同类制造资源的外部性、在线性和异址性，从具有不可用时段的平行机调度、考虑固定成本约束的平行机调度、考虑可变成本约束的平行机调度、异址平行机生产配送协同调度四个方面展开。

针对机器具有不可用时段的制造资源共享与调度，研究了具有不可用时段的一般平行机调度问题，以及考虑原材料变质的具有不可用时段的平行机调度问题；针对考虑机器固定使用成本约束的平行机调度，研究了面向标准作业的考虑固定成本约束的最小化 Makespan平行机调度问题、面向普通作业的考虑固定成本约束的最小化 Makespan平行机调度问题、考虑固定成本约束的最小化最大延迟时间平行机调度问题、考虑固定成本约束的最小化 Makespan 与租用成本加权和的平行机调度问题；针对制造资源网络共享环境下考虑可变成本的平行机调度问题，研究了考虑可变成本约束的最小化 Makespan 及总完工时间的同型机调度问题、考虑可变成本的最小化最大延迟时间的平行机调度问题，以及同时考虑固定成本与可变成本约束的两台机器的最小化总延迟时间平行机调度问题；针对制造资源网络共享环境下异址平行机生产配送协同调度，分别研究了直接配送情形下带有配送中心与不带有配送中心的最小化服务跨度的异址平行机调度问题，还同时考虑外部性和异址性，研究了考虑成本的异址机器生产配送协同调度问题。本书通过模型建立、算法设计、理论证明、实验验证等手段实现了上述问题的有效解决。

近年来，随着新一代信息技术和制造业相互融合的不断深入，制造企业生存与发展环境发生了巨大变化。“互联网 +”环境为制造企业带来了新的机遇，同时也给制造企业管理过程中的优化理论与方法带来了许多新的问题和挑战。

“互联网 +”环境下制造业发生了深刻变革，具体体现在：

（1）形成了人-机-物互联的社会化制造服务生态大系统。在“互联网 +”环境下，不管是随身携带智能手机及其他可穿戴设备的人，还是附着大量传感器的设备与产品，均能够与互联网实时联结，由此构建了一个人-机-物互联的社会化制造服务生态大系统。在这个大系统中，依据用户个性化需求，利用云计算、边缘计算、人工智能及大数据分析技术等，通过网络共享平台快速形成响应用户个性化需求的制造服务生态子系统，通过纵向集成和横向集成，汇集多家企业制造及服务能力，形成一个个环环相扣和共生共荣的智能制造服务生态种群或生态群落，为用户提供端到端的产品或服务。

（2）泛在互联的价值网络是社会化制造服务生态大系统中价值要素组织的基本形式。在社会化制造服务生态大系统中，企业、产品、用户之间彼此互联，形成了一个全要素、全产业链、全价值链互联互通的泛在价值网络。泛在互联价值网络的存在，一方面带来了服务主体多元化和跨界融合的新特点，另一方面促进了制造服务模式的创新。例如，企业与企业互联，推动形成了企业间交易的 B2B 模式及制造资源共享的敏捷制造、云制造等；用户与用户互联，推动形成了个人间交易 C2C 及个人闲置资源共享的分享经济模式；汽车企业通过智能网联汽车与用户互联，产生了车联网，不仅有利于改进汽车的设计与生产质量，也能进一步改善用户体验，为用户提供更加优质的个性化服务。

（3）网络虚拟空间与物理空间互通是社会化制造服务生态大系统中价值要素使用过程的基本特征。社会化制造服务生态大系统的另一个典型特点就是利用互联网打通了网络虚拟空间和现实物理空间，且能够通过 CPS 技术实现两个空间的映射与同步。虚拟空间是在计算机及计算机网络里形成的虚拟现实。现实世界中企业、用户、资源的分散性造成了相互联结的困难，而在虚拟空间中则容易发起人-机-物的联结，从而指导现实世界各种协作，实现生产过程的智能化。虚拟空间与物理空间互通的产品管理则催生了数字孪生技术。数字孪生技术旨在通过充分利用物理模型、传感器更新、运行历史等数据，在虚拟空间建立产品虚拟仿真模型并与现实物理空间的产品实物相映射与同步，从而实现产品全生命周期管理。在“互联网 +”环境下，为设备、产线、车间、工厂、企业等不同层面的制造及服务资源，以及产品、用户构建数字孪生体，进而当用户个性化需求产生时从虚拟空间引发协作，指导现实物理空间资源的优化配置与智能调度，力图做到物尽其用、人尽其才，这是未来智能制造发展的必然趋势。而以互联网和大数据为基础，以深度学习、跨界融合、人机协同、群智开放、自主操控等为新特征的新一代人工智能又进一步加速了这种趋势。

“互联网 +”环境下，产品、用户、企业的角色也都在发生变化：

（1）产品是承载服务的平台。从某种意义上说，产品并非用户希望拥有的最终对象，而产品所能提供的服务才是用户的最终需求。“互联网 +”环境下，智能互联产品作为服务平台与互联网实时联结，也成为价值网络的价值节点。智能互联产品不仅满足了用户需求，同时在其使用过程中也创造了大量数据，这些数据蕴含了丰富的产品运行信息，也记录了用户的行为习惯和个人偏好。这些知识既有助于进一步完善产品功能和性能，也有利于改善用户体验，提升服务水平。从互联网的角度看，智能互联产品是互联网的终端；从智能互联产品的角度看，互联网上大数据蕴含的海量信息又形成了智能互联产品的“云脑”，提高了产品的智能性，提升了智能互联产品的价值水平。

（2）用户既是产品和服务的使用者，也是产品全生命周期管理的参与者，更是信息的生产者和提供者。“互联网 +”在虚拟空间缩短了用户与企业之间的距离。在成为正式用户之前，消费者在网络虚拟空间的行为轨迹和偏好为符合消费者个性化的产品开发提供了信息支撑；用户在使用产品和服务的过程中，用户行为作用于产品所产生的大量信息为同类产品的生产、使用、维护、再制造、升级或报废等全生命周期管理提供了依据。

（3）企业是泛在互联的价值网络中的重要节点。制造企业通过互联网提供基于产品的服务、基于制造的服务、基于过程的服务而成为价值节点。一方面，制造企业通过为用户提供具有高附加值的产品服务推动企业价值链向微笑曲线两端延伸，企业从生产型制造向服务型制造转变；另一方面，制造企业只有与泛在价值网络中的其他价值要素广泛集成，快速且精准地响应用户个性化需求，才能充分利用泛在价值网络的优势，在“互联网 +”环境下占得先机，企业从产品导向的制造向用户导向的制造转变。

我国制造企业只有充分应用新一代信息技术，主动应对“互联网 +”环境带来的新变化，适应新角色，方能抓住新一轮工业革命的机遇。因此，“互联网 +”环境下的制造企业运营管理问题已经成为新时代我国制造企业发展亟待解决的管理科学问题。“互联网 +”环境下，一方面，用户个性化需求生成制造订单，制造订单能够通过网络发布和发现；另一方面，以工业互联网为核心形成的制造资源、信息资源、智慧资源等各类社会资源的集成网络为制造订单的实现提供了丰富的元素。通过人-机-物互联的社会化制造服务生态大系统，在网络虚拟空间依据订单具体需求整合最适合要素，引导现实空间供应链动态集成，快速响应用户的定制化个性需求，成为智能生产管理的典型特点。面向社会化制造服务生态大系统的智能生产管理提出了新需求，如：

（1）基于互联网的订单智能管理。传统的订单管理是以单个制造企业的进销存为核心开展的为顾客提供一站式服务的管理方法。而在“互联网 +”环境下，订单管理以智能需求管理的开发结果为输入，通过对订单任务的自动生成、智能分解、网络发布、组合优化等过程，在网络虚拟空间对订单的实现过程予以有效管理和控制，为此需要研究基于用户个性化需求的产品开发方案对应的制造订单自动生成方法、制造订单任务的智能分解方法及网络发布发现机制等。

（2）基于工业云平台的供应链分析及其优化。传统环境下，生产要素因分属不同企业或不同部门而相互隔离。制造企业根据市场需求及长期业务联系，依据生产需要与供应链其他成员构建战略伙伴关系，生产满足用户需求的产品。而在社会化制造服务生态大系统中，由于各类制造资源在生产之前已经在虚拟空间构建了虚拟的制造价值网络，因此制造企业的任务转变为根据用户订单需求，在工业云平台上快速选择最适合的生产要素，建立满足动态需求的供应链合作关系，其实质是在已有价值网络中快速形成能够完成用户订单任务的价值链。从制造企业的角度来看，传统的基于零部件交易方式的供应链合作关系转化为以制造外包为基本形式的价值链依赖关系，为此需要研究基于制造外包的供应链决策问题、制造价值网络中价值链的快速形成机制、基于工业云平台的供应链绩效评价机制等。

（3）网络虚拟空间虚拟生产单元智能协同决策。随着信息技术的飞速发展和应用，参与网络协同制造的企业生产单元粒度有向着微型化和复杂化发展的趋势。20 世纪 90 年代提出的“敏捷制造”旨在通过利用互联网的联结能力实现企业层面的快速协作，而随着物联网和 CPS 技术的发展，智能工厂、智能车间、智能生产线、智能装备等不同粒度的网络协作越发普遍，为此需要研究智能装备制造能力集成与交互方式、制造任务驱动的虚拟生产线自组织与动态重构理论、面向订单任务的虚拟工厂自主决策方法等。

（4）现实物理空间网络协同制造过程管理。网络虚拟空间的虚拟生产单元的快速集成引导着现实物理空间不同企业生产能力的相互合作，而这种典型的 O2O 运作模式带来了更多的管理问题。本书把通过工业互联网共享的制造资源这种以租代买的特性定义为制造资源的外部性，把生产周期内制造资源因分属不同企业而可能产生的加入或退出生产系统的现象定义为制造资源的在线性，把虚拟空间零距离联结而在现实物理空间存在较大位置差异的现象定义为制造资源的异址性，开展了同类制造资源网络共享与调度理论与方法相关研究工作，进一步拓展研究更具普遍意义的网络制造资源协同调度过程管理，这更具实用价值。另外，网络共享环境下的调度涉及多个利益主体，主要包括第三方平台提供商、虚拟制造资源提供方、虚拟制造资源需求方，三者之间存在多种类型的竞合博弈关系。如何将各个利益主体之间的竞合博弈行为考虑到制造资源网络共享调度中，从而为现实生产环境中各利益主体的决策提供理论参考，该类考虑博弈的调度问题也具有重要的理论研究价值和现实意义。

从理论研究来看，“互联网＋”环境下制造业发生了深刻变革，产品、用户、企业的角色也随之变化，对制造企业生产管理理论与方法提出了新挑战，这些研究问题具有很高的理论研究价值。从管理实践来看，制造企业深刻理解“互联网＋”环境下运营管理的新特点，把握“互联网＋”环境带来的新优势，在社会化制造服务生态大系统中重塑企业能力，既是制造企业自身发展的客观需要，也是国际制造业竞争的大势所趋。“互联网＋”环境下的制造企业运营管理为制造资源优化配置、生产调度、优化理论与方法等方面的研究开拓了广阔的天地！

附录　英汉排序与调度词汇

（2022 年 4 月版）

《排序与调度丛书》编委会

20 世纪 50 年代越民义就注意到排序 (scheduling) 问题的重要性和在理论上的难度。1960 年他编写了国内第一本排序理论讲义。70 年代初, 他和韩继业一起研究同顺序流水作业排序问题, 开创了中国研究排序论的先河①。在他们两位的倡导和带动下, 国内排序的理论研究和应用研究有了较大的发展。之后, 国内也有文献把 scheduling 译为"调度"②。正如 Potts 等指出:"排序论的进展是巨大的。这些进展得益于研究人员从不同的学科 (例如, 数学、运筹学、管理科学、计算机科学、工程学和经济学) 所做出的贡献。排序论已经成熟, 有许多理论和方法可以处理问题; 排序论也是丰富的（例如, 有确定性或者随机性的模型、精确的或者近似的解法、面向应用的或者基于理论的）。尽管排序论研究取得了进展, 但是在这个令人兴奋并且值得探索的领域, 许多挑战仍然存在。"③不同学科带来了不同的术语。经过 50 多年的发展, 国内排序与调度的术语正在逐步走向统一。这是学科正在成熟的标志, 也是学术交流的需要。

我们提倡术语要统一, 将"scheduling""排序""调度"这三者视为含义完全相同、可以相互替代的 3 个中英文词汇, 只不过这三者使用的场合和学科 (英语、运筹学、自动化) 不同而已。这次的"英汉排序与调度词汇（2022 年 4 月版)"收入 236 条词汇, 就考虑到不同学科的不同用法。我们欢迎不同学科的研究者推荐适合本学科的术语, 补充进未来的版本中。

---

① 越民义, 韩继业. n 个零件在 m 台机床上的加工顺序问题 [J]. 中国科学, 1975(5): 462-470.

② 周荣生. 汉英综合科学技术词汇 [M]. 北京: 科学出版社,1983.

③ POTTS C N, STRUSEVICH V A. Fifty years of scheduling: a survey of milestones[J]. Journal of the Operational Research Society, 2009, 60: S41-S68.

1	activity	活动
2	agent	代理
3	agreeability	一致性
4	agreeable	一致的
5	algorithm	算法
6	approximation algorithm	近似算法
7	arrival time	就绪时间，到达时间
8	assembly scheduling	装配排序
9	asymmetric linear cost function	非对称线性损失函数，非对称线性成本函数
10	asymptotic	渐近的
11	asymptotic optimality	渐近最优性
12	availability constraint	可用性约束
13	basic (classical) model	基本 (经典) 模型
14	batching	分批
15	batching machine	批处理机，批加工机器
16	batching scheduling	分批排序，批调度
17	bi-agent	双代理
18	bi-criteria	双目标，双准则
19	block	阻塞，块
20	classical scheduling	经典排序
21	common due date	共同交付期，相同交付期
22	competitive ratio	竞争比
23	completion time	完工时间
24	complexity	复杂性
25	continuous sublot	连续子批
26	controllable scheduling	可控排序
27	cooperation	合作，协作
28	cross-docking	过栈，中转库，越库，交叉理货
29	deadline	截止期 (时间)
30	dedicated machine	专用机，特定的机器
31	delivery time	送达时间
32	deteriorating job	退化工件，恶化工件
33	deterioration effect	退化效应，恶化效应
34	deterministic scheduling	确定性排序
35	discounted rewards	折扣报酬
36	disruption	干扰
37	disruption event	干扰事件
38	disruption management	干扰管理
39	distribution center	配送中心

40	dominance	优势，占优，支配
41	dominance rule	优势规则，占优规则
42	dominant	优势的，占优的
43	dominant set	优势集，占优集
44	doubly constrained resource	双重受限制资源，使用量和消耗量都受限制的资源
45	due date	交付期，应交付期限，交货期
46	due date assignment	交付期指派，与交付期有关的指派（问题）
47	due date scheduling	交付期排序，与交付期有关的排序（问题）
48	due window	交付时间窗，窗时交付期，交货时间窗
49	due window scheduling	窗时交付排序，窗时交货排序，宽容交付排序
50	dummy activity	虚活动，虚拟活动
51	dynamic policy	动态策略
52	dynamic scheduling	动态排序，动态调度
53	earliness	提前
54	early job	非误工工件，提前工件
55	efficient algorithm	有效算法
56	feasible	可行的
57	family	族
58	flow shop	流水作业，流水（生产）车间
59	flow time	流程时间
60	forgetting effect	遗忘效应
61	game	博弈
62	greedy algorithm	贪婪算法，贪心算法
63	group	组，成组，群
64	group technology	成组技术
65	heuristic algorithm	启发式算法
66	identical machine	同型机，同型号机
67	idle time	空闲时间
68	immediate predecessor	紧前工件，紧前工序
69	immediate successor	紧后工件，紧后工序
70	in-bound logistics	内向物流，进站物流，入场物流，入厂物流
71	integrated scheduling	集成排序，集成调度
72	intree (in-tree)	内向树，入树，内收树，内放树
73	inverse scheduling problem	排序反问题，排序逆问题
74	item	项目
75	JIT scheduling	准时排序
76	job	工件，作业，任务
77	job shop	异序作业，作业车间，单件（生产）车间
78	late job	误期工件

79	late work	误工，误工损失
80	lateness	延迟，迟后，滞后
81	list policy	列表排序策略
82	list scheduling	列表排序
83	logistics scheduling	物流排序，物流调度
84	lot-size	批量
85	lot-sizing	批量化
86	lot-streaming	批量流
87	machine	机器
88	machine scheduling	机器排序，机器调度
89	maintenance	维护，维修
90	major setup	主安装，主要设置，主要准备，主准备
91	makespan	最大完工时间，制造跨度，工期
92	max-npv (NPV) project scheduling	净现值最大项目排序，最大净现值的项目排序
93	maximum	最大，最大的
94	milk run	循环联运，循环取料，循环送货
95	minimum	最小，最小的
96	minor setup	次要准备，次要设置，次要安装，次准备
97	modern scheduling	现代排序
98	multi-criteria	多目标，多准则
99	multi-machine	多台同时加工的机器
100	multi-machine job	多机器加工工件，多台机器同时加工的工件
101	multi-mode project scheduling	多模式项目排序
102	multi-operation machine	多工序机
103	multiprocessor	多台同时加工的机器
104	multiprocessor job	多机器加工工件，多台机器同时加工的工件
105	multipurpose machine	多功能机，多用途机
106	net present value	净现值
107	nonpreemptive	不可中断的
108	nonrecoverable resource	不可恢复（的）资源，消耗性资源
109	nonrenewable resource	不可恢复（的）资源，消耗性资源
110	nonresumable	(工件加工) 不可继续的，(工件加工) 不可恢复的
111	nonsimultaneous machine	不同时开工的机器
112	nonstorable resource	不可储存（的）资源
113	nowait	（前后两个工序）加工不允许等待
114	NP-complete	NP-完备，NP-完全
115	NP-hard	NP-困难（的），NP-难（的）
116	NP-hard in the ordinary sense	普通 NP-困难（的），普通 NP-难（的）
117	NP-hard in the strong sense	强 NP-困难（的），强 NP-难（的）

118	offline scheduling	离线排序
119	online scheduling	在线排序
120	open problem	未解问题,（复杂性）悬而未决的问题，尚未解决的问题，开放问题，公开问题
121	open shop	自由作业，开放（作业）车间
122	operation	工序，作业
123	optimal	最优的
124	optimality criterion	优化目标，最优化的目标，优化准则
125	ordinarily NP-hard	普通 NP-（困）难的，一般 NP-（困）难的
126	ordinary NP-hard	普通 NP-（困）难，一般 NP-（困）难
127	out-bound logistics	外向物流
128	outsourcing	外包
129	outtree(out-tree)	外向树，出树，外放树
130	parallel batch	并行批，平行批
131	parallel machine	并行机，平行机，并联机
132	parallel scheduling	并行排序，并行调度
133	partial rescheduling	部分重排序，部分重调度
134	partition	划分
135	peer scheduling	对等排序
136	performance	性能
137	permutation flow shop	同顺序流水作业，同序作业，置换流水车间，置换流水作业
138	PERT(program evaluation and review technique)	计划评审技术
139	polynomially solvable	多项式时间可解的
140	precedence constraint	前后约束，先后约束，优先约束
141	predecessor	前序工件，前工件，前工序
142	predictive reactive scheduling	预案反应式排序，预案反应式调度
143	preempt	中断
144	preempt-repeat	重复（性）中断，中断-重复
145	preempt-resume	可续（性）中断，中断-继续，中断-恢复
146	preemptive	中断的，可中断的
147	preemption	中断
148	preemption schedule	可以中断的排序，可以中断的时间表
149	proactive	前摄的，主动的
150	proactive reactive scheduling	前摄反应式排序，前摄反应式调度
151	processing time	加工时间，工时
152	processor	机器，处理机
153	production scheduling	生产排序，生产调度

154	project scheduling	项目排序，项目调度
155	pseudo-polynomially solvable	伪多项式时间可解的，伪多项式可解的
156	public transit scheduling	公共交通调度
157	quasi-polynomially	拟多项式时间，拟多项式
158	randomized algorithm	随机化算法
159	re-entrance	重入
160	reactive scheduling	反应式排序，反应式调度
161	ready time	就绪时间，准备完毕时刻，准备时间
162	real-time	实时
163	recoverable resource	可恢复（的）资源
164	reduction	归约
165	regular criterion	正则目标，正则准则
166	related machine	同类机，同类型机
167	release time	就绪时间，释放时间，放行时间
168	renewable resource	可恢复 (再生) 资源
169	rescheduling	重新排序，重新调度，重调度，再调度，滚动排序
170	resource	资源
171	res-constrained scheduling	资源受限排序，资源受限调度
172	resumable	（工件加工）可继续的,（工件加工）可恢复的
173	robust	鲁棒的
174	schedule	时间表，调度表，调度方案，进度表，作业计划
175	schedule length	时间表长度，作业计划期
176	scheduling	排序，调度，排序与调度，安排时间表，编排进度，编制作业计划
177	scheduling a batching machine	批处理机排序
178	scheduling game	排序博弈
179	scheduling multiprocessor jobs	多台机器同时对工件进行加工的排序
180	scheduling with an availability constraint	机器可用受限的排序问题
181	scheduling with batching	分批排序，批处理排序
182	scheduling with batching and lot-sizing	分批批量排序，成组分批排序
183	scheduling with deterioration effects	退化效应排序
184	scheduling with learning effects	学习效应排序
185	scheduling with lot-sizing	批量排序
186	scheduling with multipurpose machine	多功能机排序，多用途机器排序
187	scheduling with non-negative time-lags	（前后工件结束加工和开始加工之间）带非负时间滞差的排序

188	scheduling with nonsimultaneous machine available time	机器不同时开工排序
189	scheduling with outsourcing	可外包排序
190	scheduling with rejection	可拒绝排序
191	scheduling with time windows	窗时交付期排序，带有时间窗的排序
192	scheduling with transportation delays	考虑运输延误的排序
193	selfish	自利的
194	semi-online scheduling	半在线排序
195	semi-resumable	(工件加工) 半可继续的,(工件加工) 半可恢复的
196	sequence	次序，序列，顺序
197	sequence dependent	与次序有关
198	sequence independent	与次序无关
199	sequencing	安排次序
200	sequencing games	排序博弈
201	serial batch	串行批，继列批
202	setup cost	安装费用，设置费用，调整费用，准备费用
203	setup time	安装时间，设置时间，调整时间，准备时间
204	shop machine	串行机，多工序机器
205	shop scheduling	车间调度，串行排序，多工序排序，多工序调度，串行调度
206	single machine	单台机器，单机
207	sorting	数据排序，整序
208	splitting	拆分的
209	static policy	静态排法，静态策略
210	stochastic scheduling	随机排序，随机调度
211	storable resource	可储存 (的) 资源
212	strong NP-hard	强 NP- (困) 难
213	strongly NP-hard	强 NP- (困) 难的
214	sublot	子批
215	successor	后继工件，后工件，后工序
216	tardiness	延误，拖期
217	tardiness problem i.e. scheduling to minimize total tardiness	总延误排序问题，总延误最小排序问题，总延迟时间最小化问题
218	tardy job	延误工件，误工工件
219	task	工件，任务
220	the number of early jobs	提前完工工件数，不误工工件数
221	the number of tardy jobs	误工工件数，误工数，误工件数
222	time window	时间窗
223	time varying scheduling	时变排序

224	time/cost trade-off	时间／费用权衡
225	timetable	时间表，时刻表
226	timetabling	编制时刻表，安排时间表
227	total rescheduling	完全重排序，完全再排序，完全重调度，完全再调度
228	tri-agent	三代理
229	two-agent	双代理
230	unit penalty	误工计数，单位罚金
231	uniform machine	同类机，同类别机
232	unrelated machine	非同类型机，非同类机
233	waiting time	等待时间
234	weight	权，权值，权重
235	worst-case analysis	最坏情况分析
236	worst-case (performance) ratio	最坏（情况的）（性能）比

索　引